全国机械行业职业教育优质系列教材（高职高专）
经全国机械职业教育教学指导委员会审定
电气自动化技术专业

西门子 PLC 项目式教程

全国机械职业教育自动化类专业教学指导委员会（高职）组编
主　编　张志田　何其文
副主编　刘良斌　刘德玉　肖　潇
参　编　史小玲　李　力　黄立峰　左园园
主　审　胡汉辉

机 械 工 业 出 版 社

本教材是全国机械行业职业教育优质系列教材，经全国机械职业教育教学指导委员会审定。全书共5个项目，项目1介绍了PLC的组成、工作原理、输入/输出接线、STEP7-Micro/WIN编程软件的使用和S7-200系列PLC的内存结构及寻址的基础知识；项目2介绍了位逻辑指令、定时器指令和计数器的用法；项目3介绍了顺序控制指令的用法、顺序控制的状态转移图类型、起保停方式的顺序控制、转换中心方式的顺序控制；项目4介绍了位移位寄存器指令、数据传送指令、数据比较指令、数据移位指令、算术运算指令和子程序指令；项目5介绍了西门子MM420系列变频器、模拟量数据处理、模拟量PID调节、高速处理功能和中断处理功能。

本书既可作为高等职业技术院校、广播电视大学及成人高校机电类相关专业的教材，也可作为相关技术人员的参考书。

为方便教学，本书配有免费电子课件、习题答案、模拟试卷及答案，供教师参考。凡选用本书作为授课教材的教师，均可来电（010-88379375）索取，或登录机械工业出版社教育服务网（www. cmpedu. com）网站，注册、免费下载。

图书在版编目（CIP）数据

西门子PLC项目式教程/张志田，何其文主编．—北京：机械工业出版社，2016. 11（2022. 1重印）

全国机械行业职业教育优质系列教材．高职高专

ISBN 978-7-111-55184-3

Ⅰ．①西…　Ⅱ．①张…②何…　Ⅲ．①plc技术-高等职业教育-教材　Ⅳ．①TM571. 6

中国版本图书馆CIP数据核字（2016）第249258号

机械工业出版社（北京市百万庄大街22号　邮政编码100037）

策划编辑：于　宁　冯睿娟　责任编辑：于　宁　冯睿娟

责任印制：李　昂　责任校对：刘秀丽

北京富博印刷有限公司印刷

2022年1月第1版・第7次印刷

184mm×260mm・11. 5印张・282千字

10 101—12 000册

标准书号：ISBN 978-7-111-55184-3

定价：39. 80元

电话服务

客服电话：010-88361066

010-88379833

010-68326294

网络服务

机　工　官　网：www. cmpbook. com

机　工　官　博：weibo. com/cmp1952

金　书　网：www. golden-book. com

机工教育服务网：www. cmpedu. com

前 言

随着科学技术的发展，PLC在工业自动控制的各个领域得到广泛的应用，被称为工业自动化的三大支柱之一。PLC具有高可靠性、配置可扩展、易于编程及使用维护方便等优点。

本书吸收了大量已经出版的PLC技术教材的优点，参照了机电类相关专业PLC课程的考核要求，从实际应用出发，以PLC课程能力为目标编写。本教材具有如下特色：

(1) 以工作任务为主线，通过工作任务的实施，引导学生学习，从而达到PLC课程教学目标。

全书共28个工作任务，把PLC必需、够用的理论知识融入项目工作任务中，使学生通过学习、训练掌握PLC的基础知识和基本技能，从而达到培养学生专业技能和提升学生职业素质的目的。

(2) 教材图文并茂，内容通俗易懂。

全书共5个项目，每个项目相对独立，项目由多个工作任务和知识链接构成，形成了独特的内容体系。5个项目分别是：项目1 PLC的基本知识；项目2典型电气控制电路及车床电气控制电路的PLC改造；项目3专用设备控制装置的PLC控制；项目4灯光显示系统的PLC控制；项目5 PLC、变频器对电动机的控制。

本书由张志田、何其文担任主编，刘良斌、刘德玉、肖潇任副主编。参加本书编写的还有史小玲、李力、黄立峰、左园园。其中何其文和刘德玉编写了项目1，张志田和史小玲编写了项目2，刘良斌编写了项目3，李力、黄立峰、左园园编写了项目4，肖潇编写了项目5。全书由张志田统稿。本书编写过程中还采纳了很多老师的建议，在此表示衷心感谢。

本书由胡汉辉教授主审，他对本书提出了许多宝贵意见，在此表示感谢。此外在编写本书的过程中，参考了大量的同类教材、资料和文献，以及互联网上部分资料和图片，在此向相关的作者表示衷心的感谢！

由于编者水平有限，经验不足，书中错误和不妥之处在所难免，敬请广大读者给予批评指正。

编 者

目　录

项目1 PLC的基本知识

1.1 项目训练

1.1.1 任务1 PLC控制四条彩灯显示

1. 考核能力目标

（1）了解PLC硬件结构及系统组成。

（2）掌握PLC外围电路的接法及PC与PLC通信参数的设置。

（3）掌握STEP7-Micro/WIN软件的使用。

2. 工作任务

用按钮SB1、SB2控制四条彩灯HL1、HL2、HL3、HL4的工作。要求如下：

（1）按钮SB1、SB2处于原始状态时，彩灯HL3和HL4点亮。

（2）按钮SB1或SB2被按下，彩灯HL1和HL2点亮。

3. 工作任务实施

（1）工作任务分析

根据要求可知，工作任务没有用熄灭灯的按钮，故分析是按下相应的按钮灯亮，松开按钮灯熄灭。按钮SB1与I0.0连接，按钮SB2与I0.1连接；彩灯HL1与Q0.0连接，彩灯HL2与Q0.1连接，彩灯HL3与Q0.2连接，彩灯HL4与Q0.3连接。

（2）I/O地址分配表（见表1-1）

表1-1 PLC控制四条彩灯显示I/O分配表

输入（I）		输出（O）	
按钮SB1	I0.0	彩灯HL1	Q0.0
按钮SB2	I0.1	彩灯HL2	Q0.1
		彩灯HL3	Q0.2
		彩灯HL4	Q0.3

（3）PLC硬件接线图（如图1-1所示）

（4）参考程序（如图1-2所示）

（5）实践训练操作步骤

①按图1-1所示接线图连接PLC外围电路。

②打开软件，单击“设置PG/PC接口”，在弹出的对话框中选择“PC/PPI通信方式”，单击“属性(R)...”，设置PC/PPI属性，如图1-3所示。

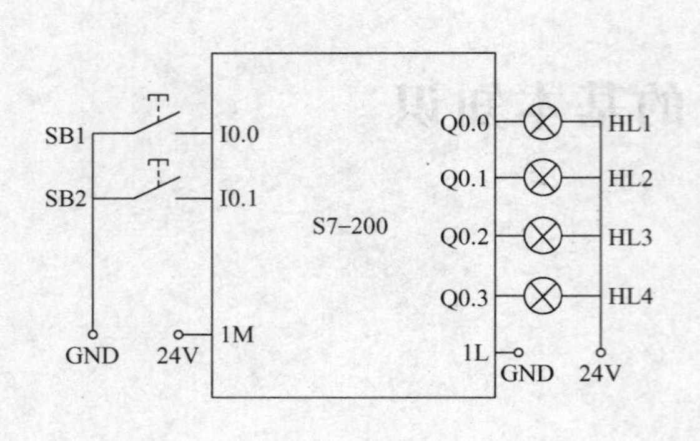

图 1-1　PLC 控制四条彩灯显示硬件接线图

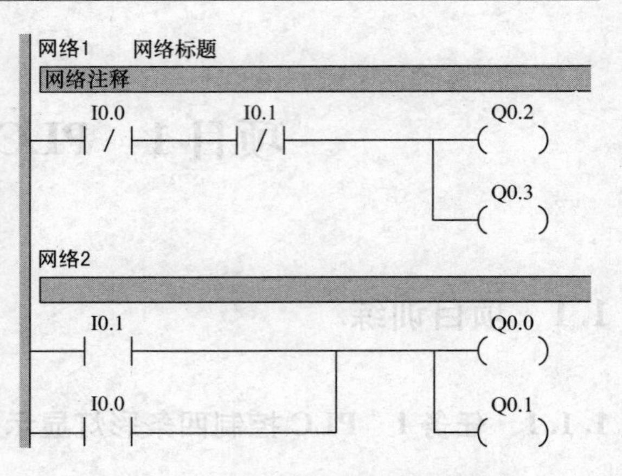

图 1-2　PLC 控制四条彩灯显示参考程序

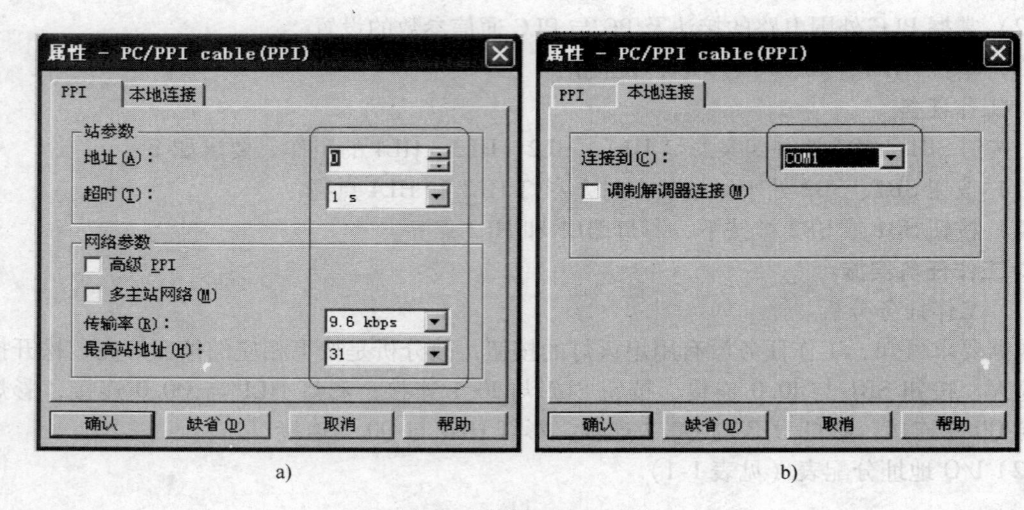

图 1-3　设置 PC/PPI 属性

③单击通信，在弹出的对话框中双击双击刷新，搜寻 PLC，寻找到 PLC 后，选择该 PLC；至此，PLC 与上位计算机通信参数设置完成。

④编写实训程序（如图 1-4 所示）。

⑤下载程序。确认编译程序无误后，单击▼，将程序下载至 PLC 中，下载完毕后，将 PLC 模式选择开关拨至 RUN 状态。

1.1.2　任务 2　PLC 控制灯的闪亮

1. 考核能力目标

（1）了解 PLC 硬件结构及系统组成。

（2）掌握 PLC 外围电路的接法及 PC 与 PLC 通信参数的设置。

（3）掌握 STEP7-Micro/WIN 软件的使用。

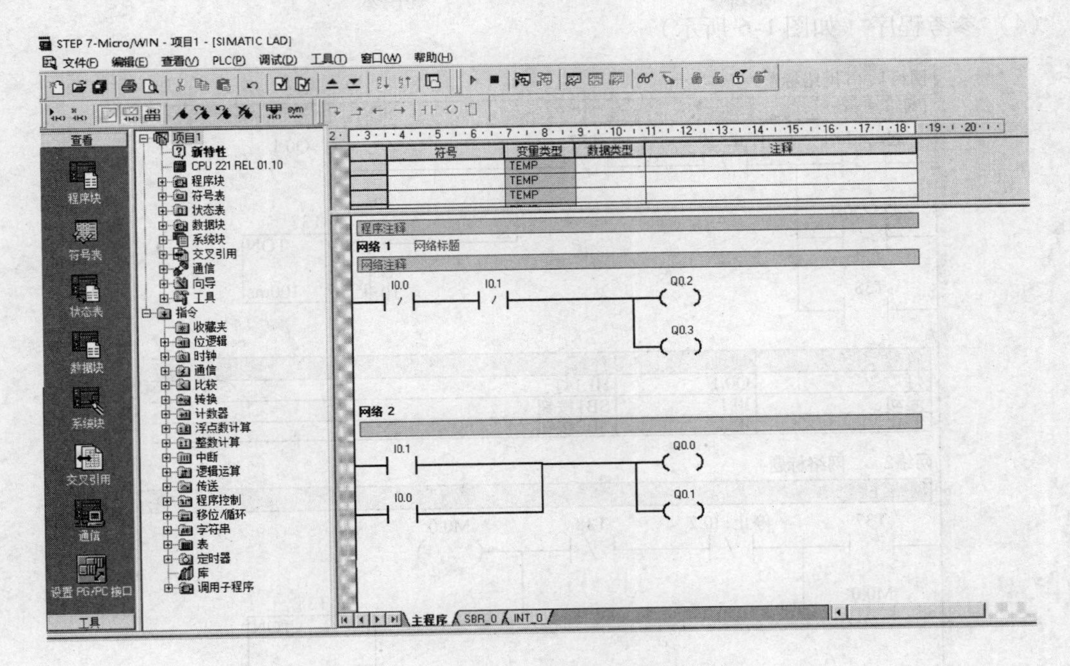

图 1-4　PLC 控制四条彩灯编程软件界面

（4）掌握编写符号表的方法。

2. 工作任务

按按钮 SB1，灯 HL1 开始闪亮（亮 1s，灭 1s，如此循环）。按按钮 SB2，灯 HL1 灭。

3. 工作任务实施

（1）工作任务分析

根据要求可知，按 SB1 控制灯 HL1 闪亮，按 SB2 控制灯 HL1 灭。在外围接线上使按钮 SB1 与 I0. 1 连接，按钮 SB2 与 I0. 2 连接；彩灯 HL1 与 Q0. 1 连接。

（2）I/O 地址分配表（见表 1-2）

表 1-2　PLC 控制灯的闪亮 I/O 地址分配表

输入（I）		输出（O）	
按钮 SB1	I0. 1	彩灯 HL1	Q0. 1
按钮 SB2	I0. 2		

（3）PLC 硬件接线图（如图 1-5 所示）

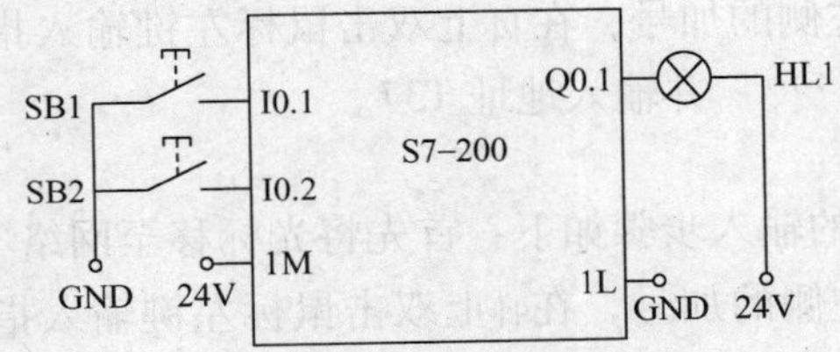

图 1-5　PLC 控制灯的闪亮硬件接线图

（4）参考程序（如图 1-6 所示）

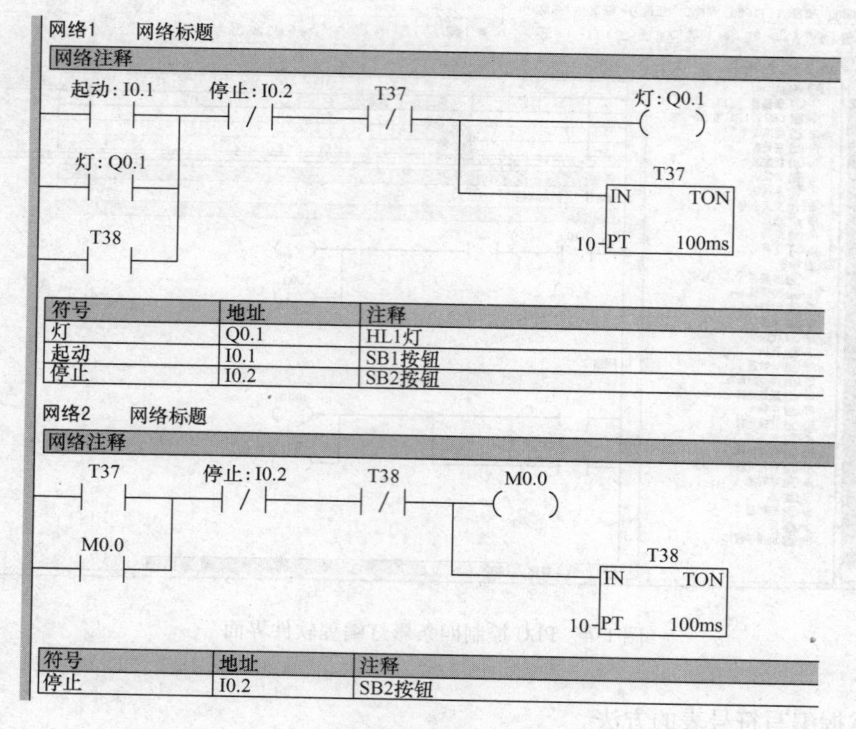

符号	地址	注释
灯	Q0.1	HL1灯
起动	I0.1	SB1按钮
停止	I0.2	SB2按钮

符号	地址	注释
停止	I0.2	SB2按钮

图 1-6 PLC 控制灯的闪亮参考程序

（5）实践训练操作步骤（后面所有任务本步骤将省略）

1）梯形图输入。程序段网络 1 的输入步骤如下。

①常开触点 I0.1 的输入步骤如下：首先将光标移至网络 1 中需要输入指令的位置，单击指令树中“位逻辑”左侧的加号，在-| |-上双击鼠标左键输入指令；或者在 LAD 指令工具条中单击-| |-，然后单击“???”并输入地址 I0.1。

②串联常闭触点 I0.2 的输入步骤如下：首先将光标移至网络 1 的右侧，单击指令树中“位逻辑”左侧的加号，在-|/|-上双击鼠标左键输入指令；或者在 LAD 指令工具条中单击-|/|-，然后单击“???”并输入地址 I0.2。

③串联常闭触点 T37 的输入步骤如下：首先将光标移至网络 1 的右侧，单击指令树中“位逻辑”左侧的加号，在-|/|-上双击鼠标左键输入指令；或者在 LAD 指令工具条中单击-|/|-，然后单击“???”并输入地址 T37。

④并联常开触点 Q0.1 的输入步骤如下：首先将光标移至网络 1 的下面，单击指令树中“位逻辑”左侧的加号，在-| |-上双击鼠标左键输入指令；或者在 LAD 指令工具条中单击-| |-，然后单击“???”并输入地址 Q0.1。然后单击选中，且在 LAD

指令工具条中单击向上连线。

⑤并联常开触点 T38 的输入步骤如下：首先将光标移至网络1的下面，单击指令树中“位逻辑”左侧的加号，在上双击鼠标左键输入指令；或者在 LAD 指令工具条中单击。然后单击“???”并输入地址 T38。然后单击选中，且在 LAD 指令工具条中单击向上连线。

⑥输出线圈 Q0.1 的输入步骤如下：首先将光标移至网络1的右侧，单击指令树中“位逻辑”左侧的加号，在上双击鼠标左键输入指令；或者在 LAD 指令工具条中单击，然后单击“???”并输入地址 Q0.1。

⑦ 并联定时器指令 T37 的输入步骤如下：首先将光标移至网络1中的下方，单击指令树中“定时器”左侧的加号，在 TON 上双击鼠标左键输入指令，再单击“????”输入定时器编号 T37 后按下回车键，光标自动移到预置时间值（PT），输入预置时间 10，然后单击选中且在 LAD 指令工具条中单击向下连线和向右连线。输入完毕后，网络1程序段如图 1-7 所示。

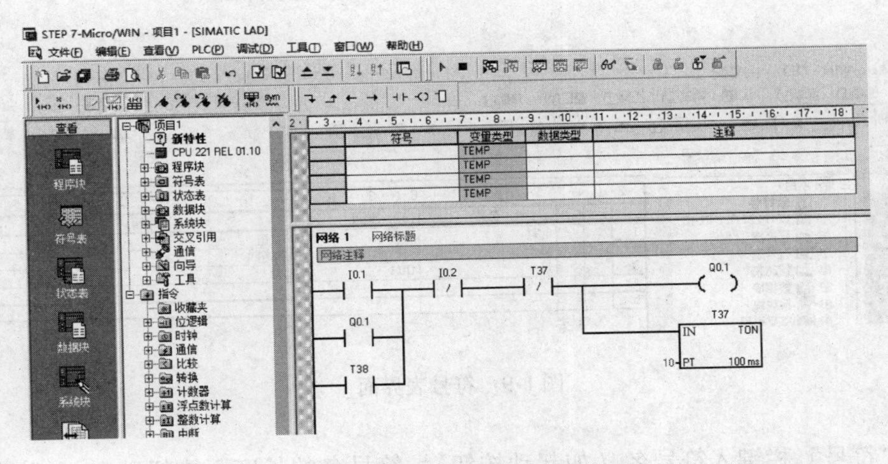

图 1-7 PLC 控制灯的闪亮网络1程序段

网络2程序段的输入步骤省略（输入方法参照网络1程序段的输入方法）。

全部程序输入完成后，完整的控制程序如图 1-8 所示。

2）编写符号表。符号表用符号地址代替存储器的地址，便于记忆。单击浏览条中的符号表按钮 符号表，建立如图 1-9 所示的符号表，其步骤如下。

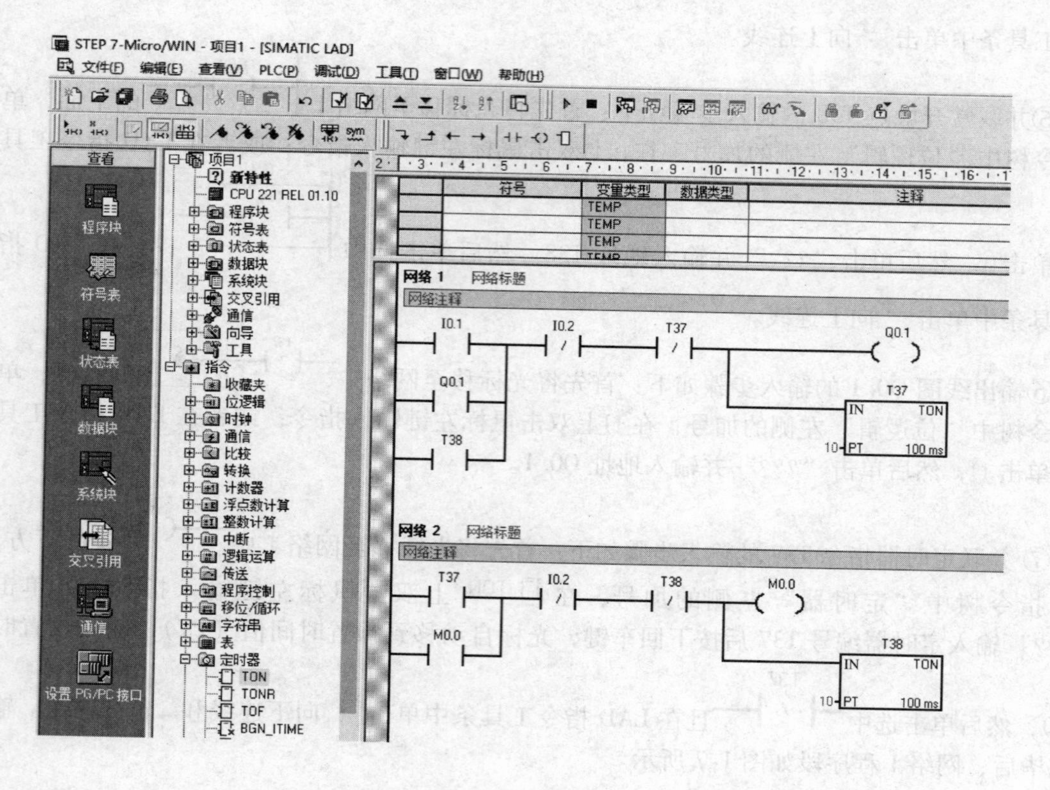

图1-8　PLC控制灯的闪亮程序输入完成界面

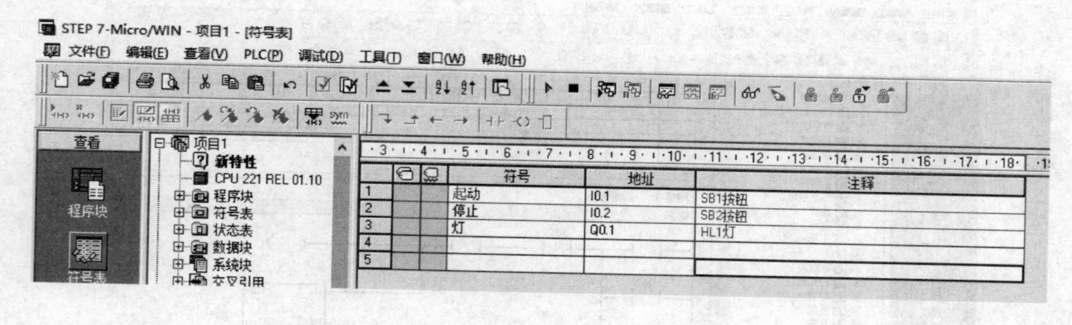

图1-9　符号表界面

①在“符号”栏键入符号名（如起动按钮），符号名的长度不能超过23个字符。在给空号指定地址之前，该符号下有绿色波浪下划线。在给定符号地址后，绿色波浪下划线自动消失。

②在“地址”列中输入相应地址编号（如I0.1）。

③在“注释”列中输入相应的注解。注释是否输入可根据实际情况而定，输入注解时，每项最多只能输入79个字符。

④建立符号表后，单击“查看”/“符号表”/“将符号应用于项目（S）”则对应的梯

形图如图1-10所示。

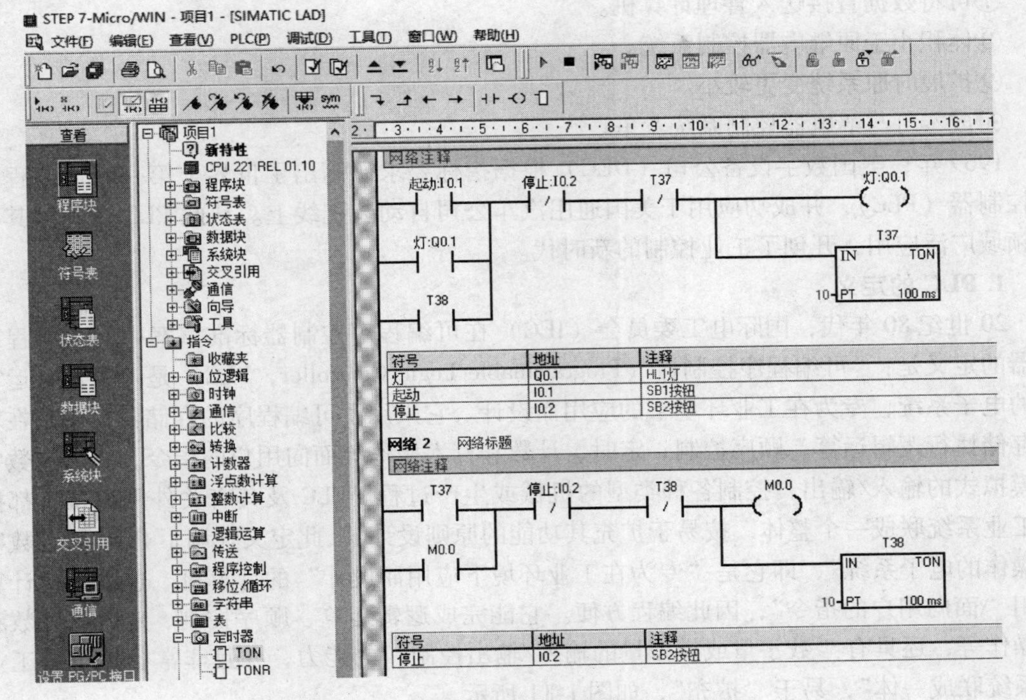

图1-10　符号表应用项目的梯形图界面

3）下载程序。确认编译程序无误后单击▼，将程序下载至PLC中，下载完毕后，将PLC模式选择开关拨至RUN状态。

1.2　知识链接

1.2.1　PLC的定义、特点及发展方向

20世纪60年代末，工业生产大多以大批量、少品种生产方式为主，这种大规模生产线的控制以继电器控制系统占主导地位。而当由于市场的发展，要求工业生产向小批量、多品种生产方式转变时，就需要重新设计安装继电器控制系统，十分费时、费工、费料，延长了更新周期。为了改变这种状况，1968年美国通用汽车（GM）公司对外公开招标，期望设计出一种新型的自动控制装置，来取代继电器控制系统，从而达到汽车型号不断更新的要求。为了达到这个目的，提出以下基本要求：

①编程方便，现场可修改程序。

②维修方便，采用插件式结构。

③输入可以是交流115V。

④输出为交流115V、2A以上，能直接驱动电磁阀和接触器等。

⑤用户存储容量至少可以扩展到4KB。

⑥可靠性比继电器控制系统高。

⑦可将数据直接送入管理计算机。

⑧体积小于原继电器控制系统。

⑨扩展时原系统变更较小。

⑩成本可与继电器控制系统竞争。

1969年，美国数字设备公司（DEC）根据指标要求研制出了世界上第一台可编程序逻辑控制器（PLC），并成功应用于美国通用汽车公司自动装配线上。从此PLC在美国其他工业领域广泛应用，开创了工业控制的新时代。

1. PLC的定义

20世纪80年代，国际电工委员会（IEC）在可编程序控制器标准草案中对可编程序控制器的定义是："可编程序控制器（Programmable Logic Controller，PLC）是一种数字运算操作的电子系统，专为在工业环境下的应用而设计。它采用了可编程序的存储器，用来在其内部存储执行逻辑运算、顺序控制、定时、计数和算术操作等面向用户的指令，并通过数字式或模拟式的输入/输出，控制各种类型的机械或生产过程。PLC及其有关外围设备，都按易于工业系统联成一个整体，按易于扩充其功能的原则设计。"此定义强调了PLC是"数字运算操作的电子系统"，即它是"专为在工业环境下应用而设计"的计算机。这种工业计算机采用"面向用户的指令"，因此编程方便。它能完成逻辑运算、顺序控制、定时、计数和算术操作等，还具有"数字量或模拟量的输入/输出控制"的能力，并且非常容易与"工业控制系统联成一体"，易于"扩充"，如图1-11所示。

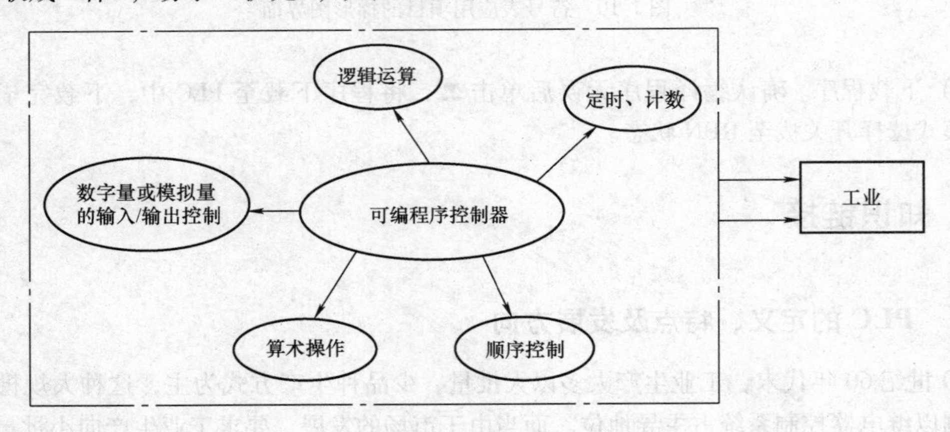

图1-11　PLC的整体认识

PLC自问世以来，发展极为迅速。到现在，世界各国的著名的电气工厂几乎都在生产PLC装置。例如德国西门子、美国的AB和GE、日本的三菱和欧姆龙等。现在PLC已作为一个独立的工业设备列入电气产品制造中，成为当代电气控制装置的主导。

2. PLC的特点

现代工业生产是复杂多样的，它们对控制的要求也各不相同。PLC由于具有以下特点而深受工业控制人员的欢迎。

（1）抗干扰能力强，可靠性高　PLC的平均无故障时间一般可达到3~5万小时。通过良好的整机结构设计，元器件选择，抗干扰、先进电源、监控、故障诊断、冗余等技术的使用，和严格的制造工艺，使 PLC 在工业环境下能可靠地工作。

（2）适应性强，应用灵活　由于 PLC 产品均采用系列化生产，品种齐全，而且多数采用模块式的硬件结构，组合和扩展方便，用户可根据自己需要灵活选用，以满足大小不同、功能繁简各异的控制系统的要求。

（3）系统设计、安装、调试方便　PLC 的编程可采用与继电器电路极为相似的梯形图语言，直观易懂，深受现场电气技术人员的欢迎。近年来又发展了面向对象的顺序控制流程图，也称顺序功能图，使编程更加简单方便。PLC 中有大量相当于中间继电器、时间继电器和计数器等的“软继电器”。此外，PLC 用程序（软接线）代替硬接线，可使安装接线工作量减少。设计人员只要有 PLC 就可以进行控制系统设计，并可在实验室进行模拟调试。

（4）维修方便，维修工作量小，功能完善　PLC 有完善的自诊断、数据存储及监视功能。PLC 对于其内部工作状态、通信状态、异常状态和 I/O 点等的状态均有显示。工作人员通过它可以查出故障原因，便于迅速处理。除基本的逻辑控制、定时、计数和算术运算等功能外，配合特殊功能模块还可以实现点位控制、PID 运算、过程控制和数字控制等功能，方便工厂管理及与上位机通信，通过远程模块还可以控制远方设备。

（5）体积小，重量轻，功耗低　由于 PLC 采用了微电子技术，因此它体积小、结构紧凑、重量轻、功耗低。

上述特点使得 PLC 的应用范围极为广泛，可以说，只要有工厂、有控制要求，就会有 PLC 的应用。

3. PLC 的发展方向

随着计算机技术、数字技术、半导体集成技术、网络通信技术等高新技术的发展，PLC 也得到了飞速的发展，目前，PLC 已广泛地应用于各个领域。

PLC 一是向体积更小、功能更强、价格更低的小型化方向发展，提供性能价格比更高的小型 PLC 控制系统，使之应用范围更加广泛；二是向速度更快、功能更多、联网与通信功能更强的大型化方向发展，提供高性能、高速度、高性能价格比的大、中型 PLC 控制系统，以适应大规模、复杂控制系统的需要。PLC 的发展方向具体体现在以下几个方面。

1）网络通信功能增强。

2）发展智能输入/输出模块。

3）采用多样化编程语言。

4）增强外部故障检测及处理能力。

1.2.2　PLC 的分类及应用领域

1. PLC 的分类

近几年来，PLC 的发展非常迅速。PLC 产品种类繁多，其规格和性能也各不相同。PLC 通常按照结构、控制规模和功能来进行大致的分类。

（1）按结构分类　PLC 按照其硬件的结构形式可分为整体式、模块式和叠装式。

（2）按控制规模分类　PLC 的控制规模主要是指开关量的输入/输出点数及模拟量的输入/输出路数。其中，模拟量的路数可以折算成开关量的点数。按照此项进行分类，PLC 主要包括小型 PLC、中型 PLC 和大型 PLC。

①小型 PLC。输入/输出点数在 128 点以下的 PLC 称为小型 PLC，它可以连接开关量 I/

O 模块、模拟量 I/O 模块以及各种特殊功能模块，能执行包括逻辑运算、计数、数据处理和传送、通信联网等各种指令。其特点是体积小、结构紧凑。

②中型 PLC。输入/输出点数在 128～512 点之间的 PLC 称为中型 PLC，它除了具有小型机所能实现的功能外，还具有更强大的通信联网功能、更丰富的指令系统、更大的内存容量和更快的扫描速度。

③大型 PLC。输入/输出点数在 512 点以上的 PLC 称为大型 PLC，它具有极强的软件和硬件功能、自诊断功能、通信联网功能，它可以构成三级通信网，实现工厂生产管理自动化。

(3) 按功能分类

①低档机。低档机具有逻辑运算、定时、计数等功能，有些还具有一定的算术运算、数据处理和传送等功能，可实现逻辑、顺序、定时计数等控制功能。

②中档机。中档机除具有低档机功能外，还具有模拟量输入/输出、算术运算、数据处理和传送等功能，可实现既有数字量又有模拟量的控制功能。

③高档机。高档机除具有中档机功能外，还具有带符号运算、矩阵运算、模拟量调节、联网通信等功能，可实现智能控制、远程控制，构成分布式控制系统，实现自动化管理。

2. PLC 的应用领域

从 PLC 的功能上来说，其应用领域大致可归纳为如下几个方面。

(1) 逻辑控制　这是 PLC 最基本、最广泛的应用领域，它采用“与”、“或”、“非”等逻辑运算功能实现逻辑控制、定时控制和顺序逻辑控制。它既可用于单台设备的控制，也可用于自动化生产线。

(2) 运动控制　PLC 使用专用运动控制模块，运用专用指令对直线运动或圆周运动的位置、速度和加速度进行控制，实现单轴、双轴以及多轴位置控制，并使运动控制和顺序控制功能有机结合，如装配机械、机器人、金属切削机床等。

(3) 闭环过程控制　闭环过程控制是指对温度、压力、流量等连续变化的模拟量实现的闭环控制。PLC 通过模拟量 I/O 模块，应用数据处理和运算功能，实现模拟量与数字量的 D-A 转换和 A-D 转换，并实现被控模拟量的闭环 PID 控制。它广泛地应用在加热炉、挤压成型机和锅炉等设备中。

(4) 数据处理　大型 PLC 除具有数学运算功能外，还具有数据的传送、转换、排序、查表等功能，以完成数据的采集、分析和处理，实现数据的比较、通信、保存及打印等。

(5) 通信联网　PLC 的通信包括主机与远程 I/O 之间的通信、PLC 与 PLC 之间的通信、PLC 与其他智能设备之间的通信。PLC 与其他智能设备一起，可以构成“集中管理、分散控制”的分布式控制系统。

1.2.3　PLC 的组成及工作原理

1. PLC 的组成

PLC 的种类繁多，有各种不同的结构。本节以小型 PLC 为例，介绍 PLC 的组成。

PLC 一般由四大部分组成：中央处理器（CPU）、存储器、输入/输出（I/O）接口、电源，如图 1-12 所示。

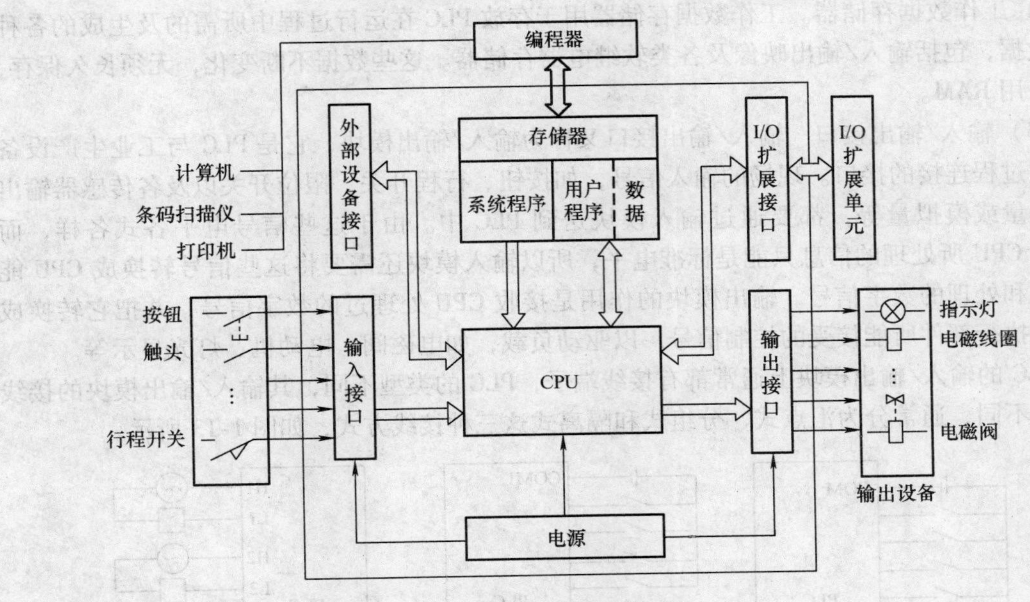

图1-12　PLC的组成

(1) 中央处理器　中央处理器（CPU）是计算机的核心，因此它也是PLC的核心。它按照系统程序赋予的功能完成以下主要任务：

①接收与存储用户由编程器键入的用户程序和数据。

②检查编程过程中的语法错误，诊断电源及PLC内部的工作故障。

③用扫描方式工作，接收来自现场的输入信号，并输入到输入映像寄存器和数据存储器中。

④在进入运行方式后，从存储器中逐条读取并执行用户程序所规定的逻辑运算、算术运算及数据处理等操作。根据运算结果，更新有关标志位的状态，刷新输出映像寄存器的内容，再经输出部件实现输出控制、打印制表或数据通信等功能。

在模块式PLC中，CPU是一个专用模块，一般PLC的CPU模块上还有存放系统程序的ROM和存放用户程序或少量数据的RAM，以及译码电路、通信接口和编程器接口等。

在整体式PLC中，CPU是一块集成电路芯片，通常是通用的8位或16位的微处理器，如Z80、Z80A、8085、6800等。采用通用的微处理器（如Z80）作为CPU，其好处是这些微处理器及其配套的芯片通用、价廉，有独立的I/O指令，且指令格式短，有利于译码及缩短扫描周期。

(2) 存储器　存储器是具有记忆功能的半导体电路，用于存放系统程序、用户程序、逻辑变量和其他信息。系统程序是控制和完成PLC多种功能的程序，由生产厂家编写。用户程序是根据生产过程和工艺要求设计的控制程序，由用户编写。PLC中常用的存储器有只读存储器（ROM）、读/写存储器（RAM）和可擦除只读存储器（EPROM）。

1）系统程序存储器。由PLC生产厂家编写的系统程序存放在只读存储器（ROM）中，用户不能访问也不能更改其内容。

2）用户程序存储器。用户程序存储器存放用户按控制要求而编制的应用程序。不同类型的PLC的容量不尽相同，并可以根据需要进行扩充，可以是RAM，但大多采用EPROM。

3）工作数据存储器。工作数据存储器用于存放 PLC 在运行过程中所需的及生成的各种工作数据，包括输入/输出映像及各类软继电器存储器。这些数据不断变化，无须长久保存，因此采用 RAM。

（3）输入/输出接口　输入/输出接口又称为输入/输出模块，它是 PLC 与工业生产设备或工业过程连接的接口。现场的输入信号，如按钮、行程开关、限位开关以及各传感器输出的开关量或模拟量等，都要通过输入模块送到 PLC 中。由于这些信号电平各式各样，而 PLC 的 CPU 所处理的信息只能是标准电平，所以输入模块还需要将这些信号转换成 CPU 能够接受和处理的数字信号。输出模块的作用是接收 CPU 处理过的数字信号，并把它转换成现场的执行部件所能接受的控制信号，以驱动负载，如电磁阀、电动机、灯光显示等。

PLC 的输入/输出模块上通常都有接线端子，PLC 的类型不同，其输入/输出模块的接线方式也不同，通常分为汇点式、分组式和隔离式这三种接线方式，如图 1-13 所示。

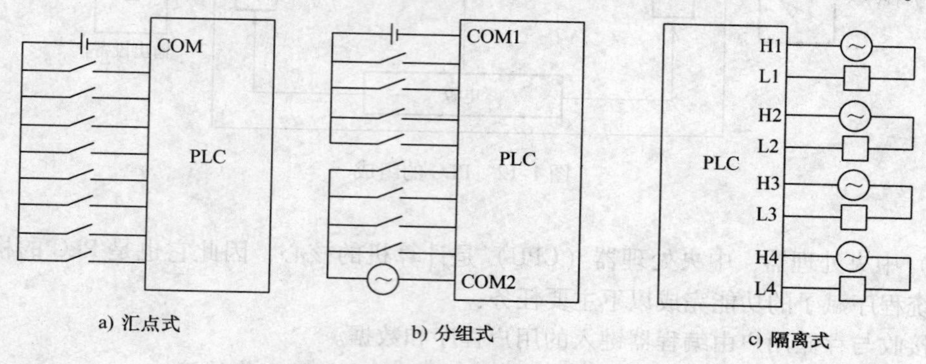

图 1-13　输入/输出模块的三种接线方式

输入/输出模块分别只有一个公共端 COM 的接线方式称为汇点式，其输入或输出点共用一个电源；分组式接线方式是指将输入/输出端子分为若干组，每组的 I/O 电路有一个公共点并共用一个电源，组与组之间的电路隔开；隔离式接线方式是指具有公共端子的各组输入/输出点之间互相隔离，可各自使用独立的电源。

PLC 提供了各种操作电平和驱动能力的输入/输出模块供用户选择，如数字量输入/输出模块、模拟量输入/输出模块。这些模块又分为直流与交流、电压与电流等类型。

1）数字量输入模块。数字量输入模块又称为开关量输入模块，它是将工业现场的开关量信号转换为标准信号传送给 CPU，并保证信息的正确和控制器不受其干扰。它一般是采用光耦合电路与现场输入信号相连，这样可以防止使用环境中的强电干扰进入 PLC。光耦合电路的核心是光耦合器，其结构由发光二极管和光敏晶体管构成。现场输入信号的电源可由用户提供，直流输入信号的电源也可由 PLC 自身提供。数字量输入模块根据使用电源的不同分为直流输入模块（直流 12V 或 24V）和交流输入（交流 100～120V 或 200～240V）模块两种。

2）数字量输出模块。数字量输出模块又称为开关量输出模块，它是将 PLC 内部信号转换成现场执行机构的各种开关信号。数字量输出模块按照使用电源（即用户电源）的不同，分为直流输出模块、交流输出模块和交直流输出模块三种。按照输出电路所使用的开关器件不同，又分为晶体管输出、晶闸管输出和继电器输出。其中，晶体管输出方式的模块只能带直流负载；晶闸管输出方式的模块只能带交流负载；继电器输出方式的模块既可驱动交流负载也可驱动直流负载。

3）模拟量输入模块。模拟量输入模块是将输入的模拟量（如电流、电压、温度、压力等）转换成PLC的CPU可接收的数字量。在PLC中将模拟量转换成数字量的模块又称为A-D模块。

4）模拟量输出模块。模拟量输出模块是将输出的数字量转换成外部设备可接收的模拟量，这样的模块在PLC中又称为D-A模块。

（4）电源　电源是将交流电压信号转换成微处理器、存储器及输入/输出部件正常工作所需要的直流电压。由于PLC要适用于工业现场的控制，直接处于工业干扰影响之中，所以为了保证PLC内主机可靠地工作，电源对供电电源采用了较多的滤波环节，还用集成电压调整器进行调整以适应交流电网的电压波动，对过电压和欠电压都有一定的保护作用。另外，采用了较多的屏蔽措施来防止工业环境中的空间电磁干扰。常用的电源电路有串联稳压电路、开关式稳压电路和设有变压器的逆变式电路。

（5）编程器　编程器是PLC重要的外围设备。编程器可以将用户程序送入PLC的存储器，可以检查、修改程序，还可以监视PLC的工作状态。编程器一般分简易型编程器和智能型编程器。小型PLC常用简易型编程器，大中型PLC多用智能型CRT编程器。除此以外，在个人计算机上添加适当的硬件接口和软件包，即可实现个人计算机对PLC的编程。利用个人计算机作为编程器，可以直接编制并显示梯形图。

2. PLC系统的等效电路

PLC系统的等效工作电路可分为三部分，即输入部分、内部控制电路和输出部分。输入部分采集输入信号，输出部分是系统的执行部件，这两部分与继电器控制电路相同。内部控制电路是通过编程方法实现的控制逻辑，用软件编程代替继电器电路的功能。其等效工作电路如图1-14所示。

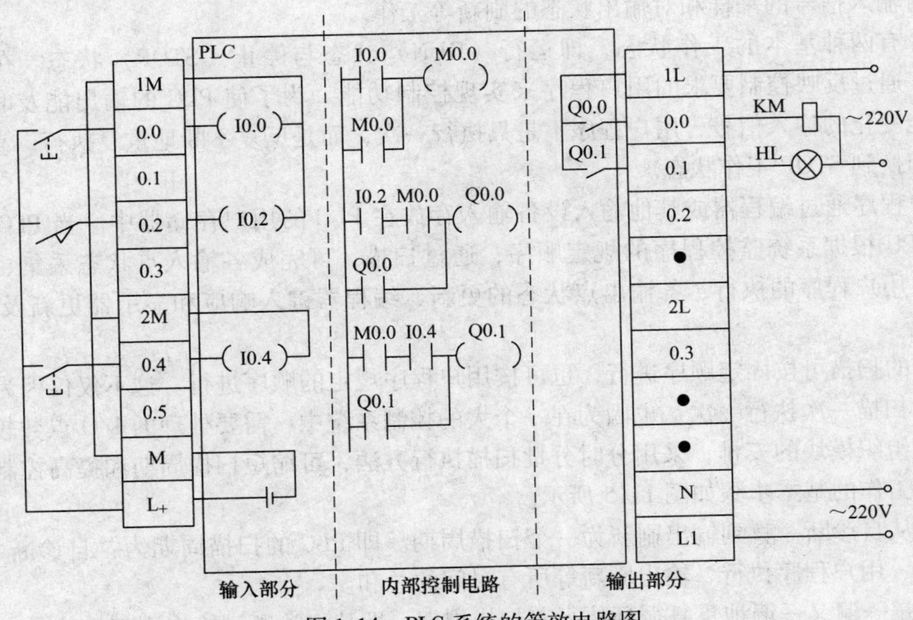

图1-14　PLC系统的等效电路图

（1）输入部分　输入部分由外部输入电路、PLC 输入端子和输入继电器组成。外部输入信号经 PLC 输入端子去驱动输入继电器的线圈，每个输入端子与其相同编号的输入继电器有着唯一确定的对应关系，当外部的输入元件处于接通状态时，对应的输入继电器线圈“得电”。为使继电器的线圈“得电”，须让外部输入元件的接通状态写入与其对应的基本单元中，输入回路要有电源。输入回路所使用的电源，可由 PLC 内部提供的 24V 直流电源供电，也可由 PLC 外部的独立交流或直流电源供电。

（2）内部控制电路　所谓内部控制电路是由用户程序形成的用“软继电器”来代替继电器的控制逻辑。它的作用是按照用户程序规定的逻辑关系，对输入信号和输出信号的状态进行检测、判断和处理，然后得到相应的输出。

（3）输出部分　输出部分由在 PLC 内部且与内部控制电路隔离的输出继电器的外部触点输出接线端子和外部驱动电路组成，用来驱动外部负载。

PLC 的内部控制电路中有许多输出继电器，每个输出继电器除了为内部控制电路提供编程用的任意多个常开、常闭触点外，还为外部输出电路提供了一个实际的常开触点与输出接线端子相连。

驱动外部负载电路的电源必须由外部电源提供，电源种类及规格可根据负载要求配置，只要在 PLC 允许的电压范围内工作即可。

综上所述，可以对 PLC 的等效电路做进一步简化，即将输入等效为继电器的一个线圈，将输出等效为继电器的一个常开触点。

3. PLC 的工作原理

PLC 是采用“顺序扫描，不断循环”（循环扫描）的方式进行工作的。即在 PLC 运行时，CPU 根据用户按控制要求编制好并存于用户存储器中的程序，按指令步序号（或地址号）作周期性循环扫描，如无跳转指令，则从第一条指令开始逐条顺序执行用户程序，直至程序结束。然后重新返回到第一条指令，开始下一轮新的扫描。在每次扫描的过程中，还要完成对输入信号的采样和对输出状态的刷新等工作。

PLC 有两种基本的工作状态，即运行（RUN）状态与停止（STOP）状态。在运行状态，PLC 通过反映控制要求的用户程序来实现控制功能。为了使 PLC 的输出能及时地响应随时可能变化的输入信号，用户程序不是只执行一次，而是反复不断地重复执行，直至 PLC 停机或切换到 STOP 工作状态。

用户程序通过编程器或其他输入设备输入存放在 PLC 的用户存储器中。当 PLC 开始运行时，CPU 根据系统监控程序的规定顺序，通过扫描，可完成各输入点状态采集、输入数据采集、用户程序的执行、各输出点状态的更新、编程器键入响应和显示器更新及 CPU 自检等功能。

PLC 的扫描可按固定顺序进行，也可按用户程序规定的顺序进行。这不仅仅因为有的程序不需要扫描一次执行一次，也因为在一个大的控制系统中，需要处理的 I/O 点数较多。通过不同的组织模块的安排，采用分时分批扫描执行方法，可缩短扫描周期和提高控制的实时性。PLC 工作的基本步骤如图 1-15 所示。

PLC 从自诊断一直到输出刷新为一个扫描周期。即 PLC 的扫描周期为：自诊断、通信、输入采样、用户程序执行、输出刷新等所有时间的总和。

PLC 是一遍又一遍地重复循环执行着扫描周期，即从自诊断到输出刷新，然后再从自诊

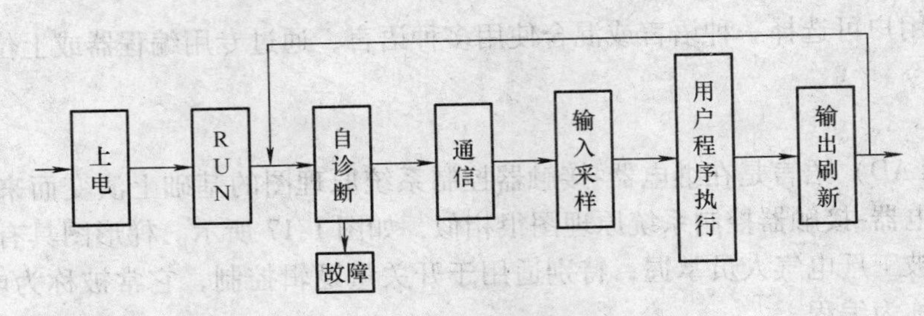

图1-15 PLC工作的基本步骤

断到输出刷新，这样一直循环扫描。

（1）自诊断　即PLC对本身内部电路、内部程序、用户程序等进行诊断，看是否有故障发生，若有异常，则PLC不会去执行后面的通信、输入采样、用户程序执行、输出刷新等过程，而是处于停止状态。

（2）通信　PLC对用户程序及内部应用程序进行数据的通信过程。

（3）输入采样　PLC每次在执行用户程序之前，会对所有的输入信号进行采集，判断信号是接通还是断开，然后把判断完的信号存入“输入映像寄存器”，然后开始执行用户程序，程序中信号的通与断就根据“输入映像寄存器”中信号的状态来执行。

（4）用户程序执行　即PLC对用户程序逐步逐条地进行扫描的过程。

（5）输出刷新　PLC在执行过程中，输出信号的状态存入“输出映像寄存器”，即使输出信号为接通状态，也不会立即使输出端子动作，一定要程序执行到END（即一个扫描周期结束）后，才会根据“输出映像寄存器”内的状态控制外部端子的动作。

图1-16所示的两段程序只是把前后顺序反了一下，但是执行结果却完全不同。程序1中的Q0.1在程序中永远不会有输出。程序2中的Q0.1当I0.1接通时就能有输出。

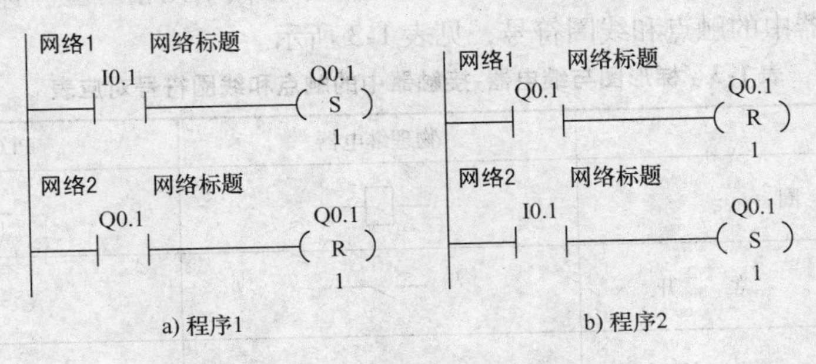

图1-16 程序1和程序2的比较

图1-16所示的例子说明：同样的若干条梯形图，其排列次序不同，执行的结果也不同。PLC工作时是采用循环顺序扫描，在梯形图程序中，PLC执行最后面的结果。

1.2.4 PLC编程语言

PLC是专为工业控制而开发的装置，其主要使用者是工厂广大电气技术人员，为了适应他们的传统习惯和掌握能力，通常PLC采用面向控制过程、面向问题的“自然语言”进行编程。S7-200系列PLC的编程语言非常丰富，有梯形图、语句表（助记符）、顺序功能图、功能块图等，用户可选择一种语言或混合使用多种语言，通过专用编程器或上位机编写具有一定功能的指令。

1. 梯形图

梯形图（LAD）语言是在继电器-接触器控制系统原理图的基础上演变而来的一种图形语言，它和继电器-接触器控制系统原理图很相似，如图 1-17 所示。梯形图具有直观易懂的优点，很容易被工厂电气人员掌握，特别适用于开关量逻辑控制，它常被称为电路或程序，梯形图的设计称为编程。

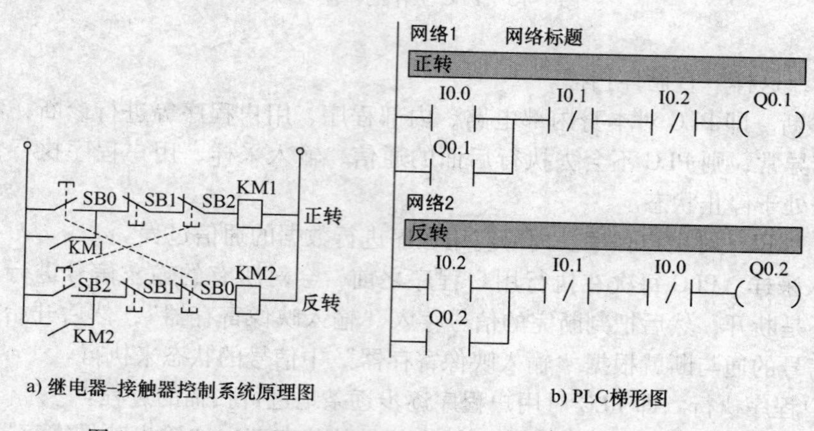

图 1-17　继电器-接触器控制系统原理图与 PLC 梯形图的对比

PLC 梯形图中的某些编程元件沿用了“继电器”这一名称，如输入继电器、输出继电器、内部辅助继电器等，但是它们却不是真实的物理继电器，而是一些存储单元（软继电器），每一软继电器与 PLC 存储器中映像寄存器的一个存储单元相对应。梯形图中采用了类似于继电器-接触器中的触点和线圈符号，见表 1-3 所示。

表 1-3　梯形图与继电器-接触器中的触点和线圈符号对应表

		物理继电器	PLC 继电器
线　圈			—(　)
触　点	常　开		⊣ ⊢
	常　闭		⊣/⊢

梯形图的两侧垂直公共线称为公共母线（Bus bar），左侧母线对应于继电器-接触器控制系统中的“相线”，右侧母线对应于继电器-接触器控制系统中的“零线”，一般右侧母线可省略。

PLC 梯形图与继电器-接触器控制系统原理图的设计思想一致，它沿用继电器-接触器控制电路元件符号，只有少数不同，信号输入、信息处理及输出控制的功能也大体相同。两者的区别主要有：

1）继电器-接触器控制电路由真正的物理继电器等部分组成，而梯形图没有真正的继电器，是由软继电器组成的。

2）继电器-接触器控制系统得电工作时，相应的继电器触点会产生物理动合操作，而梯形图中软继电器处于周期循环扫描接通之中。

3）继电器-接触器系统的触点数目有限，而梯形图中的软触点有多个。

4）继电器-接触器系统的功能单一，编程不灵活，而梯形图的设计和编程灵活多变。

5）继电器-接触器系统可同步执行多项工作，而PLC梯形图只能采用扫描方式由上而下按顺序执行指令并进行相应工作。

尽管梯形图与继电器-接触器系统电路图在结构形式、元件符号及逻辑控制功能等方面类似，但在编程时，梯形图还须遵循一定的规则，具体如下：

1）编写PLC梯形图时，应按从上到下、从左到右的顺序放置连接元件。在STEP7-Micro/WIN32中，与每个输出线圈相连的全部支路形成1个逻辑行（即1个网络），每个网络起于左母线，最后终于输出线圈或右母线（右母线可以不画出），同时还要注意输出线圈与右母线之间不能有任何触点，输出线圈的左边必须有触点，如图1-18所示。

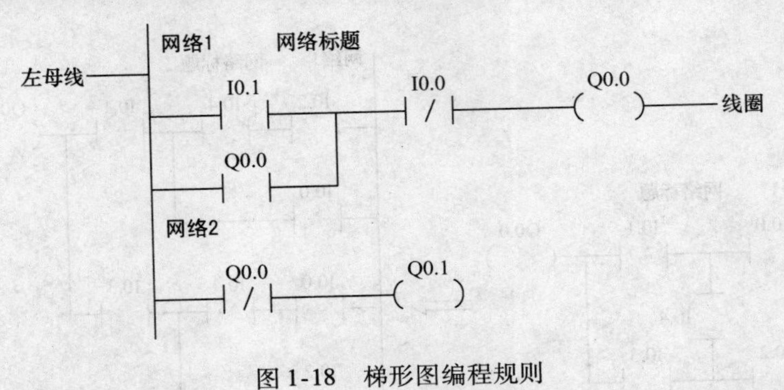

图1-18 梯形图编程规则

2）梯形图中的触点可以任意串联或并联，但继电器线圈只能并联而不能串联，如图1-19所示。

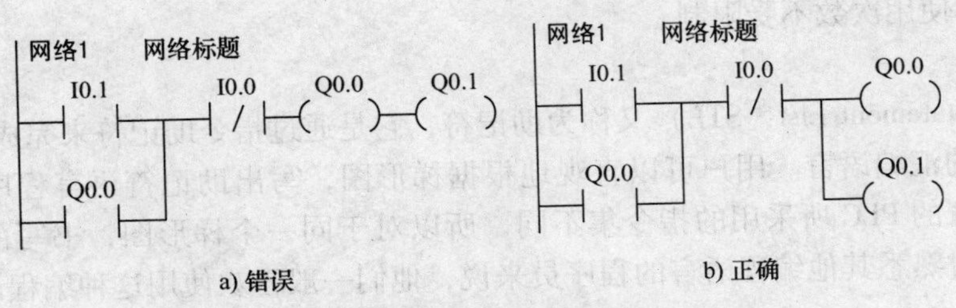

图1-19 梯形图触点、继电器线圈编程规则

3）在每个网络（每一个逻辑行）中，当几条支路串联时，串联触点多的应尽量放在上面，如图1-20所示。

4）在有几个并联电路相串联时，应将并联触点多的回路放在左边，如图1-21所示。这样所编制的程序简洁明了，语句较少。

5）对于不可编程的梯形图，必须通过等效变换，变成可编程梯形图，如图1-22所示。

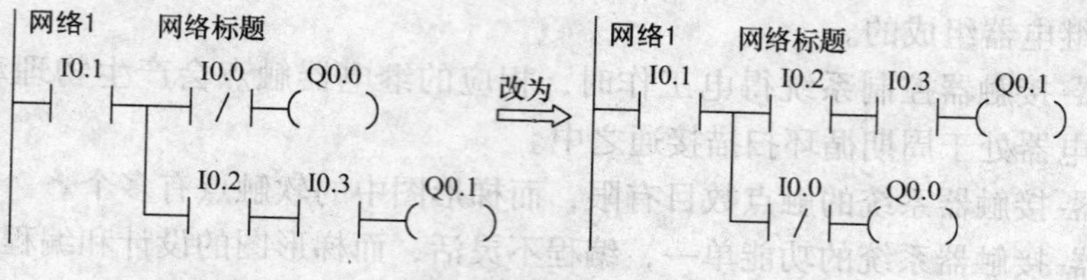

图 1-20　支路串联梯形图编程规则

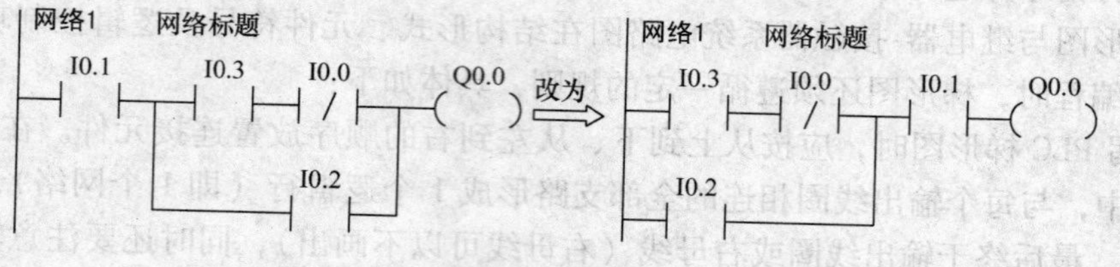

图 1-21　并联电路串联梯形图编程规则

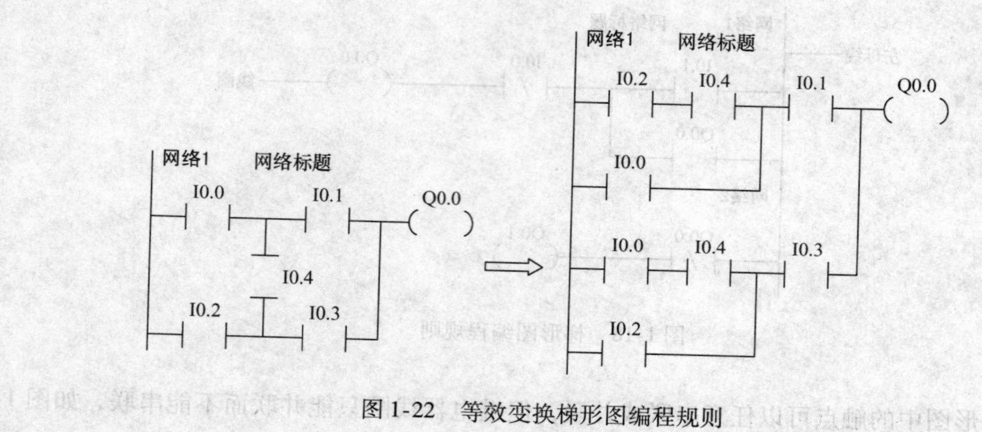

图 1-22　等效变换梯形图编程规则

6）触点的使用次数不受限制。

2. 语句表

语句表（Statement List，STL）又称为助记符，它是通过指令助记符来完成控制要求的，类似于计算机的汇编语言。用户可以直观地根据梯形图，写出助记符语言程序，如图 1-23 所示。不同厂家的 PLC 所采用的指令集不同，所以对于同一个梯形图，书写的语句表也不尽相同，但是对熟悉其他编程语言的程序员来说，他们一般喜欢使用这种编程语言。

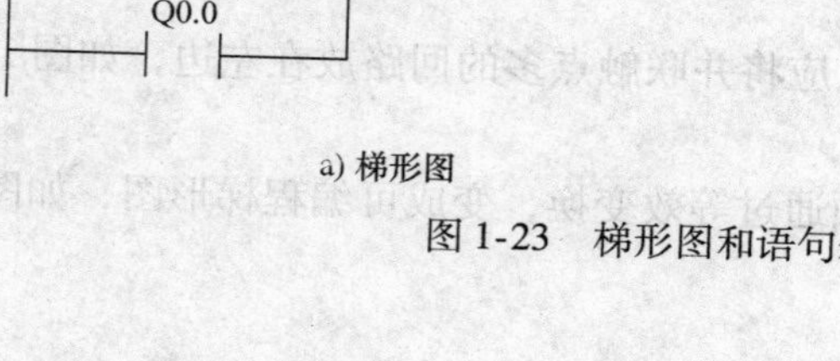

a) 梯形图

```
LD    I0.0
O     Q0.0
AN    I0.1
=     Q0.0
```

b) 助记符

图 1-23　梯形图和语句表

3. 顺序功能图

顺序功能图（Sequential Function Chart，SFC）又称状态转移图，它是描述控制系统的控制过程、功能和特性的一种图形，也是设计 PLC 顺序控制程序的有力工具。顺序功能图主要由步、动作、起动条件等部分组成，如图 1-24 所示。

顺序功能图可把一个复杂的任务分成若干个小任务，按一定的顺序完成这些小任务后，复杂的任务也就完成了。这样按照一定的顺序逐步控制来完成各个工序的控制方式称顺序控制。

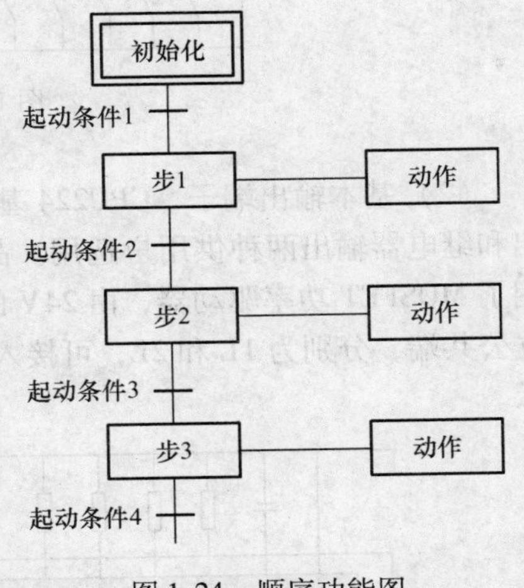

图 1-24　顺序功能图

4. 功能块图

功能块图（Function Block Diagram，FBD）又称逻辑指令，它是一种类似于数字逻辑门电路的 PLC 图形编程语言，用逻辑框图来表示各种控制条件。控制逻辑常用“与”“或”“非”三种逻辑功能进行表达，每种功能都有一个算法。运算功能由方框内的符号确定，方框的左边为逻辑运算的输入变量，右边为输出变量，FBD 没有像梯形图（例如图 1-25a）那样的母线、触点和线圈，如图 1-25b 所示。

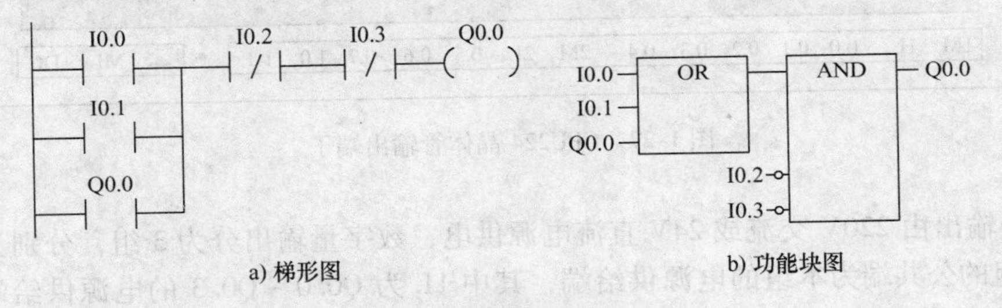

图 1-25　功能相同的两种表达方式

1.2.5　S7-200 系列 PLC 外围电路

1. S7-200 系列 CPU224 型 PLC 端子介绍

CPU224 型 PLC 的输入、输出、CPU、电源模块均装设在一个基本单元的机壳内，是典型的整体式结构。当系统需要扩展时，可选用需要的扩展模块与基本单元相连。

CPU224 基本单元提供了 14 个输入点（I0.0～I0.7 和 I1.0～I1.5）和 10 个输出点（Q0.0～Q0.7 和 Q1.0～Q1.1），在编写端子代码时采用八进制，没有 0.8 和 0.9，共 24 个基本输入/输出点。

（1）基本输入端子　CPU224 的输入电路采用了双向光耦合器，24V 直流极性可任意选择，1M 为 I0.X（I0.0～I0.7）输入端子的公共端，2M 为 I1.X（I1.0～I1.5）输入端子的公共端，CPU224 外部输入端子如图 1-26 所示。在输入电路中，CPU224 有 6 个高速计数脉冲输入端（I0.0～I0.5），其最快响应频率为 30kHz，用于捕捉比 CPU 扫描周期更短的脉冲信号。

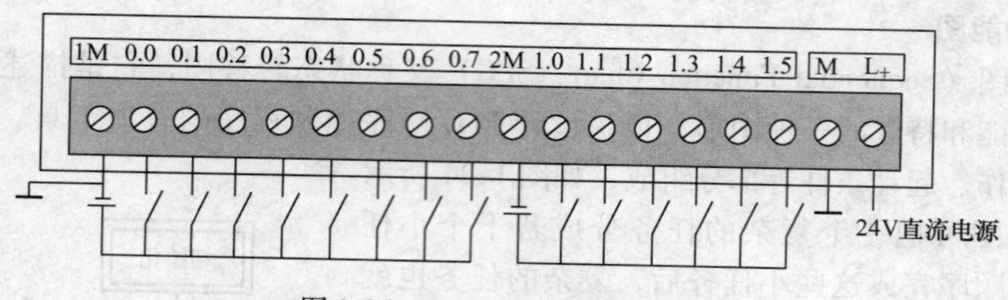

图 1-26　CPU224 外部输入端子

（2）基本输出端子　CPU224 基本单元提供了 10 个输出端子，其输出电路有晶体管输出和继电器输出两种供用户选用。晶体管输出电路中（型号为 6ES7 214-1AD21-0XB0）采用了 MOSFET 功率驱动器，由 24V 的直流电源供电，数字量输出分为 2 组，每组有一个独立公共端，分别为 1L 和 2L，可接入不同的负载电源，CPU224 晶体管输出端子如图 1-27 所示。

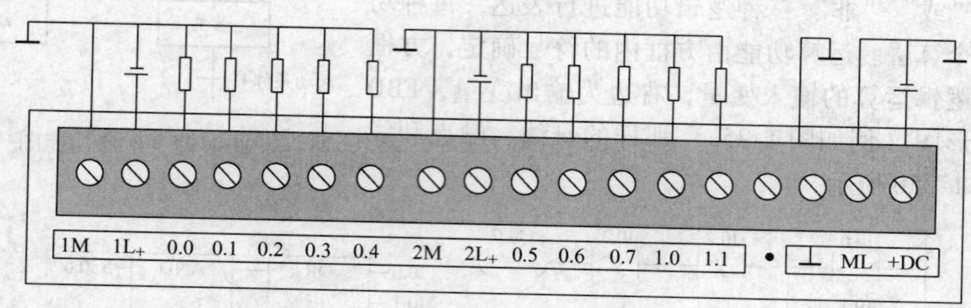

图 1-27　CPU224 晶体管输出端子

继电器输出由 220V 交流或 24V 直流电源供电，数字量输出分为 3 组，分别为 1L、2L 和 3L，每组的公共端为本组的电源供给端，其中 1L 为 Q0.0 ~ Q0.3 的电源供给端；2L 为 Q0.4 ~ Q0.6 的电源供给端；3L 为 Q0.7 ~ Q1.1 的电源供给端，CPU224 继电器输出端子如图 1-28 所示。

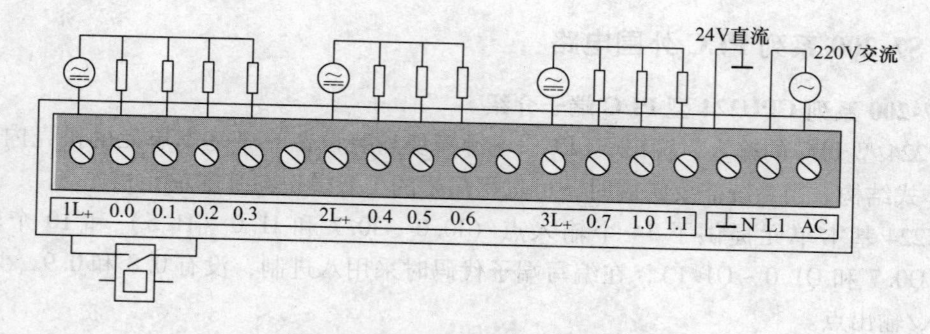

图 1-28　CPU224 继电器输出端子

在输出电路中，CPU224 有两个高速脉冲输出端（Q0.0 和 Q0.1），其输出频率达 20kHz，用于 PTO（脉冲控制模式，输出一个频率可调，占空比为 50% 的脉冲）和 PWM（脉冲控制模式，输出一个周期一定，占空比可调的脉冲）高速脉冲输出。

2. S7-200 系列 PLC 外围电路的连接

PLC 的连接包括电源连接、输入端接线和输出端接线。S7-200 系列 PLC 接线时应遵循以下规律。

1）工作电源有直流电源供电和交流电源供电两种方式。

2）PLC 输出形式有继电器输出、晶体管输出和晶闸管输出。对于继电器输出形式，负载接交流电源或直流电源均可；对于晶体管输出形式，负载只能接直流电源；对于晶闸管输出形式，负载只能接交流电源。

3）输入端可接外部提供的 24V 直流电源，也可接 PLC 本身输出的 24V 直流电压。

1.2.6 STEP7-Micro /WIN 编程软件使用

STEP7-Micro/WIN 是 S7-200 PLC 的编程软件。该软件版本较多，本节以 STEP7-Micro/WIN_V4.0_SP7 版本为例进行说明，这是一个较新的版本，其他版本的使用方法与其基本相似。

1. 软件的启动

STEP7-Micro/WIN 安装好后，单击桌面的“V4.0 STEP7 MicroWIN SP7”图标，或者执行“开始”菜单中的“simatic”→“STEP7-Micro/WIN V4.0.7.10”→“STEP7-MicroWIN”，即可启动 STEP7-Micro/WIN 软件，软件界面如图 1-29 所示。

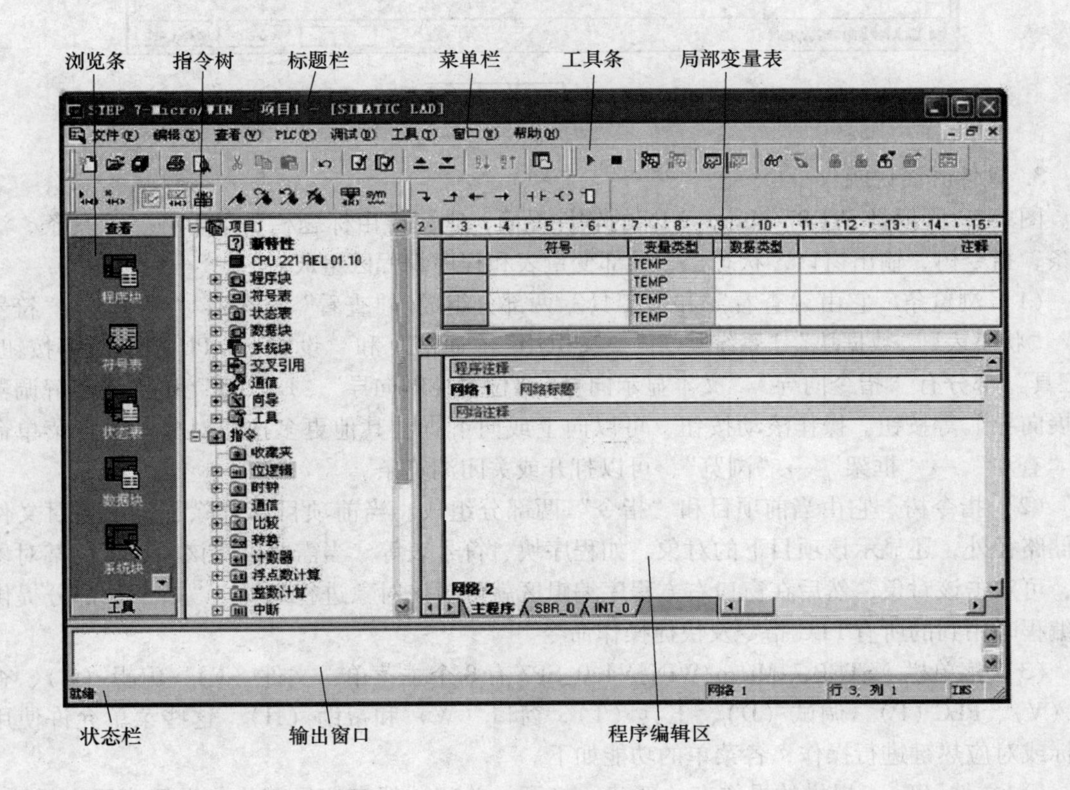

图 1-29 STEP7-Micro/WIN 软件界面

2. 软件界面语言的转换

STEP7-Micro/WIN 软件启动后，软件界面默认为英文，若要转换成中文界面，可以对软件进行设置。设置方法是：执行菜单命令“Tool”→“Options”，在弹出的图 1-30 所示的“Options”窗口左侧方框中选择“General”项，再在右侧“Language”框内选择“Chinese”项，然后单击“OK”，软件界面就会转换成中文界面。

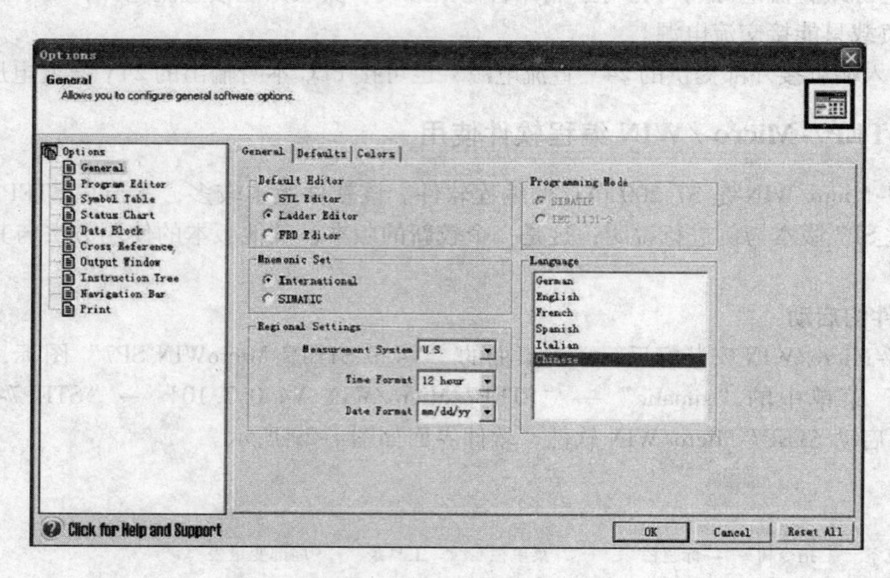

图 1-30 “Options”窗口界面

3. 软件界面说明

图 1-29 所示是 STEP7-Micro/WIN 的软件界面，它主要由标题栏、菜单栏、工具条、浏览条、指令树、输出窗口，状态栏、局部变量表和程序编程区组成。

（1）浏览条　它由“查看”和“工具”两部分组成。“查看”部分有“程序块”“符号表”“状态表”“数据块”“系统块”“交叉引用”“通信”和“设置 PG/PC 接口”等按钮，“工具”部分有“指令向导”“文本显示向导”“位置控制向导”“EM253”和“调制解调器扩展向导”等按钮。操作滚动按钮，可以向上或向下查看其他更多按钮对象。执行菜单命令“查看”→“框架”→“浏览”，可以打开或关闭浏览条。

（2）指令树　它由当前项目和“指令”两部分组成。当前项目部分除了显示项目文件存储路径外，还显示该项目下的对象，如程序块、符号表等。当需要编辑该项目下的某对象时，可双击该对象，然后在窗口右方程序编辑区就可对该对象进行编辑。“指令”部分提供了编程时用到的所有 PLC 指令及快捷操作命令。

（3）菜单栏　STEP 7-Micro/WIN_V4.0_SP7 有 8 个主菜单：文件（F）、编辑（E）、查看（V）、PLC（P）、调试（D）、工具（T）、窗口（W）和帮助（H），这些菜单允许使用鼠标或对应热键进行操作，各菜单的功能如下。

1）文件（F）。提供的操作有：新建、打开、关闭、保存、另存为、设置密码、导入、导出、上载、下载、新建库、添加/删除库、库存储区、页面设置、打印预览、打印、最近使用文件、退出。

2）编辑（E）。提供程序的编辑工具，其编辑工具有：撤销、剪切、复制、粘贴、全选、插入、删除、查找、替换、转到。

3）查看（V）。可以选择不同的程序编辑器：STL（助记符）、梯形图（LAD）、FBD（功能块图），可以选择组件进行程序编辑器、符号表、状态图、数据块、系统块、交叉引用、通信、PG/PC 接口参数的设置；还可以决定其他辅助部分（如网络表、POU 注释、工具条、浏览条、指令树等）的打开与关闭。

4）PLC（P）。用于与 PLC 联机时的操作，主要有：改变 PLC 的运行方式（运行、停止），对用户程序进行编译，清除 PLC 程序，电源复位，查看 PLC 的信息，时钟、存储卡的操作，程序比较，PLC 类型选择等。其中对用户程序编译时可以离线进行。

5）调试（D）。用于联机时的动态调试，它有：首次扫描，多次扫描，程序状态，用程序状态模拟运行条件（如读取、强制、取消强制和取消全部强制）等功能。

6）工具（T）。提供了复杂指令向导（包括 PID 指令、NETR/NETW 指令和 HSC 指令），使复杂指令编程时工作大大简化，还提供了安装文本显示器 TD200 和网络连接的向导等操作。

7）窗口（W）。可以设置窗口的排放形式，如层叠、水平、垂直。

8）帮助（H）。可以提供 S7-200 的指令系统及编程软件的所有信息，并提供在线帮助、网上查询、访问等功能。

（4）工具条

常用工具条分为标准工具条、调试工具条、公用工具条和 LAD 指令工具条。用户可以用“查看”→“工具栏”来显示或隐藏这些常用工具条。

1）标准工具条如图 1-31 所示。

图 1-31　标准工具条

2）调试工具条如图 1-32 所示。

3）公用工具条如图 1-33 所示。

4）LAD 指令工具条如图 1-34 所示。

（5）状态栏　显示软件编辑执行信息。在编辑程序时，显示当前的网络号、行号、列号；在运行程序时，显示运行状态、通信波特率（即通信速率、传输速率）和远程地址等信息。

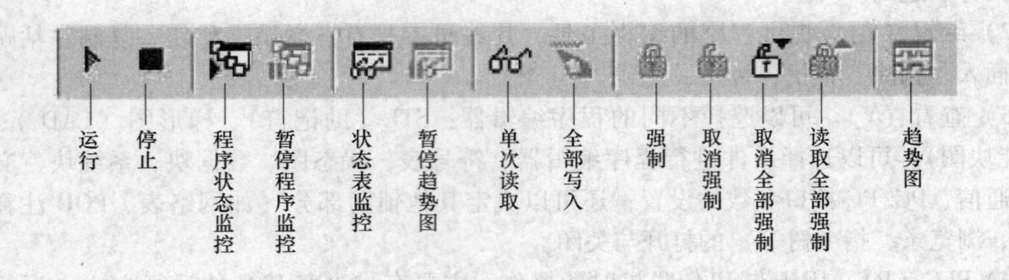

图1-32　调试工具条

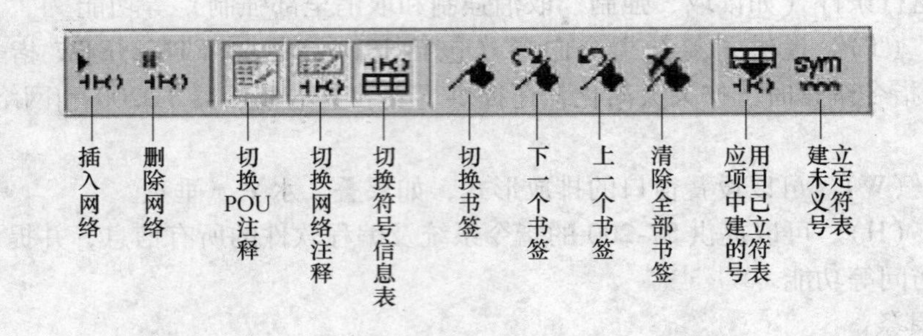

图1-33　公用工具条

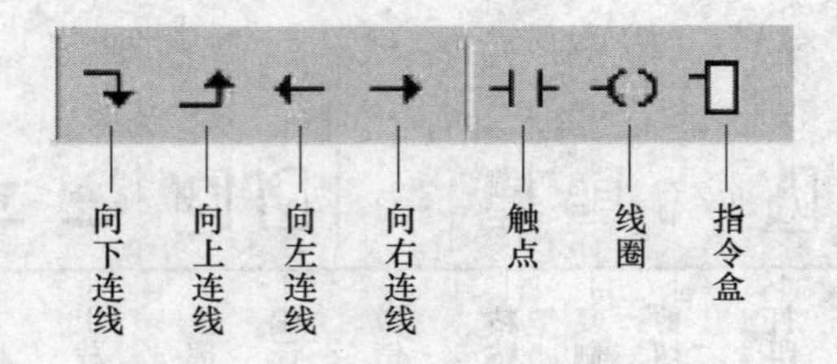

图1-34　LAD指令工具条

(6) 程序编辑区　用于编写程序。在程序编辑区的底部有“主程序”“SBR_0”(子程序)和“INT_0”(中断程序)三个选项标签。如果需要编写子程序,单击“SBR_0”选项,即可切换到子程序编辑区。用户可以在程序编辑区使用梯形图、助记符或功能块图进行程序的编写。在联机状态下,从PLC上载用户程序进行编辑和修改。

(7) 局部变量表　每一个程序块都有一个对应的局部变量表,在带参数的子程序调用中,参数的传递是通过局部变量表进行的。

(8) 输出窗口　输出窗口用来显示STEP 7-Micro/WIN程序编译的结果,如编译结果是否有错误、错误编码和位置等。当输出窗口列出的是程序错误时,可用鼠标左键双击错误信息，相应的网络就会在程序编辑区中显示。

4. 程序的编写

（1）建立、保存和打开项目文件　项目文件类似于文件夹，程序块、符号表、状态表、数据块等都被包含在该项目文件中。项目文件的扩展名为“.mwp”，它要用STEP7-Micro/WIN软件才能打开。

1）建立项目文件的操作方法是：单击软件菜单栏“文件”→“新建”或使用快捷键〈Ctrl+N〉。

2）保存项目文件的操作方法是：单击软件工具栏上的保存项目图标，或执行菜单命令“文件”→“保存”，弹出“另存为”对话框，如图1-35所示。在该对话框中选择项目文件的保存路径并输入文件名，单击“保存”按钮，就可将项目文件保存下来，在软件窗口的“指令”区域上部显示文件名和保存路径。

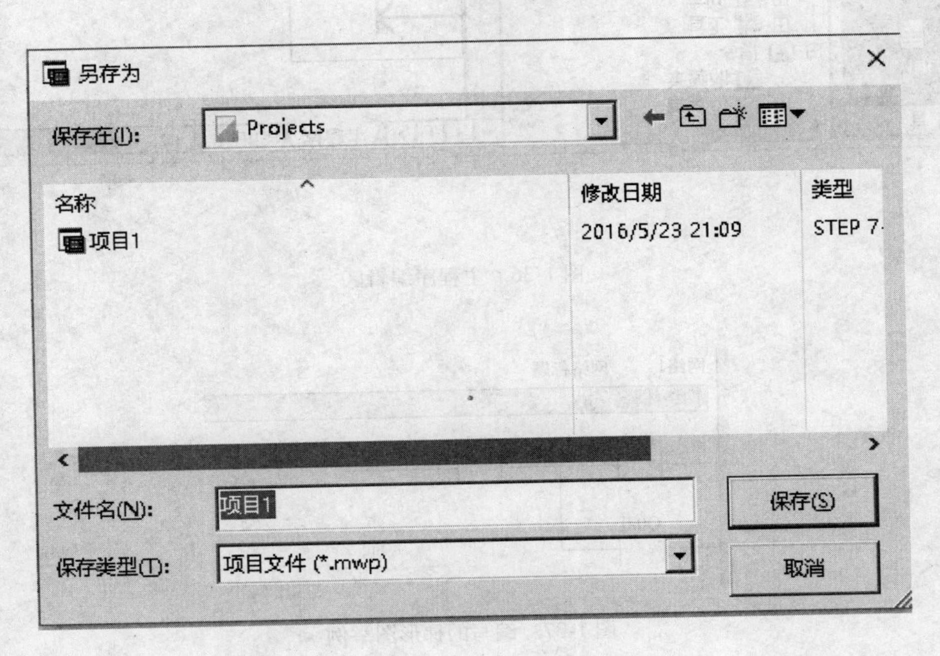

图1-35　“另存为”对话框

3）打开项目文件的操作方法是：单击工具栏上的图标，或执行菜单命令“文件”→“打开”，在弹出的“打开”对话框中选择需要的项目文件，再单击“打开”，选择的文件即被打开。

（2）编写程序

1）进入主程序编辑状态。如果要编写程序，STEP7-Micro/WIN软件的程序编辑区应为主程序编辑状态，如图1-36所示。

2）编写程序过程。以图1-37所示的梯形图为例来说明程序的编写方法。

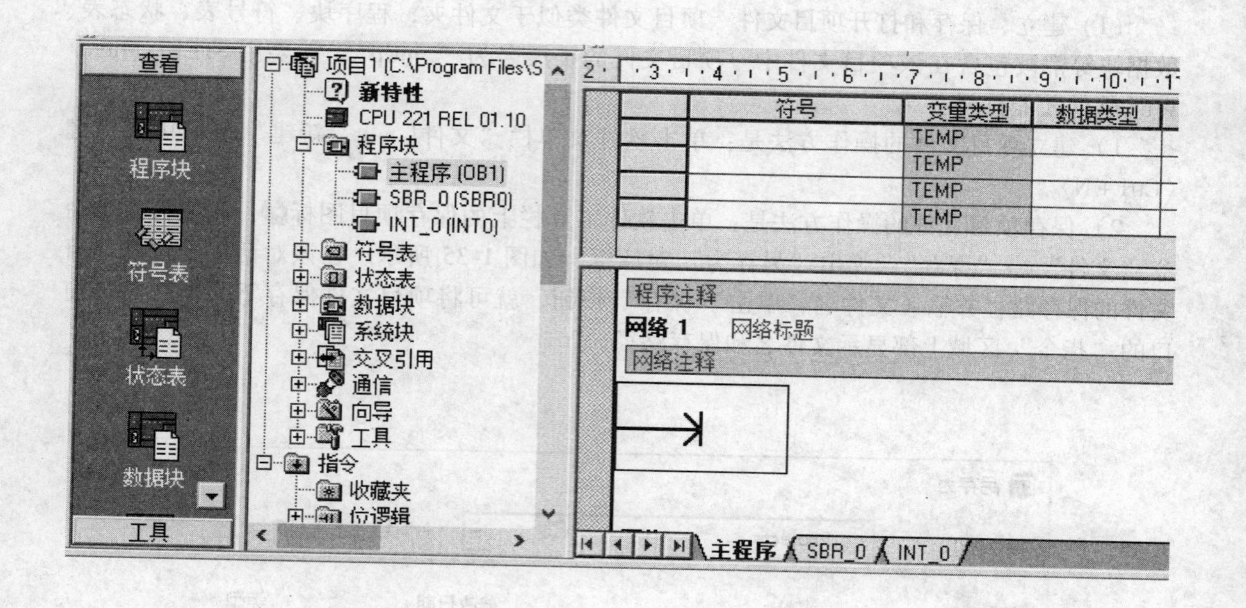

图 1-36　主程序编辑区

网络1　网络标题
网络注释
I0.0　I0.1　Q0.0
Q0.0

图 1-37　编写的梯形图举例

①放置常开触点、常闭触点、线圈等元件。在程序编辑区起始处单击，定位编辑元件的位置，再打开指令树“指令”项下的“位逻辑”，如图 1-38 所示，单击其中的常开触点，即可在程序编辑区定位框处插入一个常开触点，之后定位框自动后移，用同样的方法放置一个常闭触点和一个输出线圈，如图 1-39 所示。

②元件的连接。在网络 1 的第二行起始处插入一个常开触点，然后选中该触点，单击工具栏上的（向上连线）按钮，将触点与第一行连接起来，如图 1-40 所示。

③元件的命名。在网络 1 的第一个常开触点的上方“???”处单击，该内容即处于可编辑状态，输入该触点的名称“I0. 0”，按 Enter 键后，该触点的名称变为 I0. 0。用同样的方法对其他元件进行命名，结果如图 1-41 所示。至此，程序编写完成。

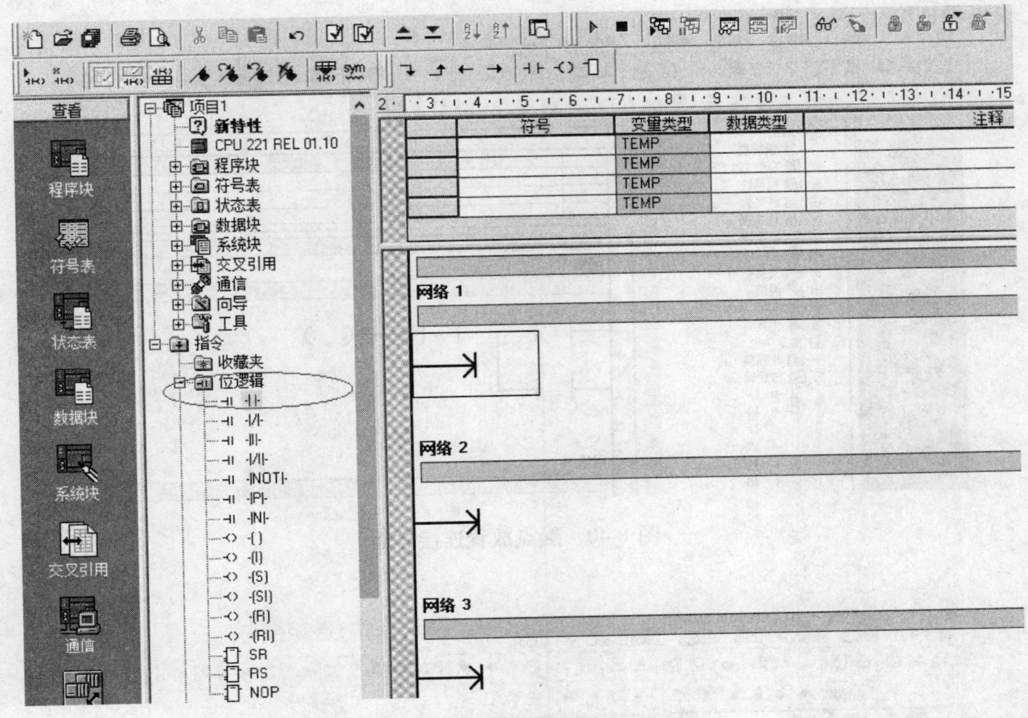

图1-38 指令树下的“位逻辑”

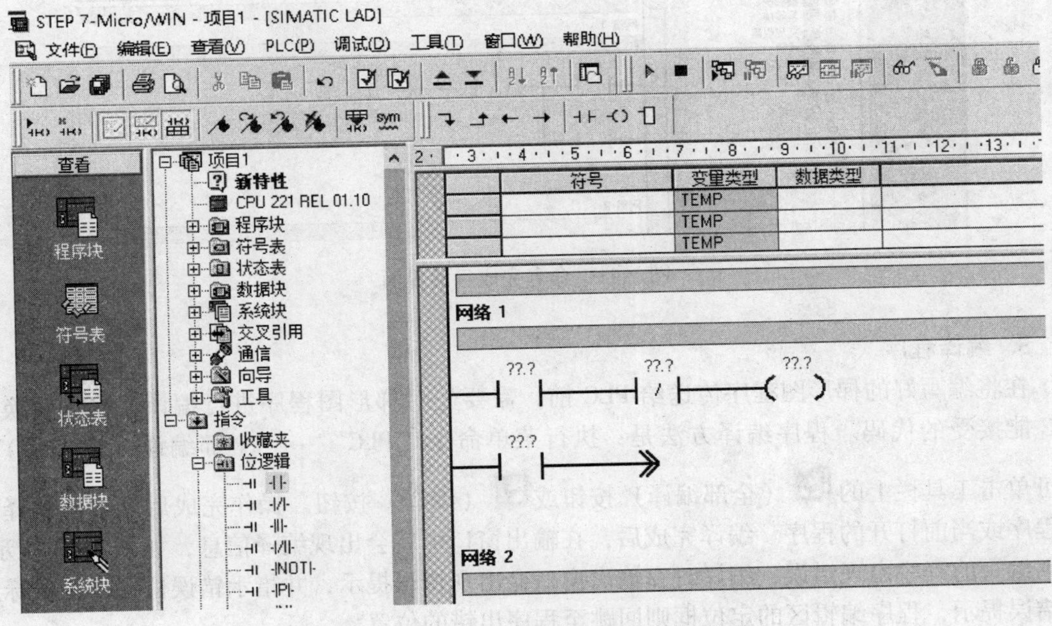

图1-39 插入常闭触点和输出线圈

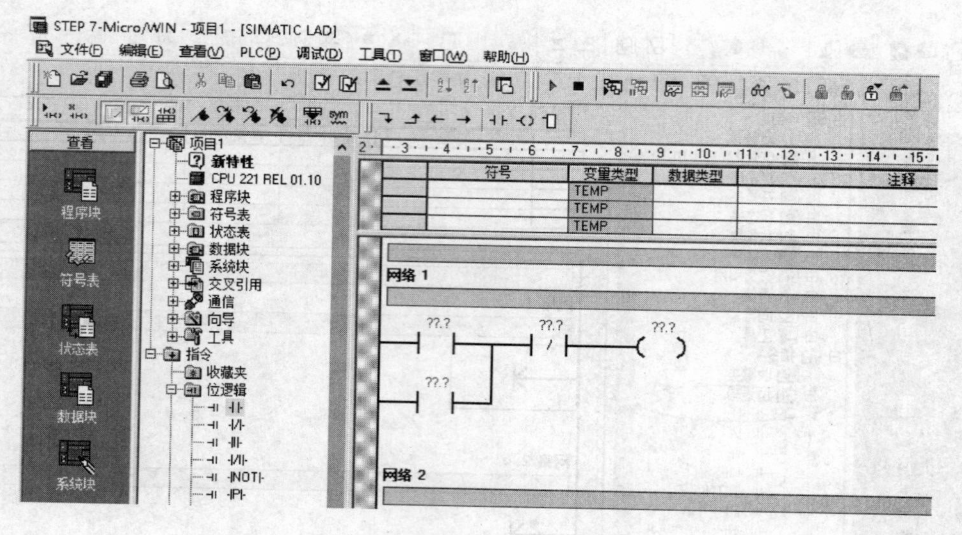

图 1-40　触点放置连接界面

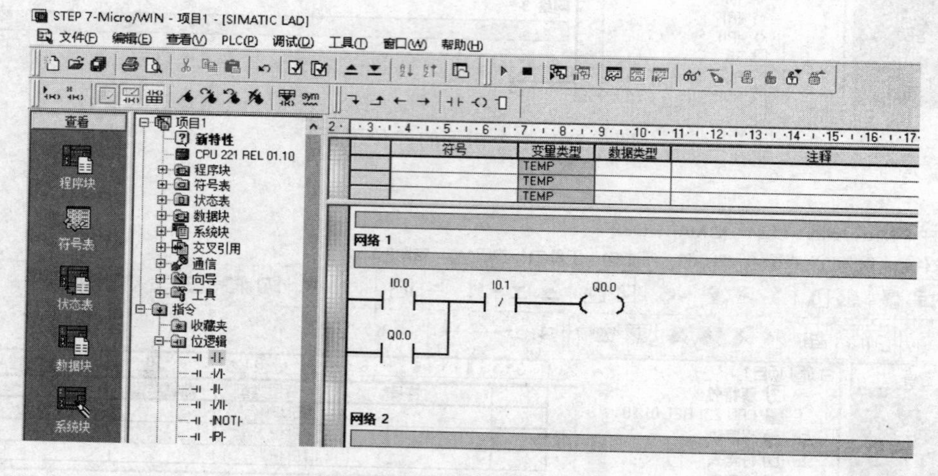

图 1-41　命名完成后的界面

5. 编译程序

在将编写好的梯形图程序传送给 PLC 前，需要先对梯形图程序进行编译，将它转换成 PLC 能接受的代码。程序编译方法是：执行菜单命令“PLC”→“全部编译（或编译）”；也可单击工具栏上的（全部编译）按钮或（编译）按钮。操作完成后就可以编译全部程序或当前打开的程序。编译完成后，在输出窗口中就会出现编译信息，如图 1-42 所示。如果编写的程序出现错误，编译时在输出窗口会出现错误提示，并指示错误位置，用鼠标双击错误提示，程序编辑区的定位框则回跳至程序出错的位置。

6. 下载和上载程序

将计算机中编写的程序传送给 PLC 称为下载，将 PLC 中的程序传送给计算机称为上载。

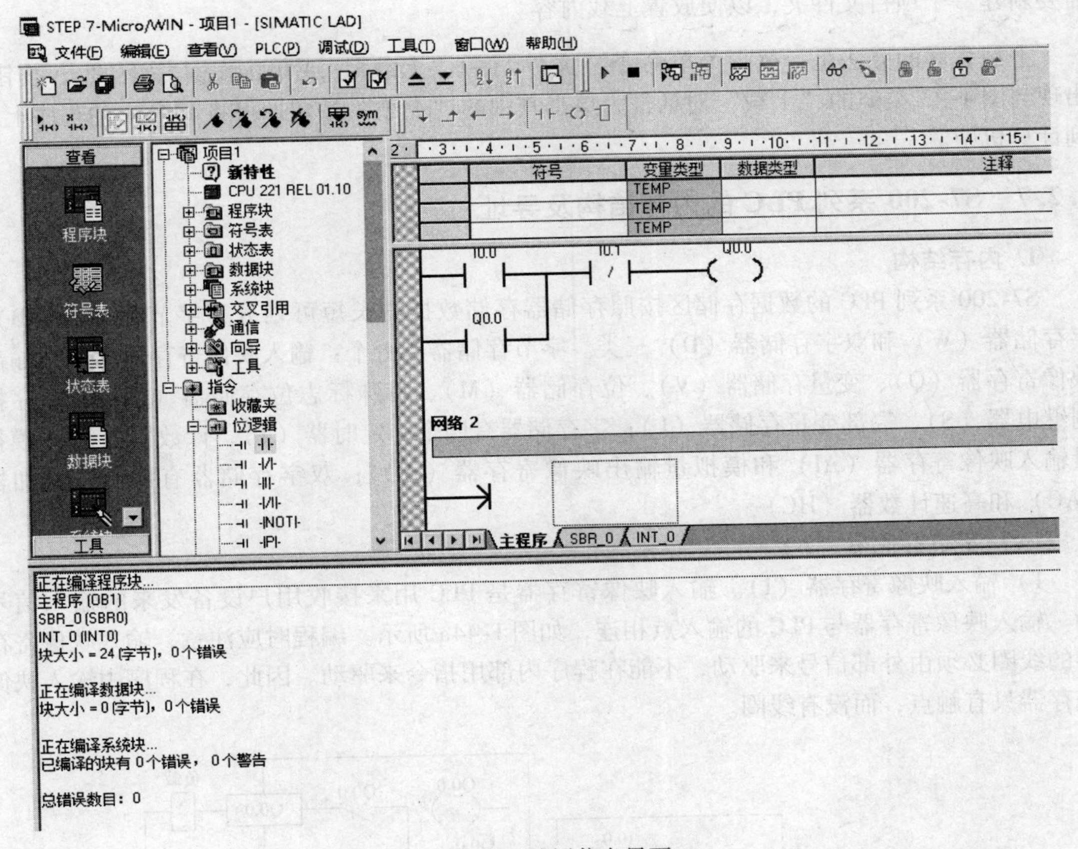

图 1-42　编译信息界面

（1）下载程序　程序编译后，就可以将其下载到 PLC 中。程序下载的方法是：执行菜单命令“文件”→“下载”，或单击工具栏上的按钮，将程序下载到 PLC。如果计算机与 PLC 连接通信不正常，会出现图 1-43 所示的对话框，提示通信错误。

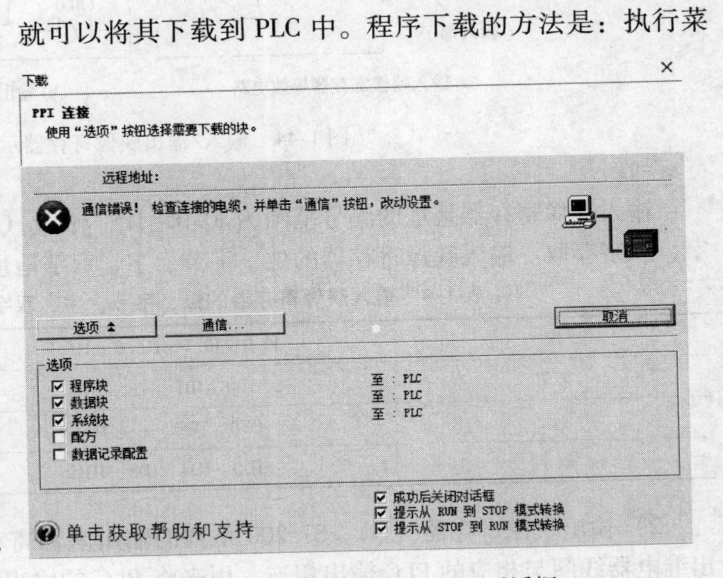

图 1-43　通信出错的“下载”对话框

PLC 处于 STOP 模式时程序才能下载，程序下载时 PLC 会自动切换到 STOP 模式，下载结束后又会自动切换到 RUN 模式。

（2）上载程序　当需要修改 PLC 中的程序时，可利用 STEP7-Micro/WIN 软件将 PLC 中的程序上载到计算机。在上载程序时，需要新建一个项目文件夹，以便放置上载内容。

上载程序的方法是：执行菜单命令“文件”→“上载”，或单击工具栏上的 ≜ 按钮，出现与图 1-43 类似的“上载”对话框，单击其中的“上载”按钮即可将 PLC 中的程序上载到计算机中。

1.2.7 S7-200 系列 PLC 的内存结构及寻址

1. 内存结构

S7-200 系列 PLC 的数据存储区按照存储器存储数据的长短可划分为字节存储器（B）、字存储器（W）和双字存储器（D）三类。字节存储器有七个：输入映像寄存器（I）、输出映像寄存器（Q）、变量存储器（V）、位存储器（M）、特殊标志位存储器（SM）、顺序控制继电器（S）、局部变量存储器（L）；字存储器有四个：定时器（T）、计数器（C）、模拟量输入映像寄存器（AI）和模拟量输出映像寄存器（AQ）；双字存储器有两个：累加器（AC）和高速计数器（HC）。

（1）字节存储器（B）

1）输入映像寄存器（I）。输入映像寄存器是 PLC 用来接收用户设备发来的输入信号的。输入映像寄存器与 PLC 的输入点相连，如图 1-44a 所示。编程时应注意，输入映像寄存器的线圈必须由外部信号来驱动，不能在程序内部用指令来驱动。因此，在程序中输入映像寄存器只有触点，而没有线圈。

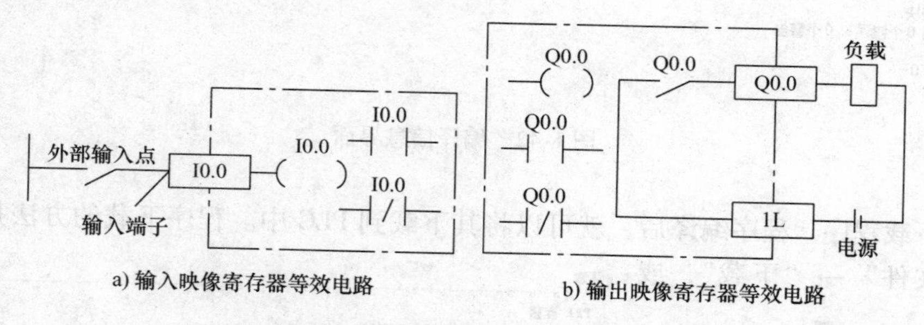

a) 输入映像寄存器等效电路　　b) 输出映像寄存器等效电路

图 1-44　输入/输出映像寄存器示意图

输入映像寄存器地址的编号范围为 I0.0 ~ I15.7；I、Q、V、M、SM、L 均可以按字节、字、双字存取。输入映像寄存器的位、字节、字、双字地址的编号范围见表 1-4。

表 1-4　输入映像寄存器的位、字节、字、双字地址的编号范围

位	I0.0 ~ I0.7…I15.0 ~ I15.7	128 点
字节	IB0、IB1、…、IB15	16 个
字	IW0、IW2、…、IW14	8 个
双字	ID0、ID4、ID8、ID12	4 个

2）输出映像寄存器（Q）。S7-200 系列的输出映像寄存器又称为输出继电器，每个输出继电器线圈与相应的 PLC 输出相连，用来将 PLC 的输出信号传递给负载。输出映像寄存器等效电路如图 1-44b 所示。

输出映像寄存器可按位、字节、字或双字等方式进行编址，如Q0.3、QB0、QW0等。输出映像寄存器位、字节、字、双字地址的编号范围见表1-5。

表1-5 输出映像寄存器的位、字节、字、双字地址的编号范围

位	Q0.0～Q0.7…Q15.0～Q15.7	128点
字节	QB0、QB1、…、QB15	16个
字	QW0、QW2、…、QW14	8个
双字	QD0、QD4、QD8、QD12	4个

3）变量存储器（V）。变量存储器用来存放程序执行过程中的中间结果，或者用来保存与工序或任务有关的其他数据。

变量存储器用来存储全局变量、存放数据运算的中间运算结果或其他相关数据。变量存储器全局有效，即同一个存储器可以在任一个程序分区中被访问。在数据处理中，经常会用到变量存储器。

变量存储器可按位、字节、字、双字使用。变量存储器位、字节、字、双字地址的编号范围见表1-6。

表1-6 变量存储器的位、字节、字、双字地址的编号范围

位	V0.0～V0.7…V8191.0～V8191.7	65536点
字节	VB0、VB1、…、VB8191	8192个
字	VW0、VW2、…、VW8190	4096个
双字	VD0、VD4、…、VD8188	2048个

4）位存储器（M）。位存储器（M0.0～M31.7）类似于继电器-接触器控制系统中的中间继电器，用来存放中间操作状态或其他控制信息。虽然名为“位存储器”，但是也可以按字节、字、双字来存取。

S7-200系列PLC的M存储区只有32个字节（即MB0～MB31）。如果不够用可以用V存储区来代替M存储区。其可以按位、字节、字、双字来存取V存储区的数据，如V10.1、VB0、VW100、VD200等。位存储器的位、字节、字、双字地址的编号范围见表1-7。

表1-7 位存储器的位、字节、字、双字地址的编号范围

位	M0.0～M0.7…M31.0～M31.7	256点
字节	MB0、MB1、…、MB31	32个
字	MW0、MW2、…、MW30	16个
双字	MD0、MD4、…、MD28	8个

5）特殊标志位存储器（SM）。特殊标志位存储器用于CPU与用户之间交换信息，特殊标志位存储器可按位、字节、字、双字使用。CPU224特殊标志位存储器的有效编址范围为SM0.0～SM549.7字节，其中特殊标志位存储器区的头30字节为只读区，即SM0.0～SM29.7字节为只读区。特殊标志位存储器的位、字节、字、双字地址的编号范围见表1-8。

表 1-8 特殊标志位存储器的位、字节、字、双字地址的编号范围

位	SM0.0 ~ SM0.7…SM549.0 ~ SM549.7	4400 点
字节	SMB0、SMB1、…、SMB549	550 个
字	SMW0、SMW2、…、SMW548	275 个
双字	SMD0、SMD4、…、SMD544	137 个

特殊标志位存储器提供了大量的状态和控制功能。常用的特殊标志位存储器的功能如下。

①SM0.0：运行监视，始终为“1”状态。当 PLC 运行时可利用其触点驱动输出继电器，并在外部显示程序是否处于运行状态。

②SM0.1：初始化脉冲，该位在首次扫描为“1”时，调用初始化子程序。

③SM0.3：开机进入 RUN 运行方式时，接通一个扫描周期，该位可用在起动操作之前给设备提供一个预热时间。

④SM0.4：提供 1min 的时钟脉冲或延时时间。

⑤SM0.5：提供 1s 的时钟脉冲或延时时间。

⑥SM0.6：扫描时钟，本次扫描时为“1”，下次扫描时为“0”，可作为扫描计数器的输入。

⑦SM0.7：工作方式开关位置指示，开关放置在 RUN 时为“1”，PLC 为运行状态；开关放置在 TERM 时为“0”，PLC 可进行通信编程。

⑧SM1.0：零标志位，当执行某些指令结果为“0”时，该位被置 1。

⑨SM1.1：溢出标志位，当执行某些指令结果溢出时，该位被置 1。

⑩SM1.2：负数标志位，当执行某些指令结果为负数时，该位被置 1。

6）顺序控制继电器（S）。顺序控制继电器又称状态组件，与顺序控制继电器指令配合使用，用于组织设备的顺序操作，以实现顺序控制和步进控制。其可以按位、字节、字或双字来取 S 的地址编号，编址范围 S0.0 ~ S31.7。顺序控制继电器的位、字节、字、双字地址的编号范围见表 1-9。

表 1-9 顺序控制继电器的位、字节、字、双字地址的编号范围

位	S0.0 ~ S0.7…S31.0 ~ S31.7	256 点
字节	SB0、SB1、…、SB31	32 个
字	SW0、SW2、…、SW30	16 个
双字	SD0、SD4、…、SD28	8 个

7）局部变量存储器（L）。S7-200 系列 PLC 有 64 个字节的局部变量存储器，编址范围为 L0.0 ~ L63.7，其中 60 个字节可以用作暂时存储器或者给子程序传递参数。

局部变量存储器和变量存储器很相似，主要区别在于局部变量存储器是局部有效的，变量存储器则是全局有效。全局有效是指同一个存储器可以被任何程序（如主程序、中断程序或子程序）存取，局部有效是指存储区和特定的程序相关联。

局部变量存储器可按位、字节、字、双字使用。PLC 运行时，可根据需求动态分配局部变量存储器。当执行主程序时，64 个字节的局部变量存储器分配给主程序，而分配给子程

序或中断服务程序的局部变量存储器不存在；当执行子程序或中断程序时，将局部变量存储器重新分配给相应程序。不同程序的局部存储器不能互相访问。局部变量存储器的位、字节、字、双字地址的编号范围见表1-10。

表1-10 局部变量存储器的位、字节、字、双字地址的编号范围

位	L0.0～L0.7…L63.0～L63.7	512点
字节	LB0、LB1、…、LB63	64个
字	LW0、LW2、…、LW62	32个
双字	LD0、LD4、…、LD60	16个

（2）字存储器（W）

1）定时器（T）。PLC中定时器相当于继电器系统中的时间继电器，用于延时控制。S7-200系列PLC有三种定时器，它们的时基增量分别为1ms、10ms和100ms，定时器的当前值存储器是16位有符号的整数，用于存储定时器累计的时基增量值（1～32767）。

定时器的地址编号范围为T0～T255，它们的分辨率和定时范围各不相同，用户应根据所用CPU型号及时基，正确选用定时器编号。

2）计数器（C）。计数器主要用来累计输入脉冲个数，其结构与定时器相似，其设定值在程序中赋予。CPU提供了三种类型的计数器，各为加计数器、减计数器和加/减计数器。计数器的当前值为16位有符号整数，用来存放累计的脉冲数（1～32767）。计数器的地址编号范围为C0～C255。

3）模拟量输入映像存储器（AI）。模拟量输入映像存储器用于接收模拟量输入模块转换后的16位数字量，其地址编号为AIW0、AIW2…，模拟量输入映像存储器AI为只读数据。

将测得的模拟量（如温度、压力）转换成1个字长（16位）的数字量存储。模拟量输入用区域标识符（AI）、数据长度（W）及字节的起始地址表示。

CPU221、CPU222有16路模拟量输入：AIW0、AIW2、…、AIW30。

CPU224、CPU226有32路模拟量输入：AIW0、AIW2、…、AIW62。

4）模拟量输出映像存储器（AQ）。模拟量输出映像存储器用于暂存模拟量输出模块的输入值，该值经过模拟量输出模块（D-A）转换为现场所需要的标准电压或电流信号，其地址编号以偶数表示，如AQW0、AQW2，模拟量输出值是只写数据，用户不能读取模拟量输出值。

把1个字长（16位）的数字量按比例转换成模拟电压或电流输出。模拟量输出用区域标识符（AQ）、数据长度（W）及字节的起始地址表示。

CPU221，222有16路模拟量输出：AQW0、AQW2、…、AQW30。

CPU224，226有32路模拟量输出：AQW0、AQW2、…、AQW62。

（3）双字存储器（D）

1）累加器（AC）。累加器是用来暂存数据的存储器，可以与子程序相互传递参数，以及存储计算结果的中间值。S7-200系列CPU中提供了4个32位累加器AC0～AC3。累加器支持以字节、字和双字的存取。按字节或字为单位存取时，累加器只使用低8位或低16位，数据存储长度由所用指令决定。

2）高速计数器（HC）。CPU224 型号 PLC 提供了 6 个高速计数器（每个计数器最高频率为 30kHz），用来累计比 CPU 扫描速率更快的事件。高速计数器的当前值为双字长的符号整数，且为只读值。高速计数器的地址由符号 HC 和编号组成，如 HC0、HC1、…、HC5。

2. S7-200 系列 PLC 寻址方式

（1）编址方式　在计算机中使用的数据均为二进制数，二进制数的基本单位是 1 个二进制位，8 个二进制位组成 1 个字节，两个字节组成一个字，两个字组成一个双字。

存储器的单位可以是位、字节、字、双字，编址方式也可以是位、字节、字、双字。具体编制方式如下。

1）位编址：存储器标识符 + 字节地址 + 位地址，如 I0.1、M0.0、Q0.3 等。

2）字节编址：存储器标识符 + 字节（B）+ 字节地址，如 IB0、VB10、QB0 等。

例如：IB0 表示数字量输入映象区第 0 个字节，共 8 位，其中第 0 位是最低位，第 7 位为最高位，如图 1-45 所示。

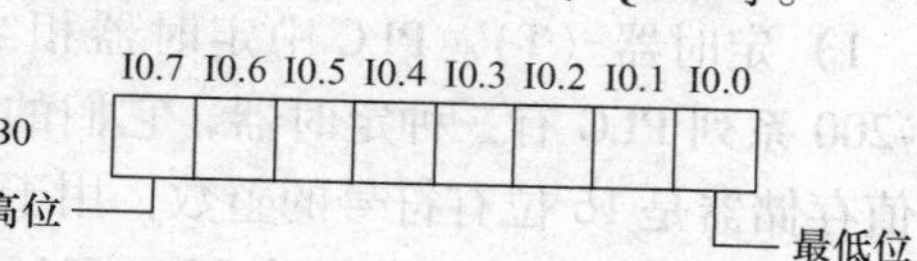

图 1-45　字节编址示意图

3）字编址：存储器标识符 + 字（W）+ 起始字节地址，如 VW0 表示 VB0、VB1 这两个字节组成的字。一个字含两个字节，这两个字节的地址必须连续，其中低位字节是高 8 位，高位字节是低 8 位。如 IW0 中 IB0 是高 8 位，IB1 是低 8 位，如图 1-46 所示。

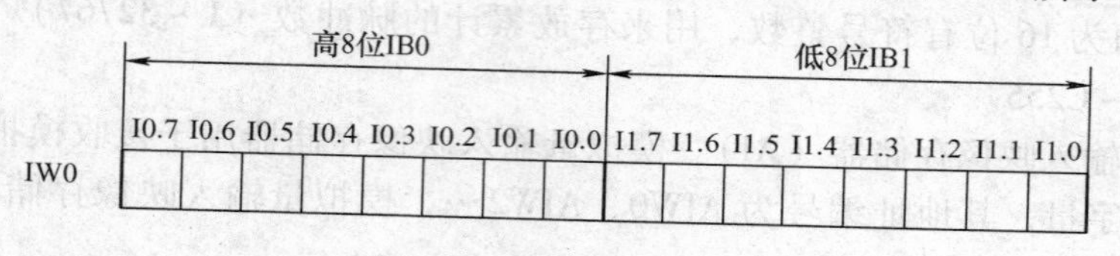

图 1-46　字编址示意图

4）双字编址：存储器标识符 + 双字（D）+ 起始字节地址，如 VD20 表示由 VW20、VW21 这两个字组成的双字或由 VB20、VB21、VB22、VB23 这四个字节组成的双字。一个字含四个字节，这四个字节的地址必须连续，最低位字节在一个双字中是最高 8 位。

例如：ID0 中 IB0 是最高 8 位，IB1 是高 8 位，IB2 是低 8 位，IB3 是最低 8 位。如图 1-47 所示。

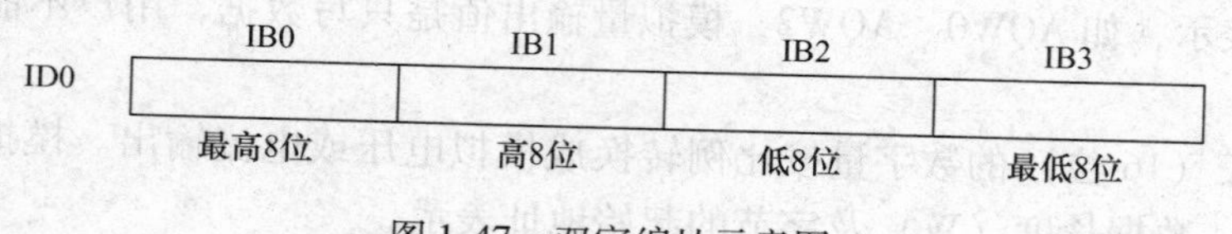

图 1-47　双字编址示意图

字节、字、双字的编址方式如图 1-48 所示。

（2）寻址方式　S7-200 系列 PLC 指令系统的寻址方式有立即寻址、直接寻址和间接寻址。

1）立即寻址。对立即数直接进行读写操作的寻址方式称为立即寻址。立即数寻址的数据在指令中以常数形式出现，常数的大小由数据的长度（二进制数的位数）决定。不同数据的取值范围见表 1-11。

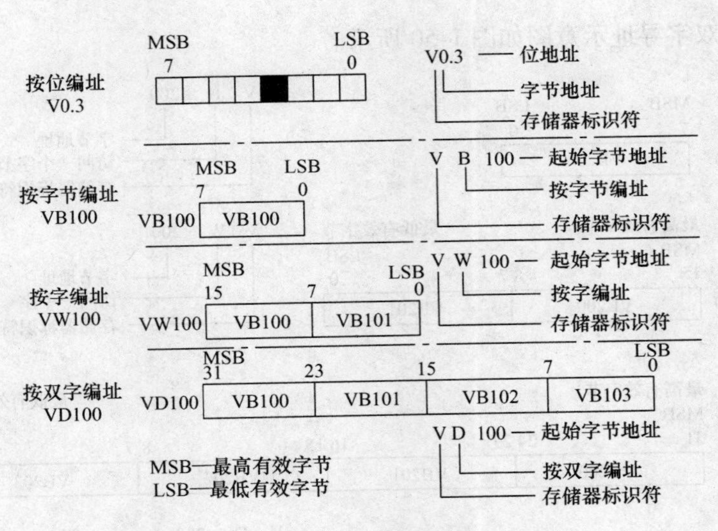

图 1-48　字节、字、双字的编址方式

表 1-11　不同数据的取值范围

数据大小	无符号位		有符号位	
	十进制	十六进制	十进制	十六进制
字节（8 位）	0 ~ 255	0 ~ FF	− 128 ~ + 127	80 ~ 7F
字（16 位）	0 ~ 65535	0 ~ FFFF	− 32767 ~ + 32768	8000 ~ 7FFF
双字（32 位）	0 ~ 4294967295	0 ~ FFFFFFFF	− 2147483648 ~ + 2147483647	800000000 ~ 7FFFFFFF

S7-200 系列 PLC 中，常数值可为字节、字、双字，存储器以二进制方式存储所有常数。指令中可用二进制、十进制、十六进制或 ASCII 码形式来表示常数，其具体格式如下：

①二进制格式：在二进制数前加 2#表示，如 2#1010。

②十进制格式：直接用十进制数表示如 12345。

③十六进制格式：在十六进制数前加 16#表示，如 16#4E4F。

④ASCII 码格式：用单引号 ASCII 码文本表示，如 ‘good by’。

2）直接寻址。直接寻址是指在指令中直接使用存储器的地址编号，直接到指定的区域读取或写入数据，如 I0.1、MB10、VW200 等。

①位寻址如图 1-49 所示。

②字寻址。字寻址以存储区标识符、字标识符、字节地址组合而成。

③双字寻址。双字寻址以存储区标识符、双字标识符、字节地址

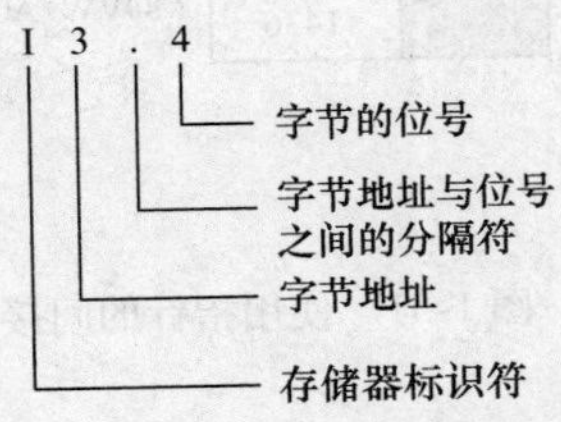

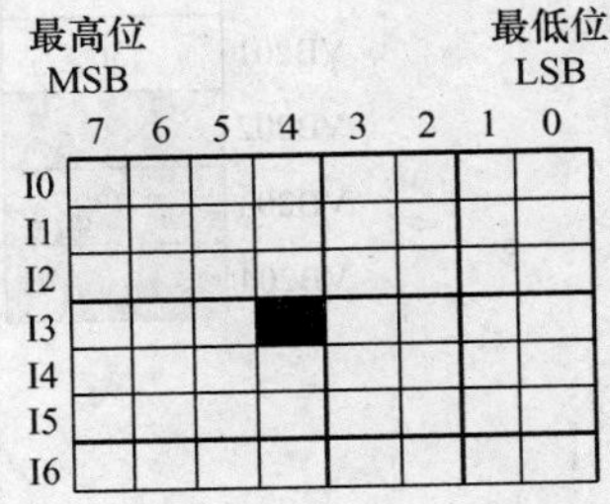

图 1-49　位寻址示意图

组合而成。

字节、字、双字寻址示意图如图 1-50 所示。

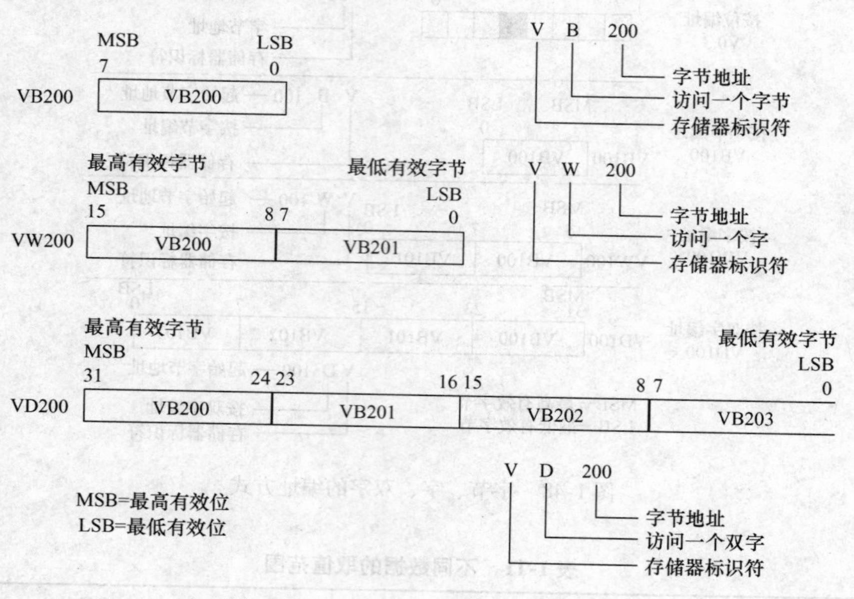

图 1-50　字节、字、双字寻址示意图

3）间接寻址。S7-200 系列 CPU 允许用指针对下述存储区域进行间接寻址：I、Q、V、M、S、AI、AQ、T（仅当前值）和 C（仅当前值）。间接寻址不能用于位地址、HC 或 L。

在使用间接寻址之前，首先要创建一个指向该位置的指针，指针为双字值，用来存放一个存储器的地址，只能用 V、L 或 AC 作为指针。

建立指针时必须用双字传送指令（MOVD）将需要间接寻址的存储器地址送到指针中，如“MOVD&VB200，AC1”。指针也可以为子程序传递参数。&VB200 表示 VB200 的地址，而不是 VB200 中的值，该指令的含义是将 VB200 的地址送到累加器 AC1 中。

指针建立好后，可利用指针存取数据。用指针存取数据时，在操作数前加“ * ”号，表示该操作数为 1 个指针，如“MOVW * AC1，AC0”表示将以 AC1 中的内容为起始地址的一个字长的数据（即 VB200、VB201 的内容）送到 AC0 中，传送示意图如图 1-51 所示。

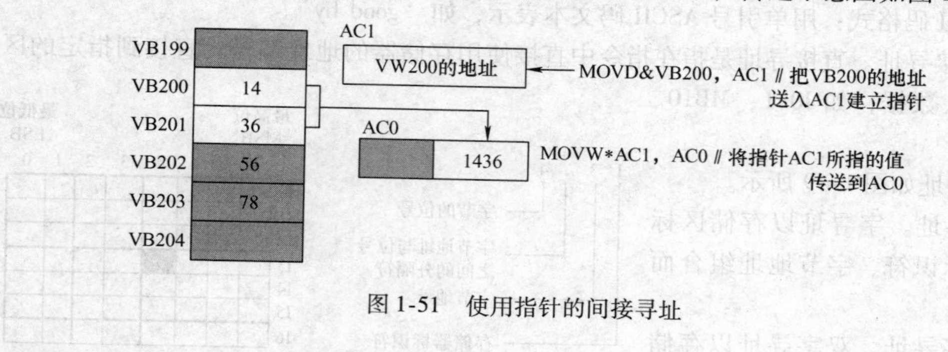

图 1-51　使用指针的间接寻址

S7-200 系列 PLC 的存储器寻址范围见表 1-12。

表 1-12　S7-200 系列 PLC 的存储器寻址范围

<table>
<tr><th>寻址方式</th><th>CPU221</th><th>CPU222</th><th>CPU224</th><th>CPU224XP</th><th>CPU226</th></tr>
<tr><td rowspan="3">位存取
（字节、位）</td><td colspan="5">I0. 0 ~ I15. 7　Q0. 0 ~ Q15. 7　M0. 0 ~ M31. 7　T0 ~ T255　C0 ~ C255　L0. 0 ~ L59. 7</td></tr>
<tr><td colspan="2">V0. 0 ~ V2047. 7</td><td>V0. 0 ~ 8191. 7</td><td colspan="2">V0. 0 ~ V10 239. 7</td></tr>
<tr><td>SM0. 0 ~ SM179. 7</td><td>SM0. 0 ~ SM199. 7</td><td colspan="3">SM0. 0 ~ SM549. 7</td></tr>
<tr><td rowspan="3">字节存取</td><td colspan="5">IB0 ~ IB15　QB0 ~ QB15　MB0 ~ MB31　SB0 ~ SB31　LB0 ~ LB59　AC0 ~ AC3</td></tr>
<tr><td colspan="2">VB0 ~ VB2 047</td><td>VB0 ~ VB8 191</td><td colspan="2">VB0 ~ VB10 239</td></tr>
<tr><td>SMB0. 0 ~ SMB179</td><td>SMB0. 0 ~ SMB299</td><td colspan="3">SMB0. 0 ~ SMB549</td></tr>
<tr><td rowspan="4">字存取</td><td colspan="5">IW0 ~ IW14　QW0 ~ QW14　MW0 ~ MW30　SW0 ~ SW30
T0 ~ T255　C0 ~ C255　LW0 ~ LW58　AC0 ~ AC3</td></tr>
<tr><td colspan="2">VW0 ~ VW2 046</td><td>VW0 ~ VW8 190</td><td colspan="2">VW0 ~ VW10 238</td></tr>
<tr><td>SMW0 ~ SMW178</td><td>SMW0 ~ SMW298</td><td colspan="3">SMW0 ~ SMW548</td></tr>
<tr><td>AIW0 ~ AIW30</td><td>AQW0 ~ AQW30</td><td colspan="3">AIW0 ~ AIW62　AQW0 ~ AQW30</td></tr>
<tr><td rowspan="3">双字存取</td><td colspan="5">ID0 ~ ID2044　QD0 ~ QD12　MD0 ~ MD28　SD0 ~ SD28　LD0 ~ LD56　AC0 ~ AC3</td></tr>
<tr><td colspan="2">VD0 ~ VD2 044</td><td>VD0 ~ VD8 188</td><td colspan="2">VD0 ~ VD10 236</td></tr>
<tr><td>SMD0 ~ SMD176</td><td>SMD0 ~ SMD296</td><td colspan="3">SMD0 ~ SMD546</td></tr>
</table>

思考与练习

1-1　什么是 PLC？

1-2　PLC 有哪些特点？主要应用在哪些领域？

1-3　PLC 的发展方向是什么？

1-4　PLC 主要由哪几部分组成？各部分的作用是什么？

1-5　PLC 的工作过程包括哪几个阶段？

1-6　S7-200 系列 PLC 输入/输出地址如何编号？

1-7　S7-200 系列 PLC 寻址方式有哪几种？

1-8　S7-200 系列 PLC 编程语言有哪些？

1-9　S7-200 系列 PLC 有几种输出类型？各适用于什么负载（直流或交流）？

1-10　S7-200 系列 PLC 有哪些内部元器件？各元件地址分配和操作数范围怎么确定？

1-11　用帮助系统查找 STEP7-Micro/WIN 编辑软件主要支持哪些快捷键？

项目 2　典型电气控制电路及车床电气控制电路的 PLC 改造

2.1　项目训练

2.1.1　任务 1　电动机单向起动、停止电气控制电路的 PLC 改造

1. 考核能力目标

（1）会分析该电路的控制功能。

（2）会按控制要求完成 I/O 地址分配表。

（3）会绘制 PLC 控制系统接线图。

（4）会进行 PLC 控制系统接线。

（5）会编写控制程序、输入程序及调试程序。

2. 工作任务

某企业现采用继电接触控制系统实现电动机单向起动、停止电气控制，如图 2-1 所示。请分析该控制电路图的控制功能，并用 PLC 对其控制电路进行改造。

3. 工作任务实施

（1）工作任务分析

在图 2-1 所示主电路图中，隔离开关 QS 起到接通电源和隔离电源的作用，熔断器 FU1 对主电路起短路保护作用，接触器 KM 的主触点控制电动机的起动、运行和停车。在控制电路图中，熔断器 FU2 对控制电路起短路保护作用，SB2 为起动按钮，SB1 为停止按钮，热继电器 FR 用作电动机的过载保护。用 PLC 对控制电路进行改造，而主电路保持不变。

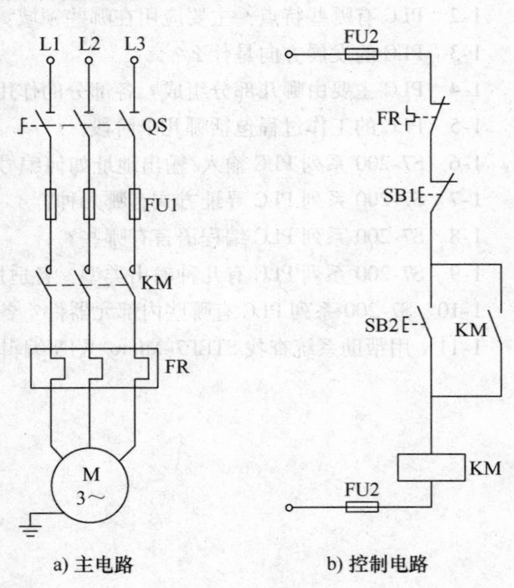

图 2-1　电动机单向起动、停止电气控制电路

在控制电路中，热继电器常闭触点、停止按钮、起动按钮属于控制信号，应作为 PLC 的输入量分配接线端子；接触器线圈属于被控对象，应作为 PLC 的输出量分配接线端子（在实验室，接触器线圈可以用指示灯来表示进行模拟）。根据电气控制电路图中的触点串并联接线，本任务可采用 PLC 的位逻辑指令来实现，也可以用置位、复位指令实现。

考虑到热继电器的保护作用，采用热继电器的常闭触点输入效果更好。在信号输入方

面，保护作用的信号一般是常闭输入，其他都采用常开输入。

（2）I/O地址分配表（见表2-1）

表2-1　电动机单向起动、停止控制I/O地址分配表

输入（I）		输出（O）	
热继电器FR	I0.0	接触器KM	Q0.0
停止按钮SB1	I0.1		
起动按钮SB2	I0.2		

（3）PLC硬件接线图（如图2-2所示）

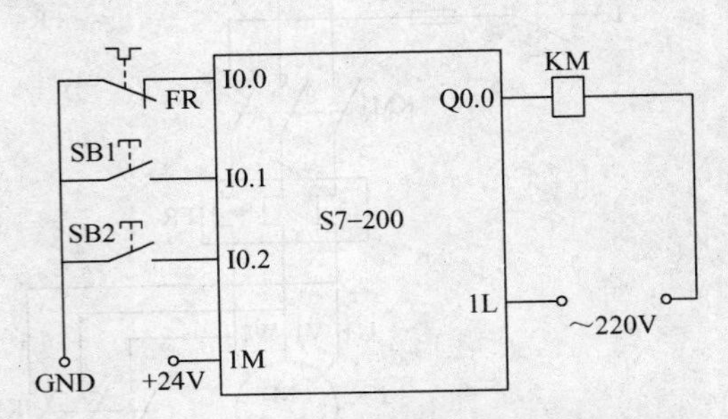

图2-2　电动机单向起动、停止PLC硬件接线图

（4）参考程序

参考程序1如图2-3所示：

注：本程序中I0.0对应的是热继电器，接线图中FR热继电器采用常闭触点输入。

参考程序2如图2-4所示：

注：本程序中因为热继电器FR采用的是常闭触点输入，所以在程序中对应输入继电器的I0.0采用常闭来实现复位。

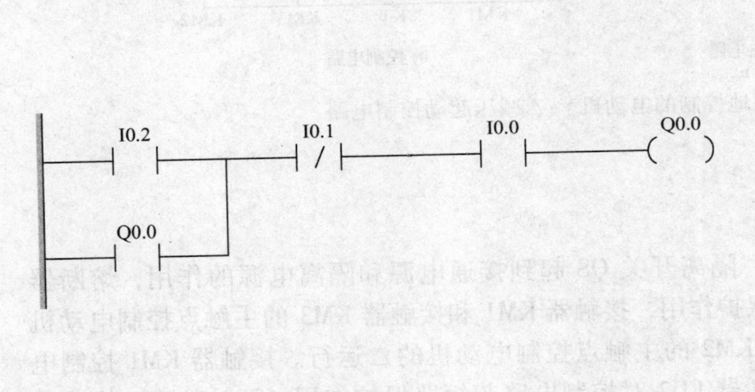

图2-3　电动机单向起动、停止PLC控制参考程序1

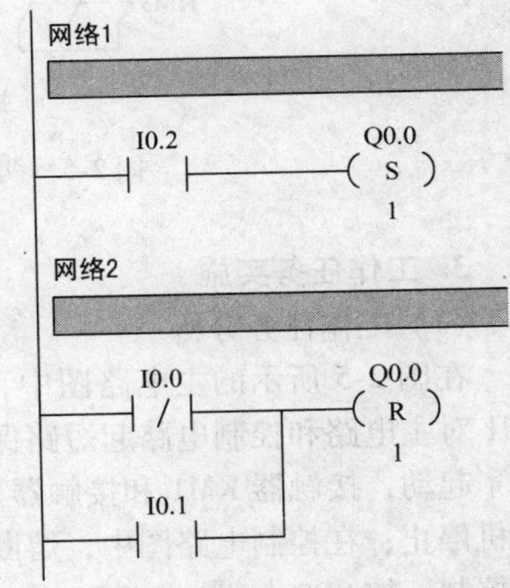

图2-4　电动机单向起动、停止PLC控制参考程序2

2.1.2　任务2　两地控制电动机运行电路的PLC改造

1. 考核能力目标

（1）会分析该电路的控制功能。

（2）会按控制要求完成I/O地址分配表。

（3）会绘制PLC控制系统接线图。

（4）会PLC控制系统接线。

（5）会编写控制程序、输入程序及调试程序。

2. 工作任务

某企业现采用继电接触控制系统实现电动机两地控制，如图 2-5 所示。请分析该控制电路图的控制功能，并用 PLC 对其控制电路进行改造。

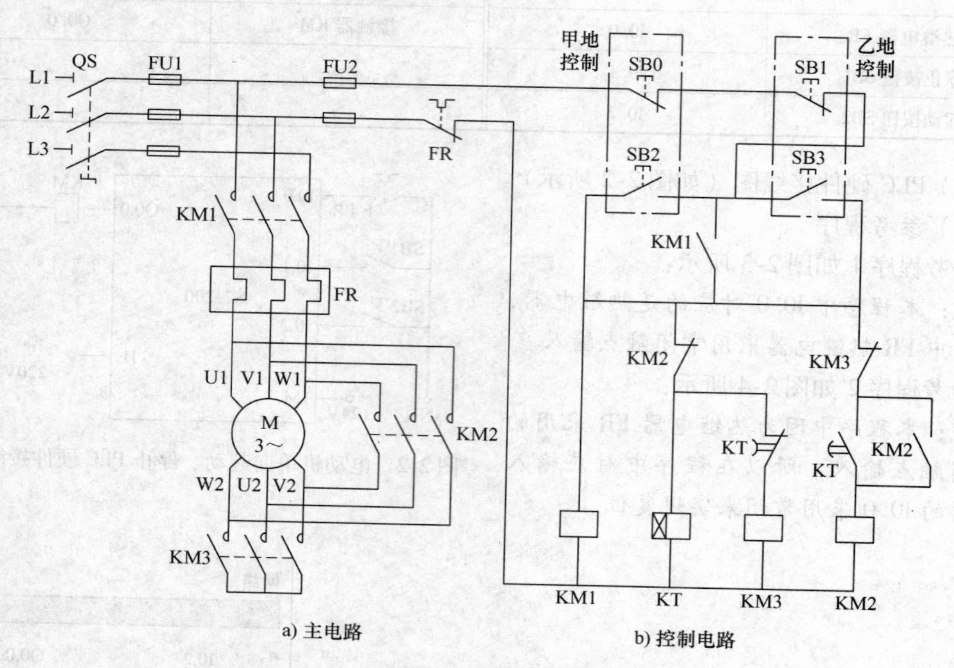

图 2-5　两地控制的电动机Y-△减压起动控制电路

3. 工作任务实施

（1）工作任务分析

在图 2-5 所示的主电路图中，隔离开关 QS 起到接通电源和隔离电源的作用，熔断器 FU1 对主电路和控制电路起短路保护作用，接触器 KM1 和接触器 KM3 的主触点控制电动机的Y起动，接触器 KM1 和接触器 KM2 的主触点控制电动机的△运行。接触器 KM1 控制电动机停止；在控制电路图中，熔断器 FU2 对控制电路起短路保护作用；SB0 和 SB2 构成甲地控制，按 SB2 起动，按 SB0 停止；SB1 和 SB3 构成乙地控制，按 SB3 起动，按 SB1 停止；热继电器 FR 用作电动机的过载保护。时间继电器 KT 是通电延时型的，主要是实现Y形至△形电路的转换，即Y形起动由 KM1、KM3 控制，△形运行由 KM1，KM2 控制。用 PLC 对控制电路进行改造，而主电路保持不变。

在控制电路中，热继电器 FR（常闭触点）、停止按钮 SB0、SB1（采用常闭触点）、起动按钮 SB2、SB3（常开触点）属于控制信号，应作为 PLC 的输入量分配接线端子；而接触器 KM1、KM2、KM3 线圈属于被控对象，应作为 PLC 的输出量分配接线端子（在实验室接触器线圈可以用指示灯来表示进行模拟）。根据电气控制电路图中的触点串并联接线，本任务可采用 PLC 的位逻辑指令和定时器指令来实现，也可以用置位指令、复位指令和定时器指令来实现。

（2）I/O 地址分配表（见表 2-2）

表2-2　两地控制的电动机Y-△减压起动控制I/O地址分配表

输入（I）		输出（O）	
甲停止按钮SB0	I0.0	接触器KM1	Q0.1
乙停止按钮SB1	I0.1	接触器KM2	Q0.2
甲起动按钮SB2	I0.2	接触器KM3	Q0.3
乙起动按钮SB3	I0.3		
热继电器FR	I0.4		

（3）PLC硬件接线图（如图2-6所示）

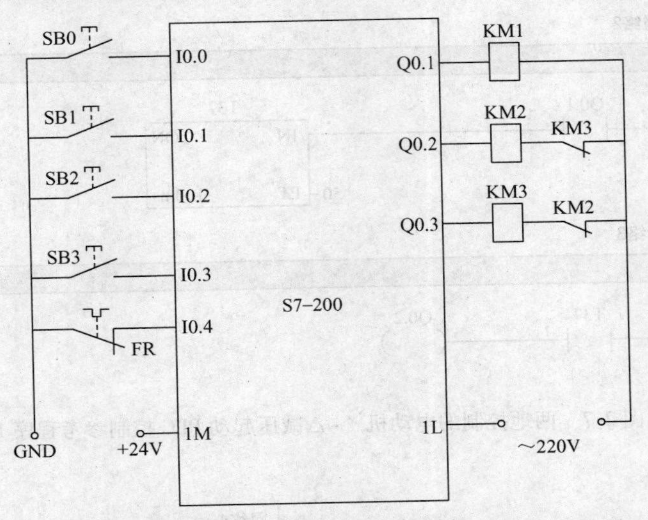

图2-6　两地控制的电动机Y-△减压起动PLC硬件接线图

（4）参考程序

参考程序1如图2-7所示：

注：程序中I0.4对应的是热继电器，接线图中热继电器采用的是常闭触点。

参考程序2如图2-8所示：

2.1.3　任务3　电动机正反转控制的PLC改造

1. 考核能力目标

（1）会分析该电路的控制功能。

（2）会按控制要求完成I/O地址分配表。

（3）会绘制PLC控制系统接线图。

（4）会PLC控制系统接线。

（5）会编写控制程序、输入程序及调试程序。

2. 工作任务

某企业承担了一个电动机正反转的技术改造项目，该项目原是用继电接触控制系统实现，如图2-9所示，现要求改造成PLC控制。请分析该控制电路图的控制功能，用PLC设

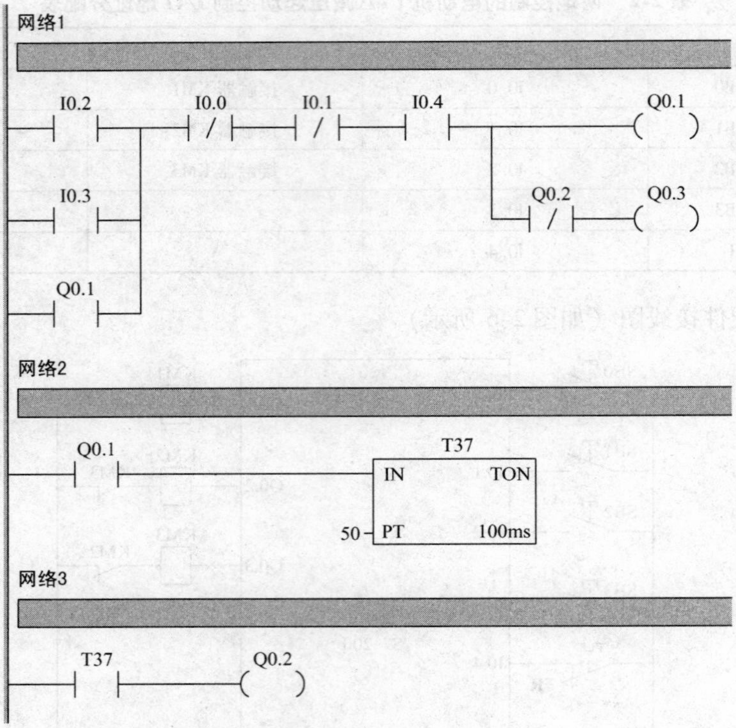

图 2-7　两地控制的电动机Y-△减压起动 PLC 控制参考程序 1

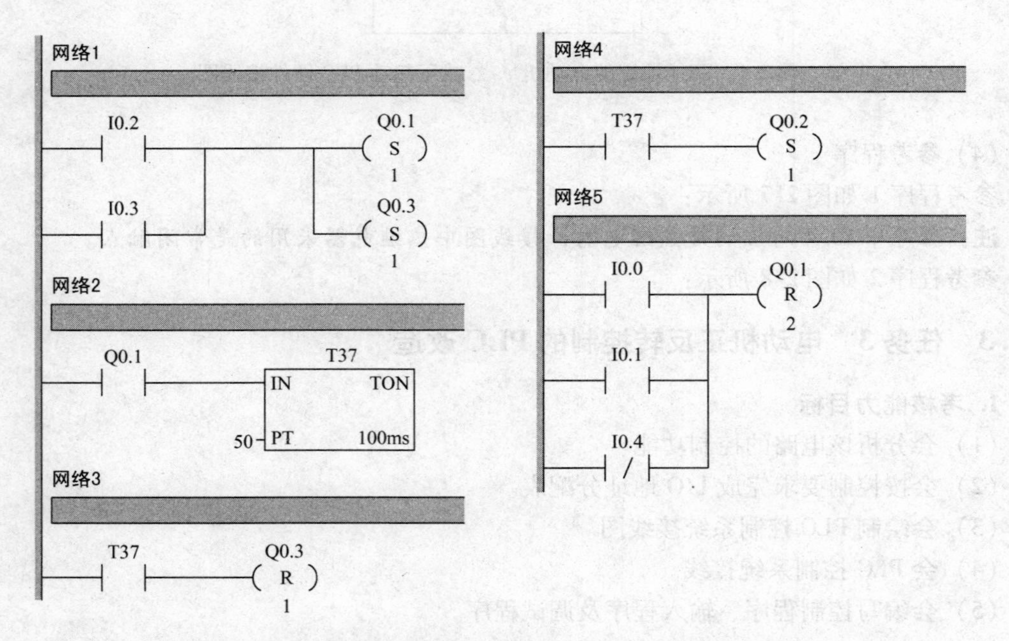

图 2-8　两地控制的电动机Y-△减压起动 PLC 控制参考程序 2

计其控制系统并调试。

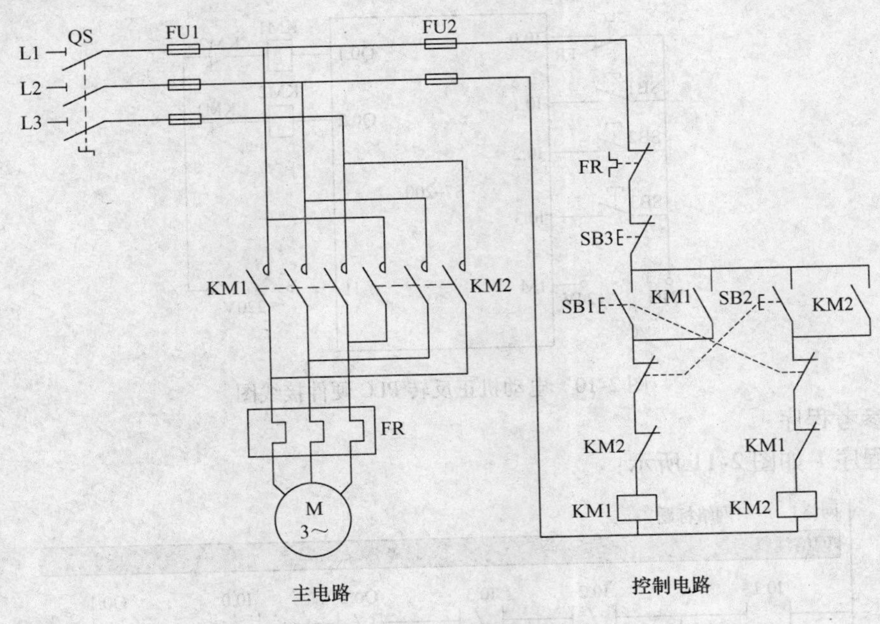

图 2-9　电动机正反转电气控制电路

3. 工作任务实施

(1) 工作任务分析

图 2-9 所示的主电路图中，隔离开关 QS 起到接通电源和隔离电源的作用，熔断器 FU1 对主电路和控制电路起短路保护作用，接触器 KM1 和接触器 KM2 的主触点控制电动机正反转，假如接触器 KM1 控制电动机正转，则接触器 KM2 控制电动机反转。

熔断器 FU2 对控制电路起短路保护作用，热继电器 FR 常闭触点起到长期过载保护作用，SB1 按钮是直接控制正转，SB2 按钮是直接控制反转，SB3 按钮是停止按钮。用 PLC 对控制电路进行改造，而主电路保持不变。

在控制电路中，热继电器 FR（常闭触点）、按钮 SB1、SB2、SB3（采用常闭触点）属于控制信号，应作为 PLC 的输入量分配接线端子；而接触器 KM1、KM2 线圈属于被控对象，应作为 PLC 的输出量分配接线端子（在实验室，接触器线圈可以用指示灯来表示进行模拟）。根据电气控制电路图中的触点串并联接线，本任务可以采用 PLC 的位逻辑指令来实现，也可以采用置位指令、复位指令来实现。

(2) I/O 地址分配表（见表 2-3）

表 2-3　电动机正反转控制 I/O 地址分配表

输入（I）		输出（O）	
热继电器 FR	I0. 0	接触器 KM1	Q0. 1
正转直接起动按钮 SB1	I0. 1	接触器 KM2	Q0. 2
反转直接起动按钮 SB2	I0. 2		
停止按钮 SB3	I0. 3		

（3）PLC 硬件接线图（如图 2-10 所示）

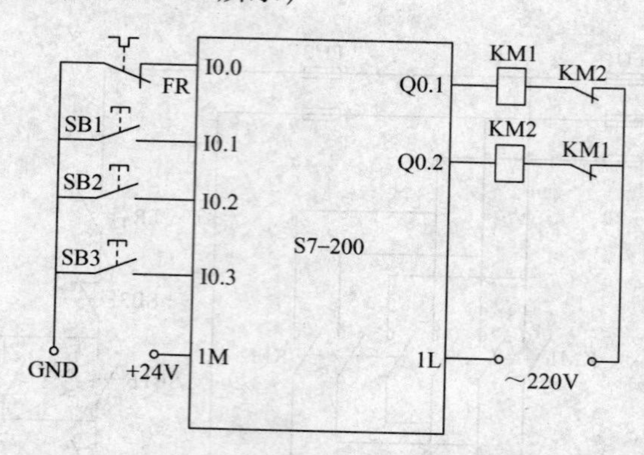

图 2-10　电动机正反转 PLC 硬件接线图

（4）参考程序

参考程序 1 如图 2-11 所示：

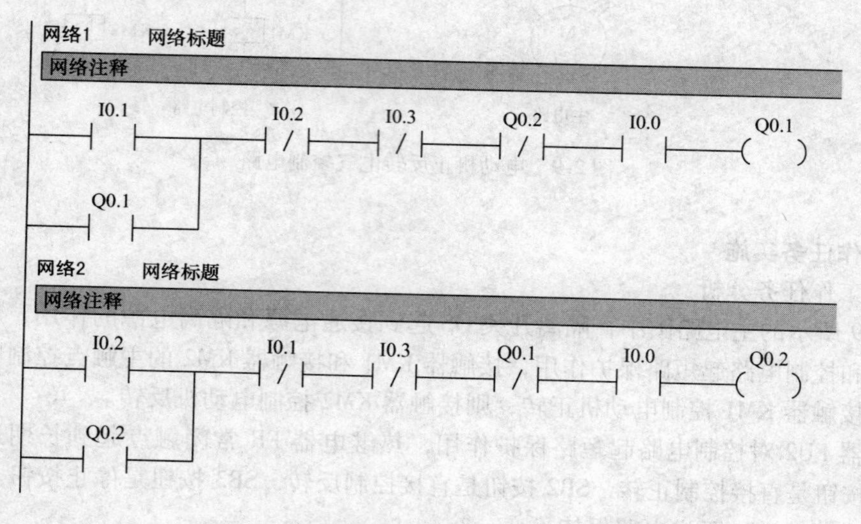

图 2-11　电动机正反转 PLC 控制参考程序 1

注： 程序中 I0.0 对应的是热继电器，接线图中热继电器采用的是常闭触点输入。

参考程序 2 如图 2-12 所示：

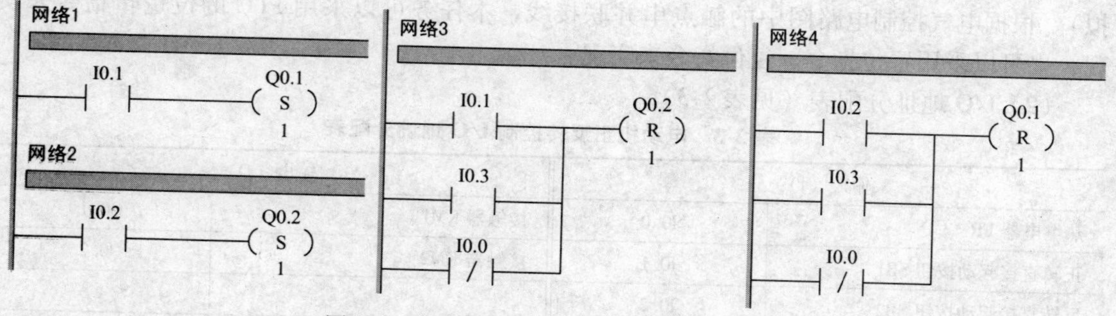

图 2-12　电动机正反转 PLC 控制参考程序 2

2.1.4　任务4　电动机自动往返循环控制的PLC改造

1. 考核能力目标

(1) 会分析该电路的控制功能。

(2) 会按控制要求完成I/O地址分配表。

(3) 会绘制PLC控制系统接线图。

(4) 会PLC控制系统接线。

(5) 会编写控制程序、输入程序及调试程序。

2. 工作任务

某企业承担了一个继电接触控制电动机自动往返循环的PLC升级改造，继电接触控制系统的自动往返循环控制电路如图2-13所示。请分析该控制电路图的控制功能，用PLC设计其控制系统并调试。

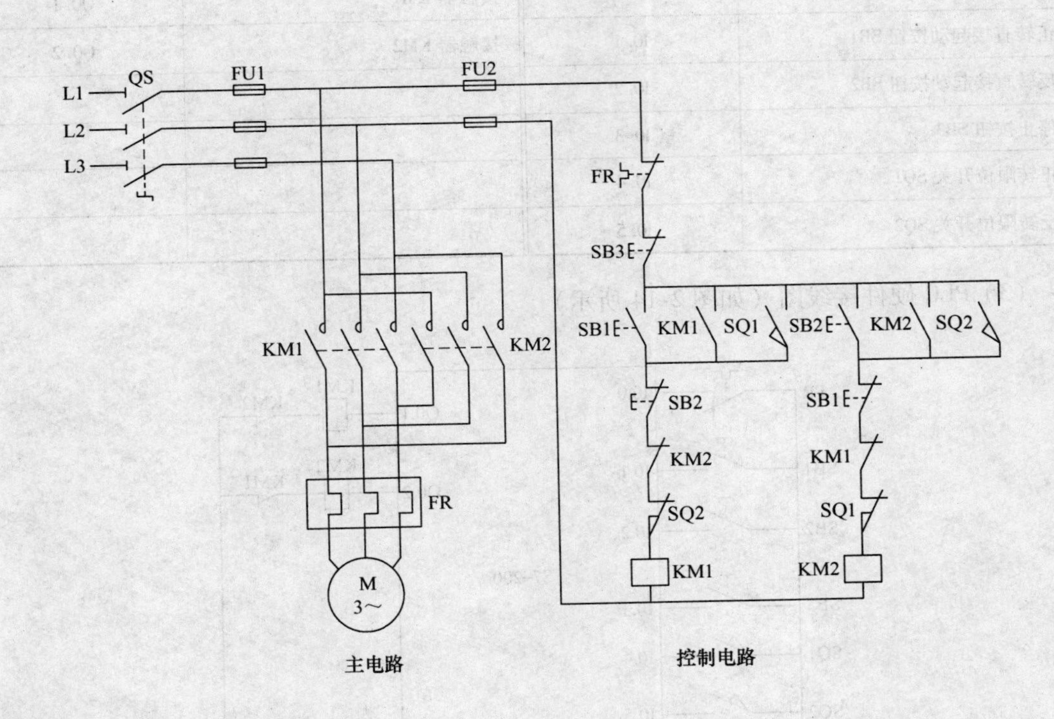

图2-13　电动机自动往返循环控制电路

3. 工作任务实施

(1) 工作任务分析

在图2-13所示主电路图中，隔离开关QS起到接通电源和隔离电源的作用，熔断器FU1对主电路和控制电路起短路保护作用，接触器KM1和接触器KM2的主触点控制电动机正反转，假如接触器KM1控制电动机正转，则接触器KM2控制电动机反转。

熔断器FU2对控制电路起短路保护作用，热继电器FR常闭触点起长期过载保护作用，若 SB1 按钮是直接控制正转，则 SQ1 是正转限位开关；若 SB2 按钮是直接控制反转，则 SQ2 是反转限位开关；SB3 按钮是停止按钮。

用 PLC 对控制电路进行改造，而主电路保持不变。在控制电路中，热继电器 FR（常闭触点）、按钮 SB1、SB2、SB3（采用常闭触点）、限位开关 SQ1、SQ2 属于控制信号，应作为 PLC 的输入量分配接线端子；而接触器 KM1、KM2 线圈属于被控对象，应作为 PLC 的输出量分配接线端子（在实验室，接触器线圈可以用指示灯来表示进行模拟）。根据电气控制线路图中的触点串并联接线，本任务可以采用 PLC 的位逻辑指令来实现，也可以采用置位指令、复位指令来实现。

（2）I/O 地址分配表（见表 2-4）

表 2-4　电动机自动往返控制 I/O 地址分配表

输入（I）		输出（O）	
热继电器 FR	I0.0	接触器 KM1	Q0.1
正转直接起动按钮 SB1	I0.1	接触器 KM2	Q0.2
反转直接起动按钮 SB2	I0.2		
停止按钮 SB3	I0.3		
正转限位开关 SQ1	I0.4		
反转限位开关 SQ2	I0.5		

（3）PLC 硬件接线图（如图 2-14 所示）

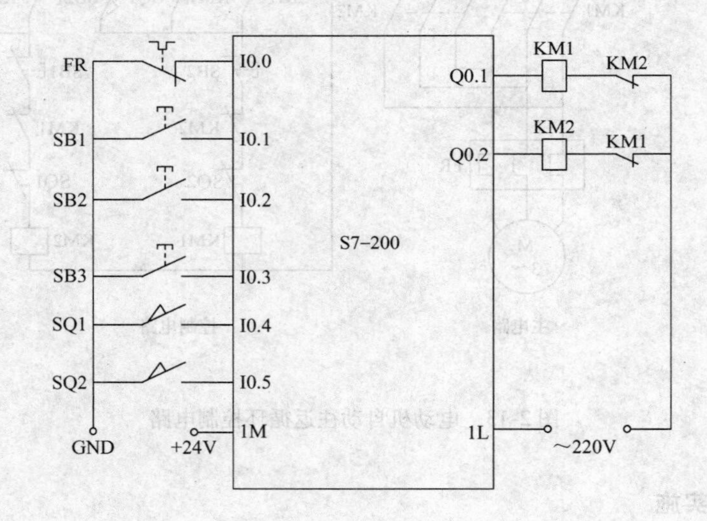

图 2-14　电动机自动往返 PLC 硬件接线图

（4）参考程序

参考程序 1 如图 2-15 所示：

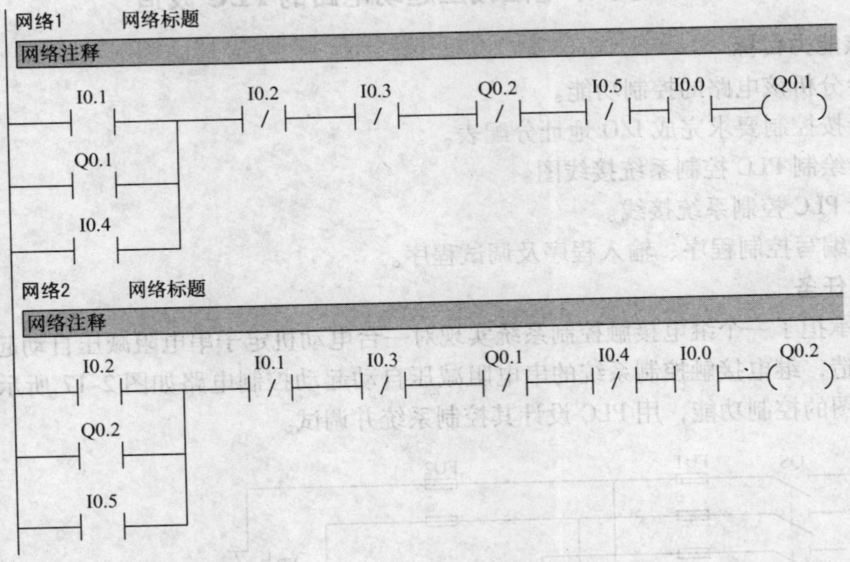

网络1　网络标题
网络注释
I0.1
I0.2
I0.3
Q0.2
I0.5
I0.0
Q0.1
Q0.1
I0.4
网络2　网络标题
网络注释
I0.2
I0.1
I0.3
Q0.1
I0.4
I0.0
Q0.2
Q0.2
I0.5

图 2-15　电动机自动往返控制 PLC 控制参考程序 1

注： 程序中 I0.0 对应的是热继电器，接线图中热继电器采用的是常闭触点输入。

参考程序 2 如图 2-16 所示：

网络1
I0.1
Q0.1
S
1
I0.4
网络2
I0.2
Q0.2
S
1
I0.5
网络3
I0.1
Q0.2
R
1
I0.3
I0.0
I0.4
网络4
I0.2
Q0.1
R
1
I0.3
I0.0
I0.5

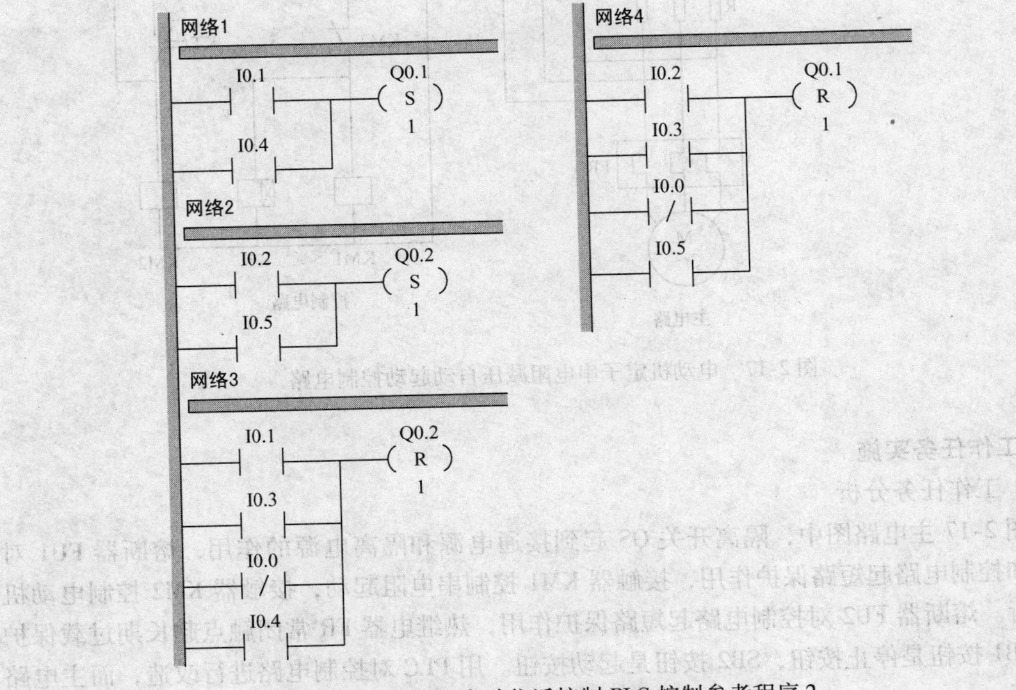

图 2-16　电动机自动往返控制 PLC 控制参考程序 2

2.1.5　任务5　电动机定子串电阻减压起动电路的 PLC 改造

1. 考核能力目标

（1）会分析该电路的控制功能。

（2）会按控制要求完成 I/O 地址分配表。

（3）会绘制 PLC 控制系统接线图。

（4）会 PLC 控制系统接线。

（5）会编写控制程序、输入程序及调试程序。

2. 工作任务

某企业承担了一个继电接触控制系统实现对一台电动机定子串电阻减压自动起动控制电路的升级改造，继电接触控制系统的串电阻减压自动起动控制电路如图 2-17 所示。请分析该控制电路图的控制功能，用 PLC 设计其控制系统并调试。

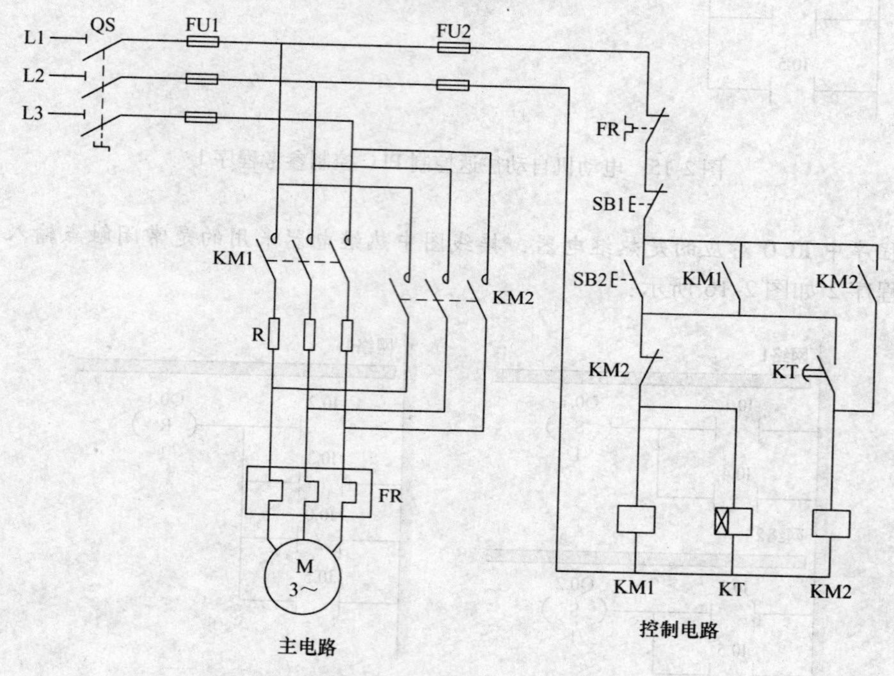

图 2-17　电动机定子串电阻减压自动起动控制电路

3. 工作任务实施

（1）工作任务分析

在图 2-17 主电路图中，隔离开关 QS 起到接通电源和隔离电源的作用，熔断器 FU1 对主电路和控制电路起短路保护作用，接触器 KM1 控制串电阻起动，接触器 KM2 控制电动机全压运行。熔断器 FU2 对控制电路起短路保护作用，热继电器 FR 常闭触点起长期过载保护作用，SB1 按钮是停止按钮，SB2 按钮是起动按钮。用 PLC 对控制电路进行改造，而主电路保持不变。

在控制电路中，热继电器 FR（常闭触点）、按钮 SB1、SB2（采用常开触点）属于控制信号，应作为 PLC 的输入量分配接线端子；而接触器 KM1、KM2 线圈属于被控对象，应作为 PLC 的输出量分配接线端子（在实验室，接触器线圈可以用指示灯来表示进行模拟）。根据电气控制电路图中的触点串并联接线，本任务可以采用 PLC 的位逻辑指令和定时器指令来实现，也可以采用置位、复位和定时器指令来实现。

（2）I/O 地址分配表（见表 2-5）

表 2-5　电动机定子串电阻减压起动控制 I/O 地址分配表

输入（I）		输出（O）	
热继电器 FR	I0.0	接触器 KM1	Q0.0
停止按钮 SB1	I0.1	接触器 KM2	Q0.1
起动按钮 SB2	I0.2		

（3）PLC 硬件接线图（如图 2-18 所示）

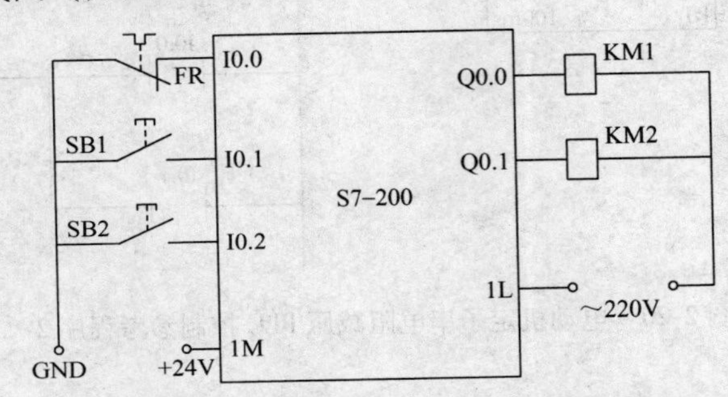

图 2-18　电动机定子串电阻减压起动 PLC 硬件接线图

（4）参考程序

参考程序 1 如图 2-19 所示：

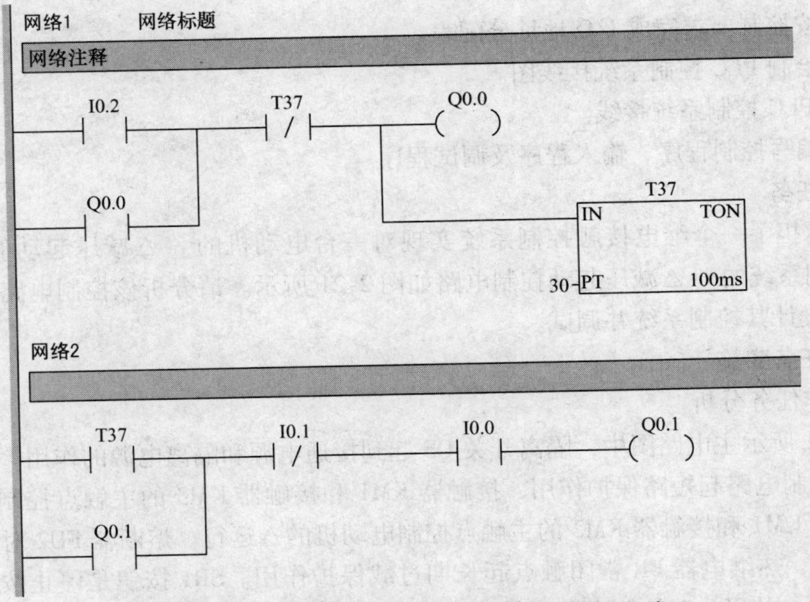

图 2-19　电动机定子串电阻减压 PLC 控制参考程序 1

注：程序中 I0.0 对应的是热继电器，接线图中热继电器采用的是常闭触点输入。

参考程序 2 如图 2-20 所示：

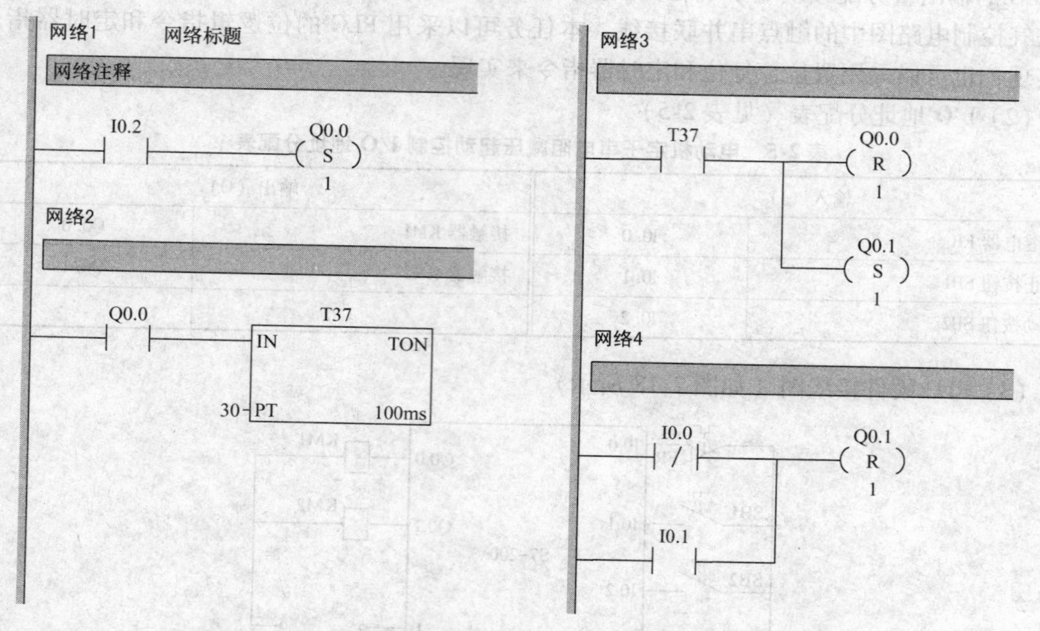

图 2-20　电动机定子串电阻减压 PLC 控制参考程序 2

2.1.6　任务 6　电动机丫-△起动控制电路的 PLC 改造

1. 考核能力目标

(1) 会分析该电路的控制功能。

(2) 会按控制要求完成 I/O 地址分配表。

(3) 会绘制 PLC 控制系统接线图。

(4) 会 PLC 控制系统接线。

(5) 会编写控制程序、输入程序及调试程序。

2. 工作任务

某企业承担了一个继电接触控制系统实现对一台电动机的丫-△减压起动的升级改造，继电接触控制系统的丫-△减压起动控制电路如图 2-21 所示。请分析该控制电路图的控制功能，用 PLC 设计其控制系统并调试。

3. 工作任务实施

(1) 工作任务分析

在图 2-21 所示主电路图中，隔离开关 QS 起到接通电源和隔离电源的作用，熔断器 FU1 对主电路和控制电路起短路保护作用，接触器 KM1 和接触器 KM3 的主触点控制电动机的丫起动，接触器 KM1 和接触器 KM2 的主触点控制电动机的△运行。熔断器 FU2 对控制电路起短路保护作用，热继电器 FR 常闭触点起长期过载保护作用。SB1 按钮是停止按钮，SB2 按钮是起动按钮。用 PLC 对控制电路进行改造，主电路保持不变。

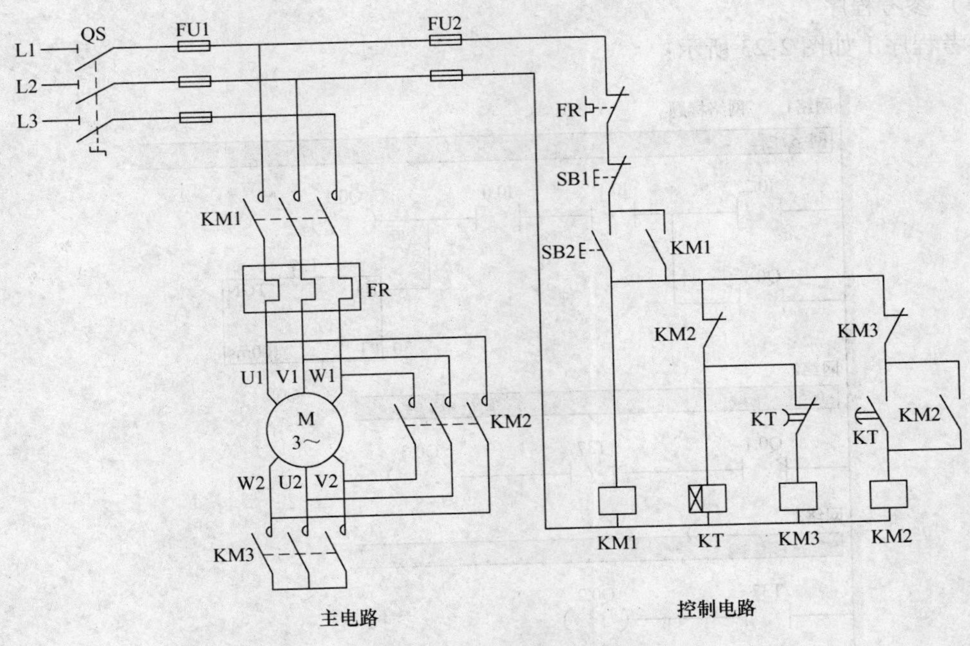

图 2-21　电动机Y-△减压起动控制电路

在控制电路中，热继电器 FR（常闭触点）、按钮 SB1、SB2（采用常开触点）属于控制信号，应作为 PLC 的输入量分配接线端子；而接触器 KM1、KM2、KM3 线圈属于被控对象，应作为 PLC 的输出量分配接线端子（在实验室，接触器线圈可以用指示灯来表示进行模拟）。根据电气控制线路图中的触点串并联接线，本任务可以采用 PLC 的位逻辑指令和定时器指令来实现，也可以采用置位指令、复位指令和定时器指令来实现。

（2）I/O 地址分配表（见表 2-6）

表 2-6　电动机Y-△减压起动控制 I/O 地址分配表

输入（I）		输出（O）	
热继电器 FR	I0. 0	接触器 KM1	Q0. 1
停止按钮 SB1	I0. 1	接触器 KM2	Q0. 2
起动按钮 SB2	I0. 2	接触器 KM3	Q0. 3

（3）PLC 硬件接线图（如图 2-22 所示）

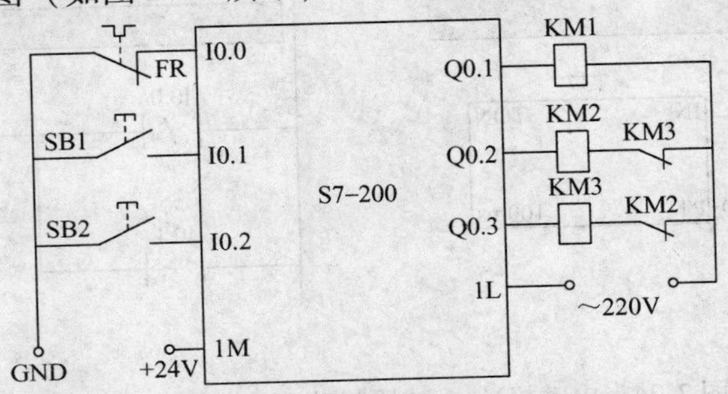

图 2-22　电动机Y-△减压起动 PLC 硬件接线图

（4）参考程序

参考程序 1 如图 2-23 所示：

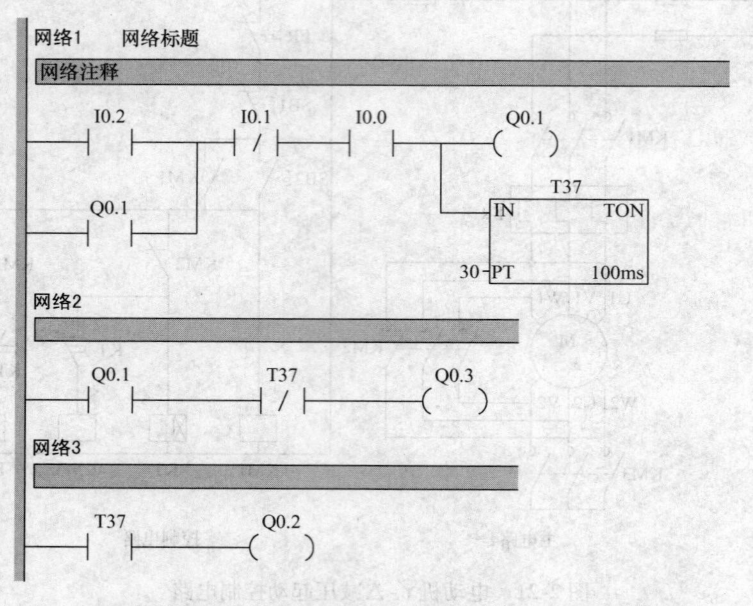

图 2-23　电动机Y-△减压起动 PLC 控制参考程序 1

注：程序中 I0.0 对应的是热继电器，接线图中热继电器采用的是常闭触点输入。

参考程序 2 如图 2-24 所示：

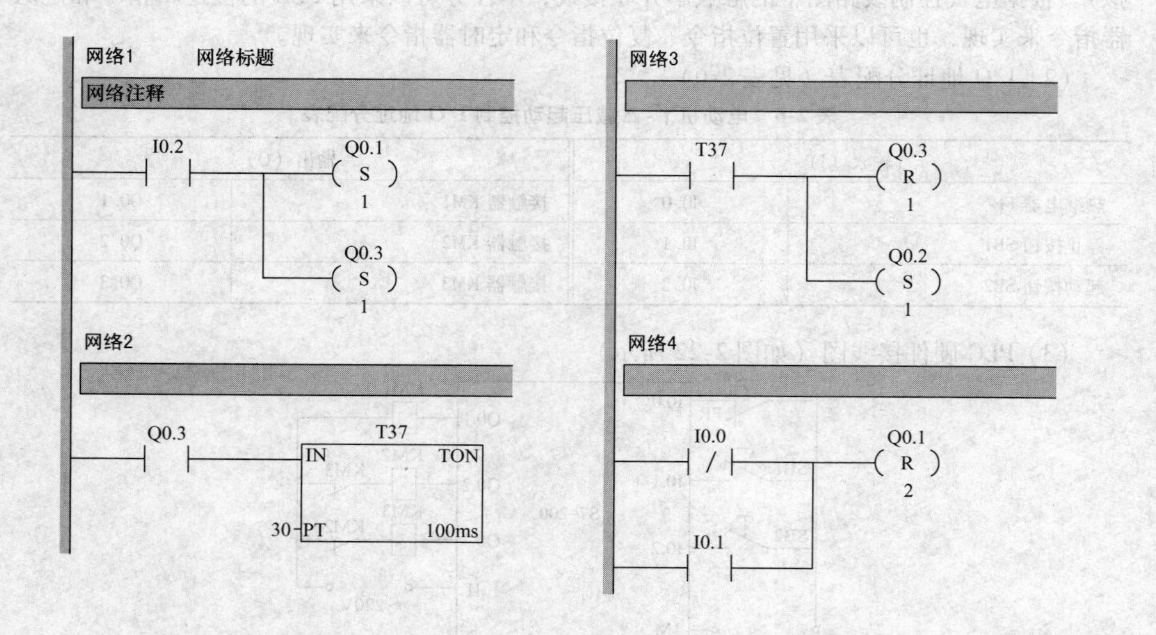

图 2-24　电动机Y-△减压起动 PLC 控制参考程序 2

2.1.7　任务 7　C620 型车床电气控制电路的 PLC 改造

1. 考核能力目标

（1）会分析该电路的控制功能。

（2）会按控制要求完成 I/O 地址分配表。

（3）会绘制 PLC 控制系统接线图。

（4）会 PLC 控制系统接线。

（5）会编写控制程序、输入程序及调试程序。

2. 工作任务

某企业现采用 PLC 对 C620 型车床进行技术改造，C620 型车床电气控制电路如图 2-25 所示。请分析该控制电路图的控制功能，并用 PLC 对其控制电路进行改造。

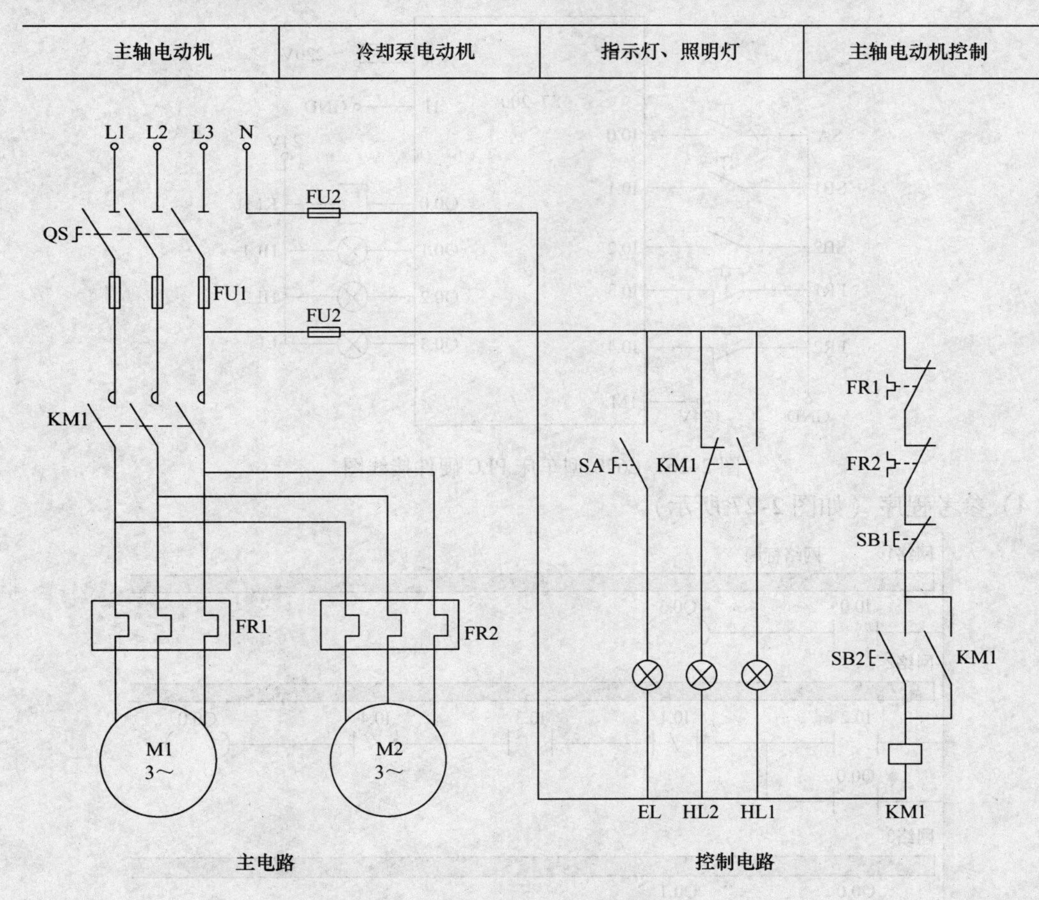

图 2-25　C620 型车床电气控制电路

3. 工作任务实施

（1）工作任务分析

在图 2-25 所示主电路图中，隔离开关 QS 起到接通电源和隔离电源的作用，熔断器 FU1 对主电路起短路保护作用，接触器 KM1 的主触点控制电动机的起动、运行和停车。在控制电路图中，熔断器 FU2 对控制电路起短路保护作用，SB2 为起动按钮，SB1 为停止按钮，

EL 为照明灯，HL1 指示灯在电动机起动后点亮，HL2 在电动机停止时点亮。热继电器 FR1、FR2 用作电动机的过载保护。用 PLC 对控制电路进行改造，而主电路保持不变。

本任务可以采用 PLC 位逻辑指令来实现，也可以用置位指令、复位指令来实现。

（2）I/O 地址分配表（见表 2-7）

表 2-7　C620 型车床控制 I/O 地址分配表

输入（I）		输出（O）	
照明开关 SA	I0. 0	接触器 KM1	Q0. 0
停止按钮 SB1	I0. 1	工作指示灯 HL1	Q0. 1
起动按钮 SB2	I0. 2	停止指示灯 HL2	Q0. 2
热继电器 FR1	I0. 3	照明灯 EL	Q0. 3
热继电器 FR2	I0. 4		

（3）PLC 硬件接线图（如图 2-26 所示）

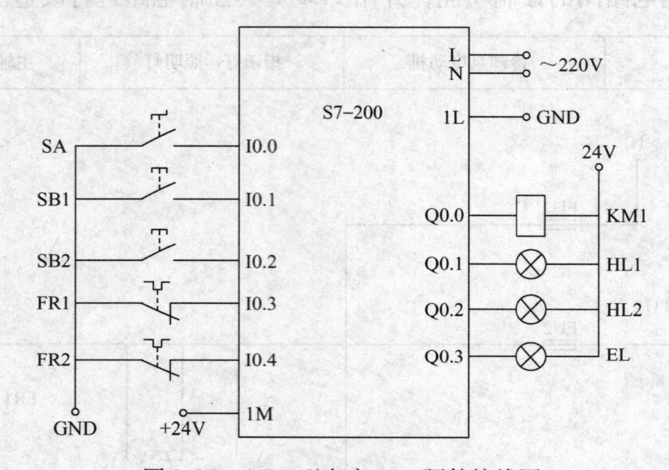

图 2-26　C620 型车床 PLC 硬件接线图

（4）参考程序（如图 2-27 所示）

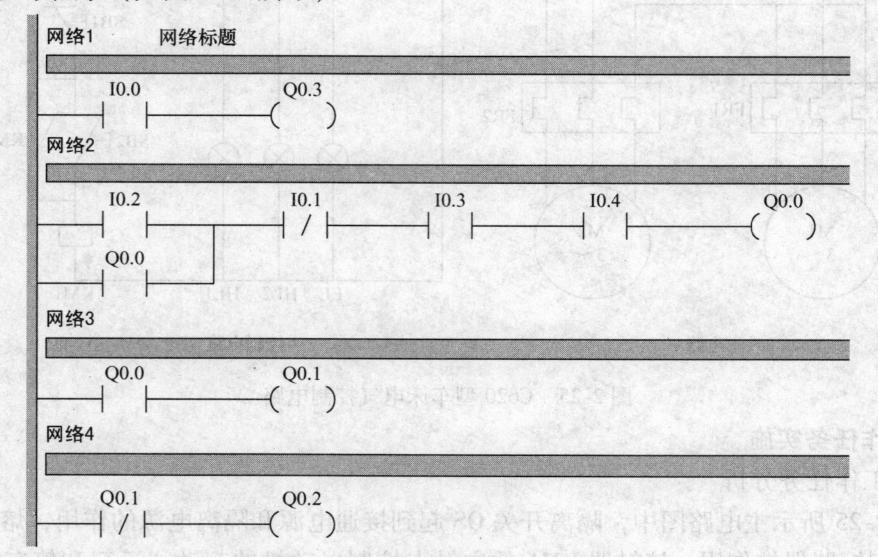

图 2-27　C620 型车床 PLC 控制参考程序

注：I0.3、I0.4分别对应的是热继电器FR1和FR2，接线图中热继电器都是常闭触点输入。

2.1.8　任务8　C6140型车床电气控制电路的PLC改造

1. 考核能力目标

（1）会分析该电路的控制功能。

（2）会按控制要求完成I/O地址分配表。

（3）会绘制PLC控制系统接线图。

（4）会PLC控制系统接线。

（5）会编写控制程序、输入程序及调试程序。

2. 工作任务

某企业现需对C6140型车床进行PLC技术改造，C6140型车床电气控制电路如图2-28所示。请分析该控制电路图的控制功能，并用PLC对其控制电路进行改造。

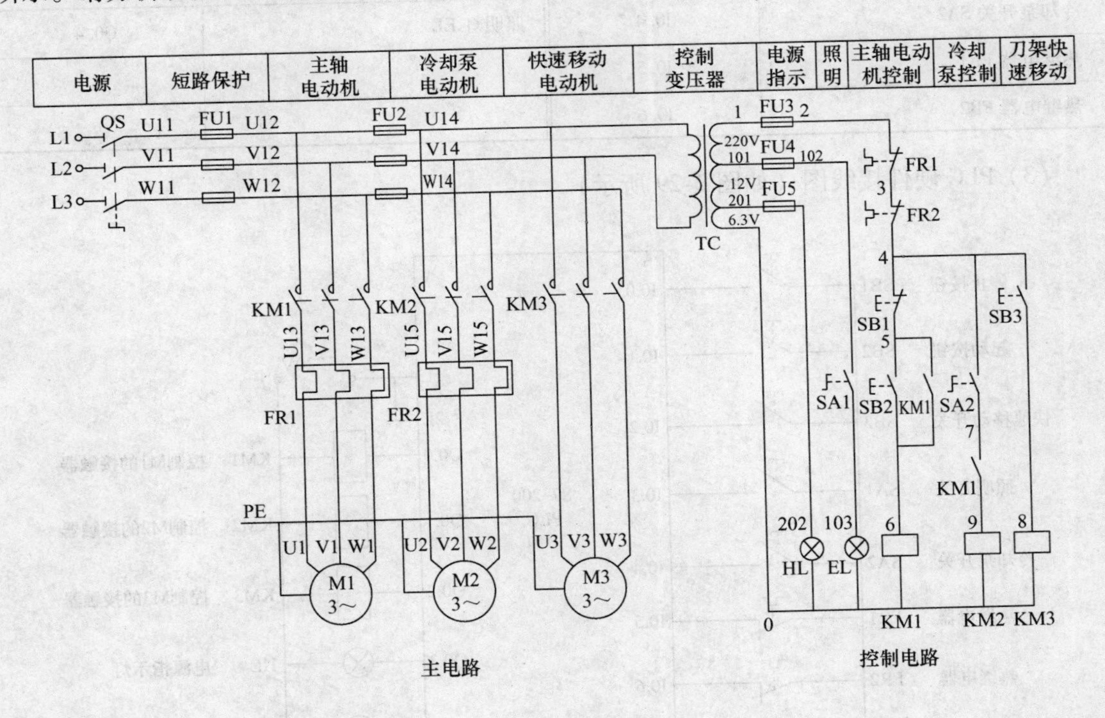

图2-28　C6140型车床电气控制电路

3. 工作任务实施

（1）工作任务分析

在图2-28所示主电路图中，隔离开关QS起到接通电源和隔离电源的作用，熔断器FU1、FU2对主电路起短路保护作用。接触器KM1、KM2、KM3的主触点分别控制电动机M1、M2、M3的起动、运行和停车。

在控制电路图中，熔断器FU3、FU4、FU5分别对电路起短路保护作用，HL为电源指示灯，EL 为照明灯；SB2 为电动机 M1 的起动按钮，SB1 为电动机 M1 的停止按钮；当接触器 KM1 动作以后，SA2 开关可以起动和停止电动机 M2；M3 电动机通过 SB3 按钮可以实现点动控制。热继电器 FR1、FR2 作为电动机的过载保护。用 PLC 对控制电路进行改造，而主电路保持不变。本任务可以采用 PLC 的位逻辑指令来实现，也可以采用置位指令、复位指令实现。

（2）I/O 地址分配表（见表 2-8）

表 2-8　C6140 型车床控制 I/O 地址分配表

输入（I）		输出（O）	
M1 停止按钮 SB1	I0. 0	控制 M1 的接触器 KM1	Q0. 0
M1 起动按钮 SB2	I0. 1	控制 M2 的接触器 KM2	Q0. 1
快速移动按钮 SB3	I0. 2	控制 M3 的接触器 KM3	Q0. 2
照明开关 SA1	I0. 3	电源指示灯 HL	Q0. 3
冷却泵开关 SA2	I0. 4	照明灯 EL	Q0. 4
热继电器 FR1	I0. 5		
热继电器 FR2	I0. 6		

（3）PLC 硬件接线图（如图 2-29 所示）

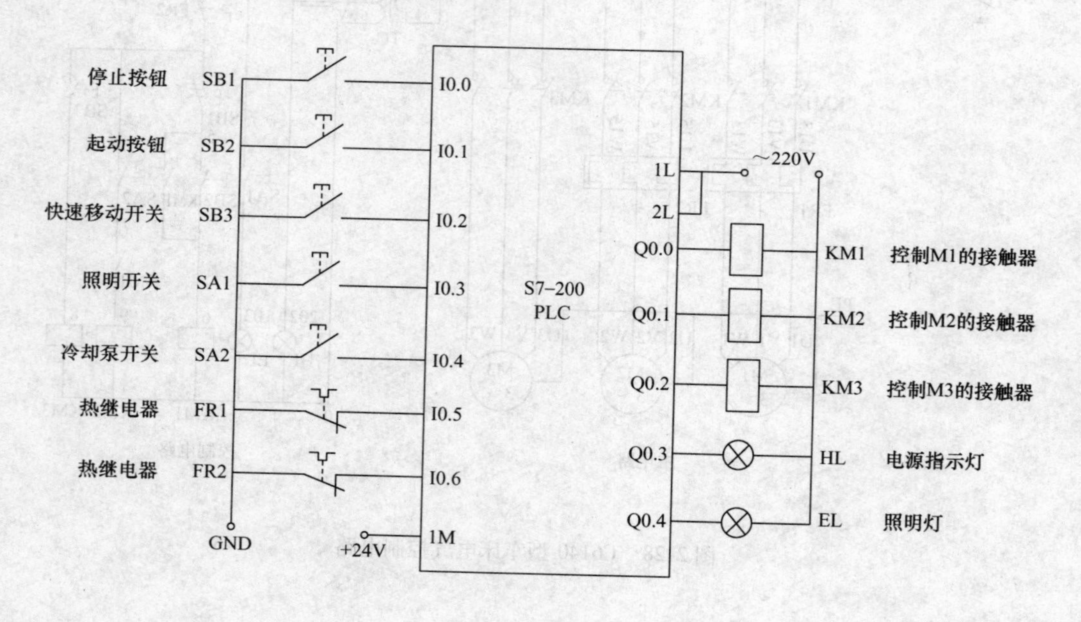

图 2-29　C6140 型车床 PLC 硬件接线图

（4）参考程序（如图 2-30 所示）

注： I0. 5、I0. 6 分别对应的是热继电器 FR1 和 FR2，接线图中热继电器采用的都是常闭触点输入。

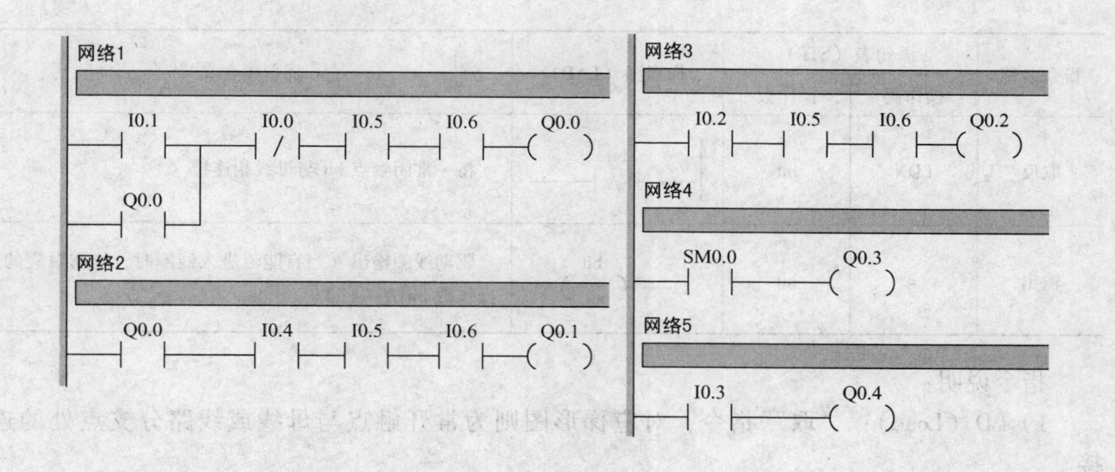

图 2-30　C6140 型车床 PLC 控制参考程序

2.2　知识链接

2.2.1　位逻辑指令

位逻辑指令是 PLC 中常用的基本指令，S7-200 编程时通常采用梯形图或语句表的方式进行。位逻辑梯形图指令有触点和线圈两大类，触点又分为常开触点和常闭触点两种形式；位逻辑语句表指令有“与”“或”“输出”等逻辑关系。

梯形图程序的常开和常闭触点类似继电器-接触器控制系统的电器常开和常闭触点，可自由地串并联。常开触点和存储器的位状态一致，常闭触点和存储器的位状态相反，即：常开触点对应的存储器地址位状态为“1”时，则常开触点闭合；常闭触点对应的存储器地址位状态为“0”时，则常闭触点闭合。在用户程序中同一触点可以多次使用。位逻辑指令有下面几种。

1. 逻辑取指令及输出指令

“LD”和“LDN”指令用来装载常开触点和常闭触点，“ = ”为输出指令。逻辑取指令及输出指令见表 2-9。

表 2-9　逻辑取指令及输出指令的格式及含义

指令名称	语句表（STL）		梯形图（LAD）	梯形图含义
	操作码	操作数		
取	LD	bit	bit	将一常开触点 bit 与母线相连接

（续）

指令名称	语句表（STL）		梯形图（LAD）	梯形图含义
	操作码	操作数		
取反	LDN	bit	bit ─┤/├─	将一常闭触点 bit 与母线相连接
输出	=	bit	bit ─( )	驱动线圈输出（当有能流进入线圈时，线圈对应的操作数 bit 置“1”）

指令说明：

1）LD（Load）：“取”指令，对应梯形图则为常开触点与母线或线路分支点处的连接。

2）LDN（Load Not）：“取反”指令，对应梯形图则为常闭触点与母线或线路分支点处的连接。

3）=（OUT）：输出指令，对应梯形图则为线圈驱动。

4）LD、LDN 可取 I、Q、M、SM、T、C、V、S 的触点。

5）“=”可驱动 Q、M、SM、T、C、V、S 的线圈，但不能驱动输入映像存储器 I。当 PLC 输出端不带负载时，尽量使用 M 或其他控制线圈。

6）“=”可以并联使用任意次，但不能串联。

7）输出指令对同一元件（bit）一般只能使用一次。

8）逻辑取指令及输出指令用法见表 2-10。

表 2-10　逻辑取指令及输出指令用法

梯形图（LDA）	语句表（STL）	说　明
I0.0 ─┤├─ Q0.0 ─( )	LD　I0.0 =　Q0.0	若 I0.0 为“1”，则输出线圈 Q0.0 为“1”；若 I0.0 为“0”，则输出线圈 Q0.0 为“0”
I0.1 ─┤/├─ Q0.1 ─( )	LDN　I0.1 =　Q0.1	若 I0.1 为“0”，则输出线圈 Q0.1 为“1”；若 I0.1 为“1”，则输出线圈 Q0.1 为“0”
I0.3 ─┤├─ Q0.2 ─( )，Q0.3 ─( )	LD　I0.3 =　Q0.2 =　Q0.3	若 I0.3 为“1”，则输出线圈 Q0.2、Q0.3 为“1”；若 I0.3 为“0”，则输出线圈 Q0.2、Q0.3 为“0”
I0.3 ─┤├─ Q0.2 ─( )─ Q0.3 ─( )	错误	错误！线圈驱动只能并联使用，但不能串联

例 2-1　合上电源开关，没有按下点动按钮时指示灯亮，按下点动按钮时电动机转动，指示灯熄灭。试用 PLC 实现这一控制功能。

解： 1）分析：点动按钮 SB1 与 PLC 输入端子 I0.0 连接，指示灯与 PLC 输出端子 Q0.0 连接，电动机 M 由接触器 KM 控制，接触器 KM 线圈与 PLC 输出端子 Q0.1 连接。

2）PLC 控制 I/O 地址分配表见表 2-11。

表 2-11　例 2-1 的 PLC 控制 I/O 地址分配表

输入（I）		输出（O）	
点动按钮 SB1	I0.0	指示灯	Q0.0
		接触器 KM	Q0.1

3）PLC 硬件接线图如图 2-31 所示。

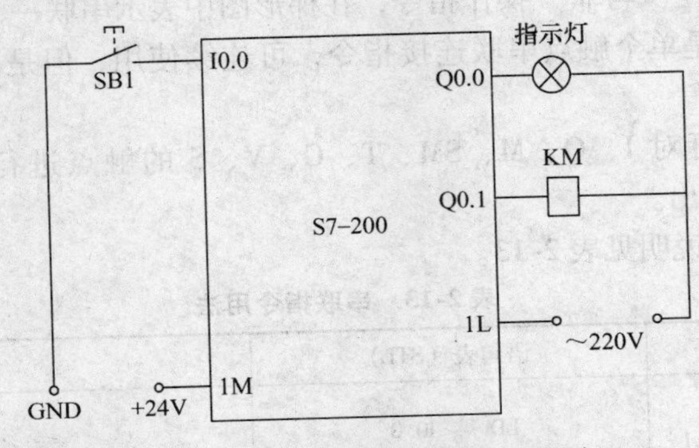

图 2-31　例 2-1 的 PLC 硬件接线图

4）参考程序如图 2-32 所示。

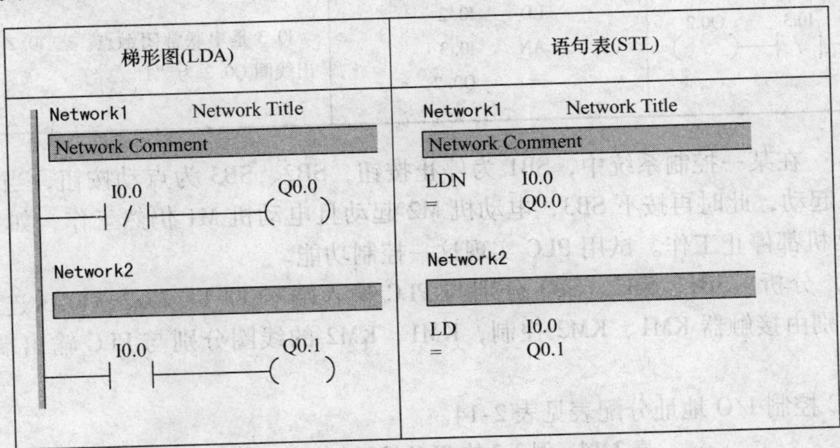

图 2-32　例 2-1 的参考程序

2. 串联指令

串联指令又称逻辑“与”指令，它包括常开触点串联和常闭触点串联，分别用 A 和 AN 指令来表示。串联指令的格式及含义见表 2-12。

表 2-12　串联指令的格式及含义

指令名称	语句表（STL）		梯形图（LAD）	梯形图含义
	操作码	操作数		
与	A	bit	bit ─┤ ├─	将常开触点 bit 与上一触点（梯形图中是左边）串联连接，可以连续使用
与反	AN	bit	bit ─┤ / ├─	将常闭触点 bit 与上一触点（梯形图中是左边）串联连接，可以连续使用

指令说明：

1）A（And）“与”操作指令，在梯形图中表示串联一个常开触点。

2）AN（And Not）：“与非”操作指令，在梯形图中表示串联一个常闭触点。

3）A 和 AN 指令是单个触点串联连接指令，可连续使用，但是同一支路串联触点最多可使用 11 个。

4）A、AN 指令可对 I、Q、M、SM、T、C、V、S 的触点进行逻辑“与”操作，和“=”指令组成纵向输出。

5）串联指令用法说明见表 2-13。

表 2-13　串联指令用法

梯形图（LDA）	语句表（STL）	说　明
I0.0 ─┤ ├─ I0.1 ─┤ ├─ Q0.1 ─( )	LD　I0.0 A　I0.1 =　Q0.1	I0.1 是串联常开触点。若 I0.0、I0.1 同时为“1”，则输出线圈 Q0.1 为“1”
I0.2 ─┤ ├─ I0.3 ─┤ / ├─ Q0.2 ─( )	LD　I0.2 AN　I0.3 =　Q0.2	I0.3 是串联常闭触点。若 I0.2 为“1”，则输出线圈 Q0.2 为“1”

例 2-2　在某一控制系统中，SB1 为停止按钮，SB2、SB3 为点动按钮，当 SB2 按下时电动机 M1 起动，此时再按下 SB3，电动机 M2 起动且电动机 M1 仍然工作，如果按下 SB1，则两个电动机都停止工作。试用 PLC 实现这一控制功能。

解：1）分析：SB1、SB2、SB3 分别与 PLC 输入端子 I0.1、I0.2、I0.3 连接，电动机 M1、M2 分别由接触器 KM1、KM2 控制，KM1、KM2 的线圈分别与 PLC 输出端子 Q0.1 和 Q0.2 连接。

2）PLC 控制 I/O 地址分配表见表 2-14。

表 2-14　例 2-2 的 PLC 控制 I/O 地址分配表

输入（I）		输出（O）	
停止按钮 SB1	I0.1	接触器 KM1	Q0.1
点动按钮 SB2	I0.2		
点动按钮 SB3	I0.3	接触器 KM2	Q0.2

3）PLC 硬件接线图如图 2-33 所示。

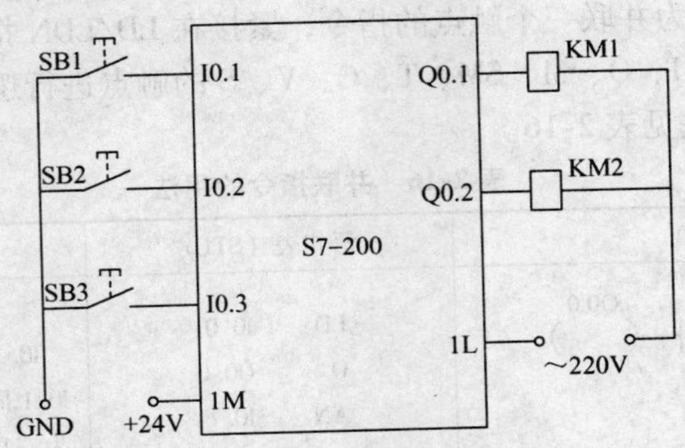

图 2-33　例 2-2 的 PLC 硬件接线图

4）参考程序如图 2-34 所示。

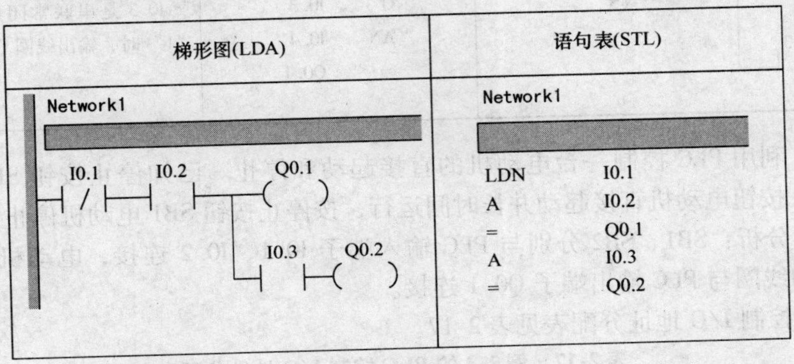

梯形图(LDA)	语句表(STL)
Network1 I0.1 (常闭) — I0.2 — (Q0.1) I0.3 — (Q0.2)	Network1 LDN　I0.1 A　I0.2 =　Q0.1 A　I0.3 =　Q0.2

图 2-34　例 2-2 的参考程序

3. 并联指令

并联指令又称逻辑“或”指令，它包括常开触点并联和常闭触点并联，分别用 O 和 ON 指令来表示。

O（Or）:“或”操作指令，在梯形图中表示并联一个常开触点。

ON（Or Not）:“或非”操作指令，在梯形图中表示并联一个常闭触点。

并联指令的格式及含义见表 2-15。

表 2-15　并联指令的格式及含义

指令名称	语句表（STL）		梯形图（LAD）	梯形图含义
	操作码	操作数		
或	O	bit	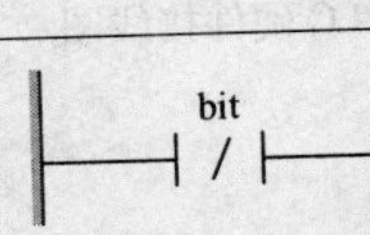 bit	将常开触点 bit 与上一触点并联，可以连续使用
或反	ON	bit	bit	将常闭触点 bit 与上一触点并联，可以连续使用

指令说明：

1）O/ON 指令可作为并联一个触点的指令，紧接在 LD/LDN 指令之后，可连接使用。

2）O/ON 指令可对 I、Q、M、SM、T、C、V、S 的触点进行逻辑“或”操作。

3）并联指令的用法见表 2-16。

表 2-16　并联指令的用法

梯形图（LDA）	语句表（STL）	说　明
I0.0　I0.1　Q0.0 Q0.0	LD　I0. 0 O　Q0. 0 AN　I0. 1 =　Q0. 0	I0. 1 是串联常开触点。当 I0. 0 和 I0. 1 同时为“1”时，输出线圈 Q0. 1 为“1”
I0.2　I0.4　Q0.1 I0.3	LD　I0. 2 O　I0. 3 AN　I0. 4 =　Q0. 1	I0. 3 是串联常闭触点。当 I0. 2 为“1”时，输出线圈 Q0. 2 为“1”

例 2-3　利用 PLC 控制一台电动机的直接起动和停止。已知停止按钮 SB1，起动按钮 SB2。按 SB2 按钮电动机直接起动并长时间运行，按停止按钮 SB1 电动机停止。

解：1）分析：SB1、SB2 分别与 PLC 输入端子 I0. 1、I0. 2 连接，电动机由接触器 KM 控制，KM 的线圈与 PLC 输出端子 Q0. 1 连接。

2）PLC 控制 I/O 地址分配表见表 2-17。

表 2-17　例 2-3 的 PLC 控制 I/O 地址分配表

输入（I）		输出（O）	
停止按钮 SB1	I0. 1	接触器 KM	Q0. 1
起动按钮 SB2	I0. 2		

3）PLC 硬件接线图如图 2-35 所示。

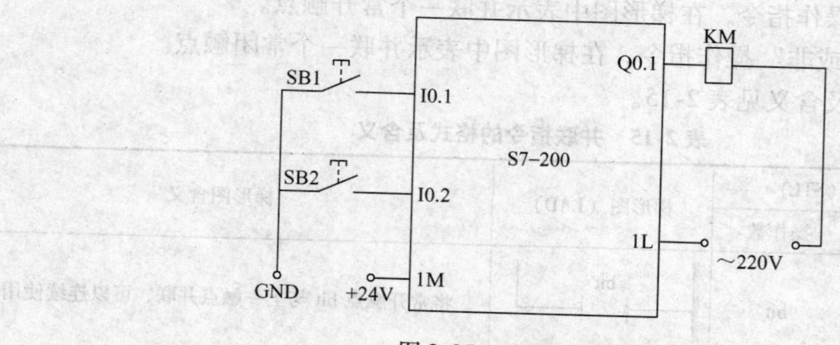

图 2-35　PLC 硬件接线图

4）参考程序如图 2-36 所示。

注：后面例题省略 PLC 硬件接线图。

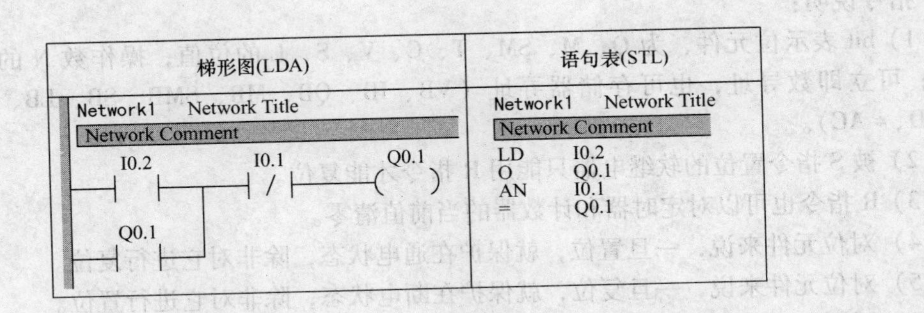

图 2-36　例 2-3 的参考程序

4. 逻辑取反指令

逻辑取反指令在梯形图中编程时串联在需要取反的逻辑运算结果后面，其格式及含义见表 2-18。

表 2-18　逻辑取反指令的格式及含义

指令名称	语句表（STL）		梯形图（LAD）	梯形图含义
	操作码	操作数		
逻辑取反	NOT	无	─┤NOT├─	对该指令前面的运算结果取反

指令说明：

1）在梯形图中编程时串联在需要取反的逻辑运算结果后面。

2）逻辑取反指令的用法见表 2-19。

表 2-19　逻辑取反指令的用法

梯形图（LDA）	语句表（STL）	说明
I0.0 ─┤ ├─┤NOT├─( ) Q0.0	LD　I0.0 NOT =　Q0.0	当 I0.0 状态为“0”时，取反指令对前面的结果取反，即为“1”，所以 Q0.0 输出为“1”。当 I0.0 状态为“1”时，取反指令对前面的结果取反，即为“0”，所以 Q0.0 输出为“0”

5. 置位指令 S 和复位指令 R（见表 2-20）

表 2-20　置位指令 S 和复位指令 R 的格式及含义

指令名称	语句表（STL）	梯形图（LAD）	梯形图含义	操作数（bit）
置位指令 S	S bit，N	bit ─(S) N	当条件满足时，从 bit 开始连续至 N 个位被置“1”并保持	Q、M、SM、T、C、V、S、L
复位指令 R	R bit，N	bit ─(R) N	当条件满足时，从 bit 开始连续至 N 个位被置“0”并保持	Q、M、SM、T、C、V、S、L

指令说明：

1）bit 表示位元件，为 Q、M、SM、T、C、V、S、L 的位值；操作数 N 的范围为 1 ~ 255；可立即数寻址，也可存储器寻址（VB、IB、QB、MB、SMB、SB、LB、AC、常数、＊VD、＊AC）。

2）被 S 指令置位的软继电器只能用 R 指令才能复位。

3）R 指令也可以对定时器和计数器的当前值清零。

4）对位元件来说，一旦置位，就保护在通电状态，除非对它进行复位。

5）对位元件来说，一旦复位，就保护在断电状态，除非对它进行置位。

6）对同一位元件，可以多次使用置位/复位指令。

7）由于 PLC 采用扫描工作方式，当置位、复位指令同时有效时，写在后面的指令具有优先权。

例 2-4 用置位指令 S、复位指令 R 实现例 2-3 的控制要求。

解： 控制程序如图 2-37 所示。

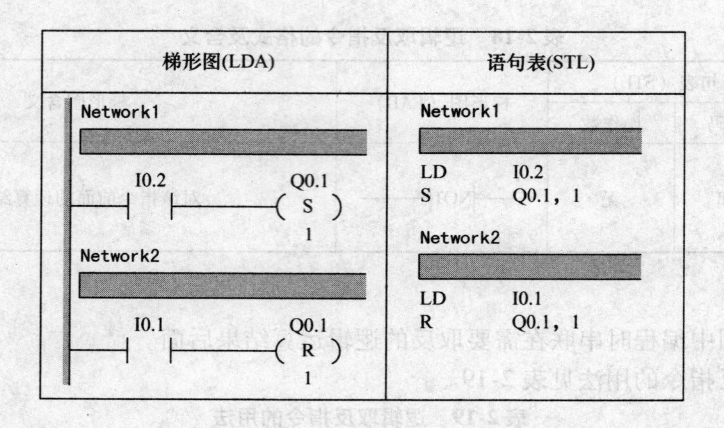

图 2-37 用置位指令 S、复位指令 R 实现的例 2-3 控制程序

例 2-5 按 SB2 按钮八个指示灯 L0 ~ L7 同时被点亮，按 SB1 八个指示灯 L0 ~ L7 同时被熄灭，用置位指令 S、复位指令 R 来实现。

解： 1）分析：SB1、SB2 分别与 PLC 输入端子 I0.1、I0.2 连接，指示灯 L0 ~ L7 分别与 PLC 输出端子 Q0.0 ~ Q0.7 连接。

2）PLC 控制 I/O 地址分配表见表 2-21。

表 2-21 PLC 控制 I/O 地址分配表

输入（I）		输出（O）			
停止按钮 SB1	I0.1	指示灯 L0	Q0.0	指示灯 L4	Q0.4
		指示灯 L1	Q0.1	指示灯 L5	Q0.5
起动按钮 SB2	I0.2	指示灯 L2	Q0.2	指示灯 L6	Q0.6
		指示灯 L3	Q0.3	指示灯 L7	Q0.7

3）参考程序如图 2-38 所示。

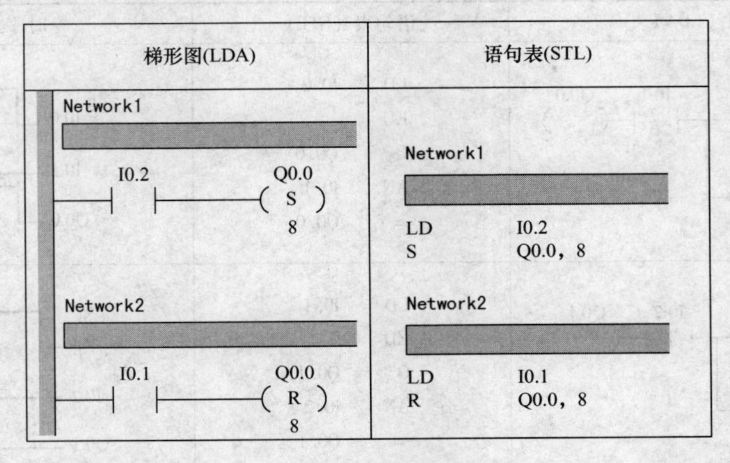

图 2-38　参考程序

6. 正、负跳变触发指令 EU、ED（见表 2-22）

表 2-22　正、负跳变触发指令的格式及含义

指令名称	语句表（STL）	梯形图（LAD）	梯形图含义
正跳变触发指令	EU	—┤P├—	某操作数出现由 0 到 1 的上升沿时，使触点闭合，形成一个扫描周期的脉冲
负跳变触发指令	ED	—┤N├—	某操作数出现由 1 到 0 的下降沿时，使触点闭合，形成一个扫描周期的脉冲

指令说明：

1）EU 和 ED 只有在输入信号变化时才有效，因此一般将其放在这一变化脉冲出现的语句之后，输出的脉宽为一个机器扫描周期。

2）EU 和 ED 无操作数。

3）正、负跳变触发指令的使用及时序分析见表 2-23。

表 2-23　正、负跳变触发指令的使用及时序分析

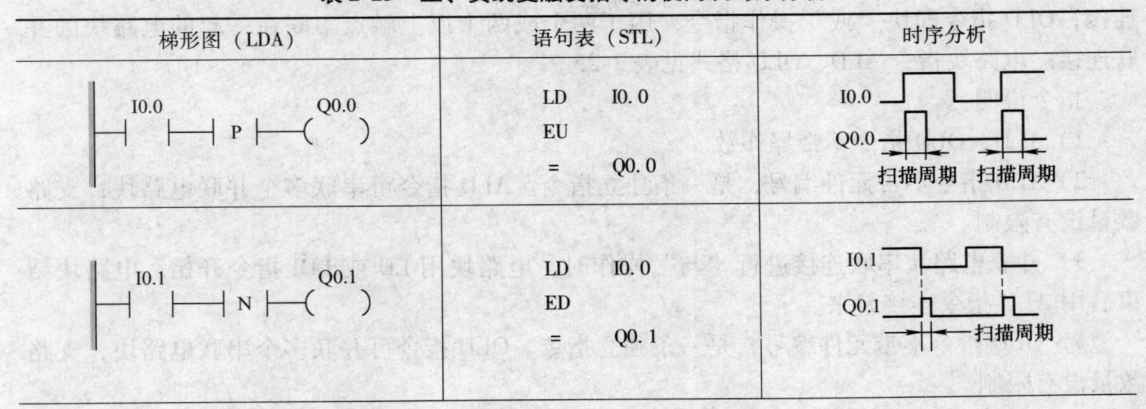

梯形图（LDA）	语句表（STL）	时序分析
I0.0 —┤P├— Q0.0 ( )	LD　I0. 0 EU =　Q0. 0	I0.0 / Q0.0 / 扫描周期　扫描周期
I0.1 —┤N├— Q0.1 ( )	LD　I0. 0 ED =　Q0. 1	I0.1 / Q0.1 / 扫描周期

（续）

梯形图（LDA）	语句表（STL）	时序分析
I0.0 P I0.1 / Q0.0 ( ) Q0.0	LD I0. 0 EU O Q0. 0 AN I0. 1 = Q0. 0	I0.0 I0.1 Q0.0
I0.1 N I0.2 / Q0.1 ( ) Q0.1	LD I0. 1 ED O Q0. 1 AN I0. 2 = Q0. 1	I0.1 I0.2 Q0.1

例 2-6 某台设备有两台电动机 M1 和 M2，分别由接触器 KM1 和 KM2 控制。为了减小两台电动机同时起动时对供电线路的影响，因此让 M2 稍微延迟一段时间后起动。控制要求：按下起动按钮 SB2 时，M1 立即起动，松开起动按钮 SB2 时，M2 才起动；按下停止按钮 SB1 时，M1 和 M2 同时停止。

解：1）分析：SB1、SB2 分别与 PLC 输入端子 I0. 1、I0. 2 连接，电动机 M1 和 M2，分别由接触器 KM1 和 KM2 控制，KM1、KM2 的线圈分别与 PLC 输出端子 Q0. 1、Q0. 2 连接。

2）PLC 控制 I/O 地址分配表见表 2-24。

表 2-24 例 2-6 的 PLC 控制 I/O 地址分配表

输入（I）		输出（O）	
停止按钮 SB1	I0. 1	接触器 KM1	Q0. 1
起动按钮 SB2	I0. 2	接触器 KM2	Q0. 2

3）参考程序如图 2-39 所示。

7. 电路块指令 ALD、OLD

ALD 指令即块“与”操作指令，用于两个或两个以上触点并联在一起的电路块的串联连接；OLD 指令即块“或”操作指令，用于两个或两个以上触点串联在一起的电路块的并联连接。电路块指令 ALD、OLD 格式见表 2-25。

指令说明：

1）ALD、OLD 指令不带操作数。

2）ALD 指令不带元件编号，是一条独立指令。ALD 指令可串联多个并联电路块，支路数量没有限制。

3）并联电路块串联连接进行“与”操作时，电路块用 LD 或 LDI 指令开始，电路块结束后用 ALD 指令连接起来。

4）OLD 指令不带元件编号，是一条独立指令。OLD 指令可并联多个串联电路块，支路数量没有限制。

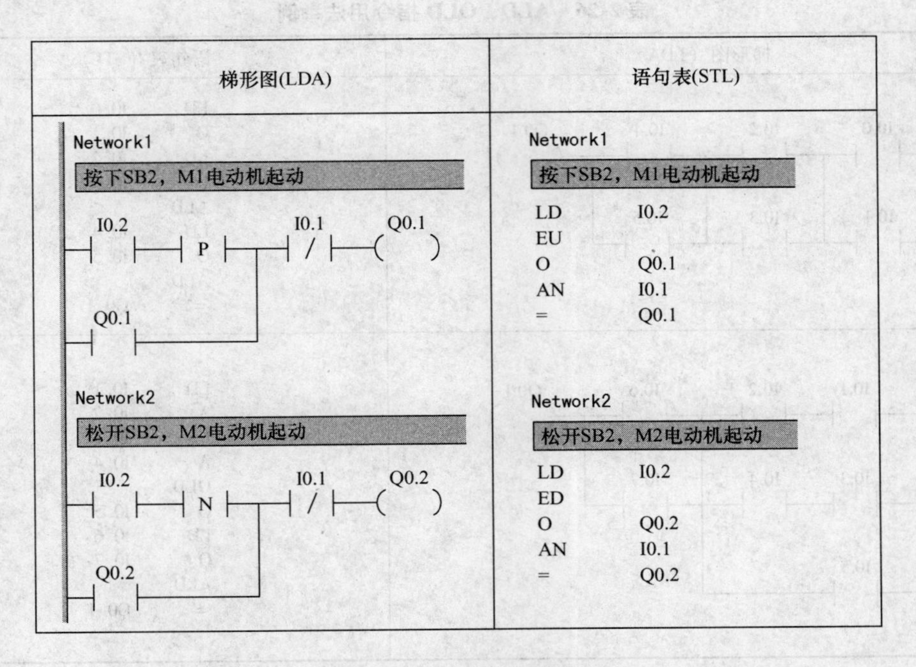

图2-39　例2-6的参考程序

表2-25　电路块指令ALD、OLD格式

指令名称	语句表（STL）	梯形图（LDA）	语句表（STL）	逻辑功能说明
与块指令	ALD	网络1　串联电路块 I0.0　ALD指令　I0.1　Q0.0 Q0.0　I0.2	LD　I0.0 O　Q0.0 LD　I0.1 O　I0.2 ALD =　Q0.0	I0.1和Q0.0构成一个并联电路块，I0.1和I0.2构成一个并联电路块，若这两个电路块的关系是串联关系，则用与块指令串联
或块指令	OLD	I0.1　I0.2　Q0.1 I0.3　I0.4	LD　I0.1 A　I0.2 LD　I0.3 A　I0.4 OLD =　Q0.1	I0.1和I0.2构成一个串联电路块，I0.3和I0.4构成一个串联电路块，若这两个电路块的关系是并联关系，则用或块指令并联

5）串联电路块并联连接进行“与”操作时，电路块用LD或LDI指令开始，电路块结束后用OLD指令连接起来。

6）ALD、OLD指令用法举例见表2-26。

表 2-26　ALD、OLD 指令用法举例

梯形图（LDA）	语句表（STL）
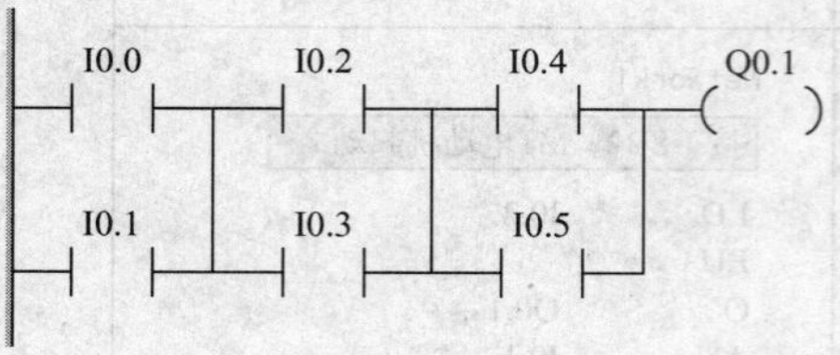 I0.0　I0.2　I0.4　Q0.1 I0.1　I0.3　I0.5	LD　I0. 0 O　I0. 1 LD　I0. 2 O　I0. 3 ALD LD　I0. 4 O　I0. 5 ALD =　Q0. 1
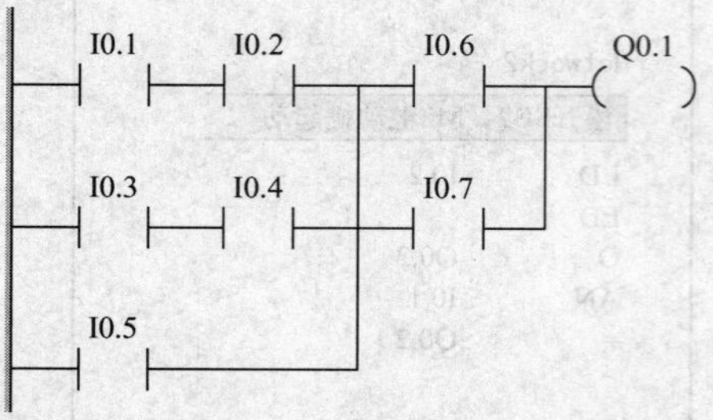 I0.1　I0.2　I0.6　Q0.1 I0.3　I0.4　I0.7 I0.5	LD　I0. 1 A　I0. 2 LD　I0. 3 A　I0. 4 OLD O　I0. 5 LD　I0. 6 O　I0. 7 ALD =　Q0. 1

2. 2. 2　定时器指令

在传统继电器-接触器控制系统中，一般使用延时继电器进行定时，通过调节延时调节螺钉来设定延时时间的长短。在 PLC 控制系统中，通过内部软延时继电器-定时器来进行定时操作。PLC 内部定时器是 PLC 中最常用的元器件之一，用好、用对定时器对 PLC 程序设计非常重要。

S7-200 系列 PLC 定时器用“T”表示，可计时内部时钟累计时间增量，T0 ~ T255 总共 256 个增量型定时器。每个定时器均有一个 16 位的当前值寄存器，用以存放当前值；一个 16 位的预置值寄存器，用以存放时间的设定值；还有一个状态位，反映其触点的状态。

1. 定时器的分类

S7-200 系列 PLC 定时器可按照工作方式的不同和时间间隔（又称时基或时间分辨率）的不同进行分类。

（1）按工作方式的不同进行分类　S7-200 系列 PLC 定时器按照工作方式的不同，可分为接通延时型、记忆接通延时型和断开延时型三种类型。

1）接通延时型定时器（TON）。接通延时型定时器用于单一间隔的定时，在梯形图中由定时标志 TON、使能输入端 IN、时间设定输入端 PT 及定时器编号 Tn 构成；语句表中由定时器标志 TON、时间设定值输入端 PT 和定时器编号 Tn 构成，见表 2-27。

当使能端 IN 为低电平“0”时，定时器的当前值为“0”，定时器 Tn 的状态也为“0”，定时器没有工作；当使能端 IN 为高电平“1”时，定时器开始工作，每过一个时基时间，定时器的当前值就增加 1。若当前值等于或大于定时器的设定值 PT，则定时器的延时时间到，定时器输出点有效，输出状态位由 0 变为“1”。定时器输出状态改变后，仍然继续计时，直到当前值等于其最大值 32767 时，才停止计时。

表 2-27　接通延时型定时器的格式及功能

指令名称	梯形图（LAD）	语句表（STL）		功　能
		操作码	操作数	
接通延时型定时器	Tn IN　TON PT　???ms	TON	Tn，PT	使能端 IN 为“1”时，TON 定时器开始定时；当定时器的当前值大于预定值 PT 时，定时器位变为 ON（“1”）；当使能端 IN 由“1”变为“0”时，TON 定时器复位

2）记忆接通延时型定时器（TONR）。记忆接通延时型定时器用于多次间隔的累计定时，其构成和工作原理与接通延时型定时器类似，不同之处在于记忆接通延时型定时器在使能端为“0”时，当前值将被保持；当使能端有效时，在原保持值上继续递增。记忆接通延时型定时器的格式及功能见表 2-28。

表 2-28　记忆接通延时型定时器的格式及功能

指令名称	梯形图（LAD）	语句表（STL）		功　能
		操作码	操作数	
记忆接通延时型定时器	Tn IN　TONR PT　???ms	TONR	Tn，PT	使能端 IN 为“1”时，TONR 定时器开始延时；为“0”时，定时器停止计时，并保持当前值不变；当定时器的当前值达到预定值 PT 时，定时器位变为 ON（“1”） PT 值的复位只能用复位指令 R

3）断开延时型定时器（TOF）。断开延时型定时器用于断开或故障事件后的单一间隔定时，其构成类似前面两种定时器。

当使能端为高电平时，定时器输出状态位置“1”，当前值为“0”，不工作。当使能端由高电平跳变到低电平时，定时器开始计时，每过一个时基时间，当前值递增，若当前值达到设定值，则定时器状态位置“0”，并停止计时，当前值保持。断开延时型定时器的格式及功能见表 2-29。

表 2-29　断开延时型定时器的格式及功能

指令名称	梯形图（LAD）	语句表（STL）		功　能
		操作码	操作数	
断开延时型定时器	Tn IN　TOF PT　???ms	TOF	Tn，PT	使能端 IN 为“1”时，TOF 定时器位变为 ON（“1”）；当前值被清零；当使能端 IN 变为“0”时，TOF 定时器开始计时，当当前值达到预定值 PT 时，定时器位变为 OFF（“0”）

（2）按时基的不同进行分类　按照计时时基的不同，定时器分为 1ms、10ms 和 100ms 三种类型。不同的时基标准，定时精度、定时范围和定时器的刷新方式不同。

定时器的分辨率（时基）也有三种，分别为 1ms、10ms 和 100ms。分辨率指定时器中能够区分的最小时间增量，即精度。具体的定时时间 *T* 由预置值 PT 和分辨率的乘积决定。

设置预置值 PT = 1000。若选用的定时器分辨率为 1ms，则定时时间为 $T = 1\text{ms} \times 1000 = 1\text{s}$；若选用的定时器分辨率为 10ms，则定时时间为 $T = 10\text{ms} \times 1000 = 10\text{s}$；若选用的定时器分辨率为 100ms，则定时时间为 $T = 100\text{ms} \times 1000 = 100\text{s}$。

1）定时器分辨率和定时器范围。定时器使能端 IN 输入有效后，PLC 内部的时基脉冲增加 1 计数，最小的定时单位称为时基脉冲宽度，又称为定时精度。从定时器输入有效，到状态位输出有效所经过的时间为定时时间。最长定时时间 = 时基 × 最大定时计数值，时基越大，定时时间越长，但定时精度就越差。其中定时计数值的范围是 1 ~ 32767。T0 ~ T255 定时器分属不同的工作方式和分辨率，其分类见表 2-30。

表 2-30　定时器分辨率和定时器编号范围

工作方式	分辨率/ms	最大定时时间/s	定时器编号
TONR	1	32.767	T0，T64
	10	327.67	T1 ~ T4，T65 ~ T68
	100	3276.7	T5 ~ T31，T69 ~ T95
TON、TOF	1	32.767	T32，T96
	10	327.67	T33 ~ T36，T97 ~ T100
	100	3276.7	T37 ~ T63，T101 ~ T255

2）定时器的刷新方式。

①1ms 定时器采用中断的方式刷新，每隔 1ms 刷新一次，其刷新与扫描周期和程序处理无关，因此当扫描周期较长时，在一个周期内可刷新多次，其当前值可能被改变多次。

②10ms 定时器在每个扫描周期开始时刷新，由于每个扫描周期内只刷新一次，因此每次程序处理期间，当前值不变。

③100 ms 定时器是在该定时器指令执行时刷新，下一条执行的指令即可使用刷新后的结果。

在使用时要注意，如果该定时器的指令不是每个周期都执行，定时器就不能及时刷新，还可能导致出错。

正是由于不同分辨率定时器的刷新方式有区别，所以在定时器复位方式的选择上不能简单地使用定时器本身的常闭触点。同样的程序内容，使用不同分辨率定时器，其正确性也会不同，如图 2-40 所示。

①在图 2-40 中，若定时器为 1ms 定时器，则图 2-40a 是错误的。只有在定时器当前值与预置值相等的那次刷新发生在定时器的常闭触点执行后到常开触点执行前的区间时，Q0.0 才能产生宽度为一个扫描周期的脉冲，而这种可能性极小。图 2-40b 所示程序是正确的。

②若定时器为 10ms 定时器，图 2-40a 也是错误的。因为该种定时器每次扫描开始时刷新当前值，所以 Q0.0 永远不可能为 ON，因此也不会产生脉冲。若要产生脉冲要使用图 2-40b 的程序。

③若定时器为 100ms 定时器，图 2-40a 是正确的。在执行程序中的定时器指令时，当前值才被刷新，若该次刷新使当前值等于预置值，则定时器的常开触点闭合，Q0.0 接通。下一次扫描时，定时器又被常闭触点复位，常开触点断开，Q0.0 断开。由此产生宽度为一个

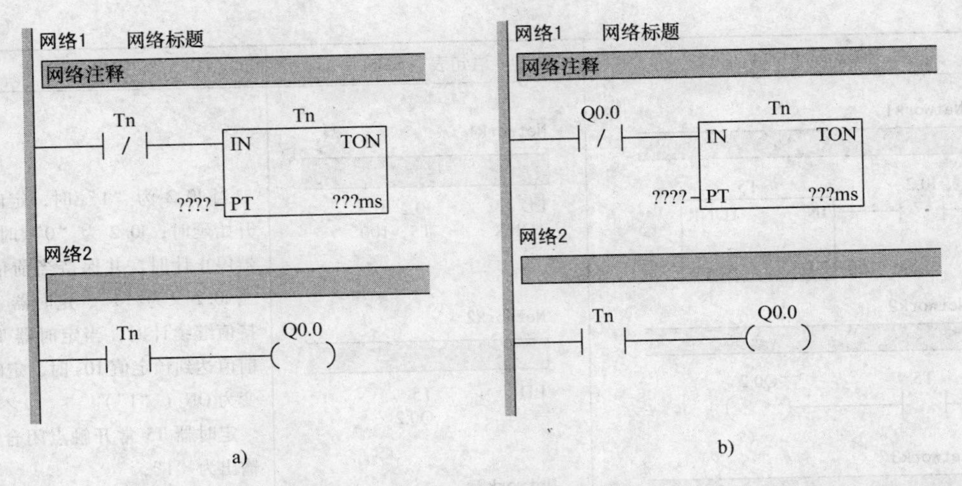

图 2-40　不同分辨率的定时器程序

扫描周期的脉冲。而使用图 2-40b 的程序同样正确。

2. 接通延时型、记忆接通延时型和断开延时型定时器用法（见表 2-31）

表 2-31　三种类型定时器用法说明

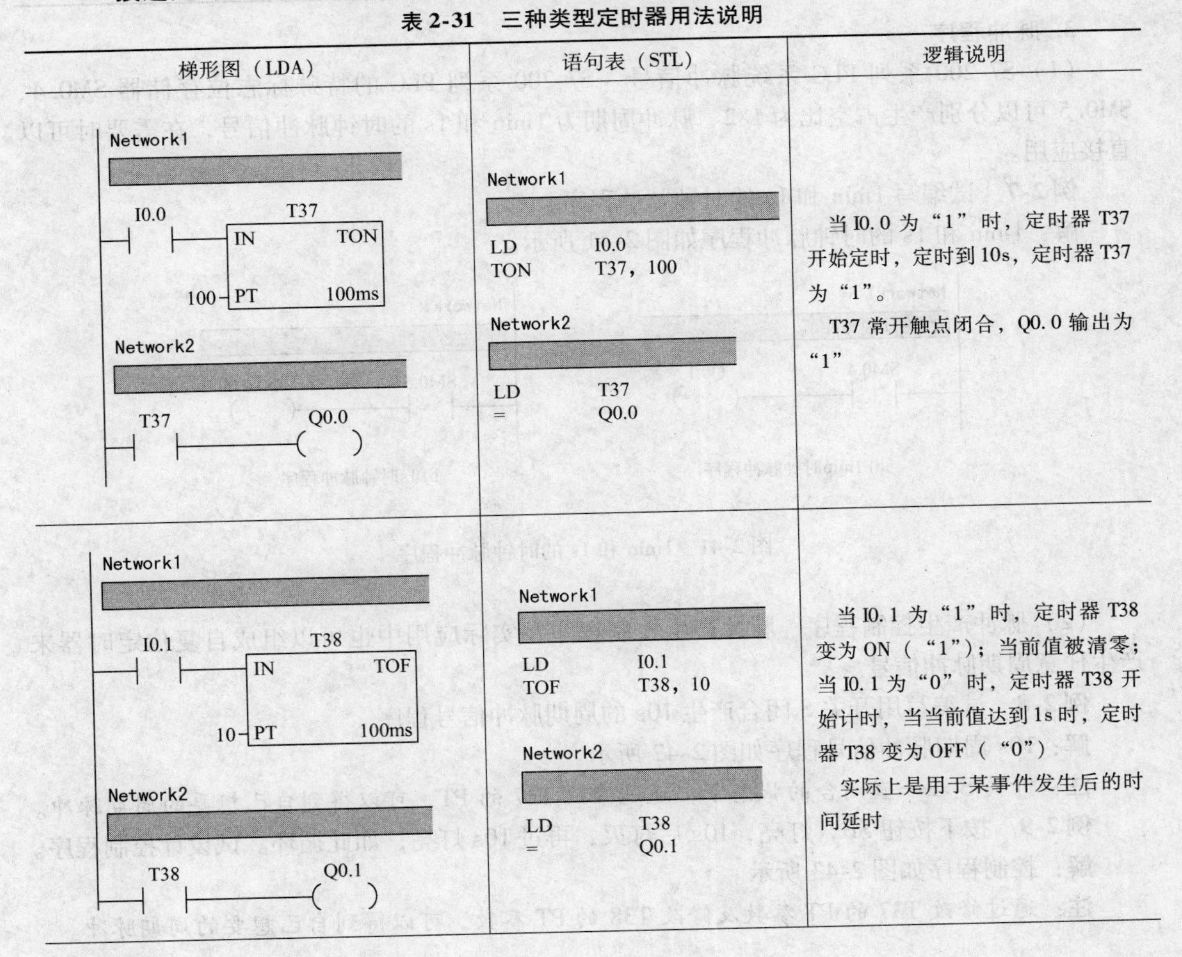

梯形图（LDA）	语句表（STL）	逻辑说明
Network1 I0.0　T37 IN　TON 100-PT　100ms Network2 T37　Q0.0	Network1 LD　I0.0 TON　T37，100 Network2 LD　T37 =　Q0.0	当 I0.0 为“1”时，定时器 T37 开始定时，定时到 10s，定时器 T37 为“1”。 T37 常开触点闭合，Q0.0 输出为“1”
Network1 I0.1　T38 IN　TOF 10-PT　100ms Network2 T38　Q0.1	Network1 LD　I0.1 TOF　T38，10 Network2 LD　T38 =　Q0.1	当 I0.1 为“1”时，定时器 T38 变为 ON（“1”）；当前值被清零；当 I0.1 为“0”时，定时器 T38 开始计时，当当前值达到 1s 时，定时器 T38 变为 OFF（“0”） 实际上是用于某事件发生后的时间延时

（续）

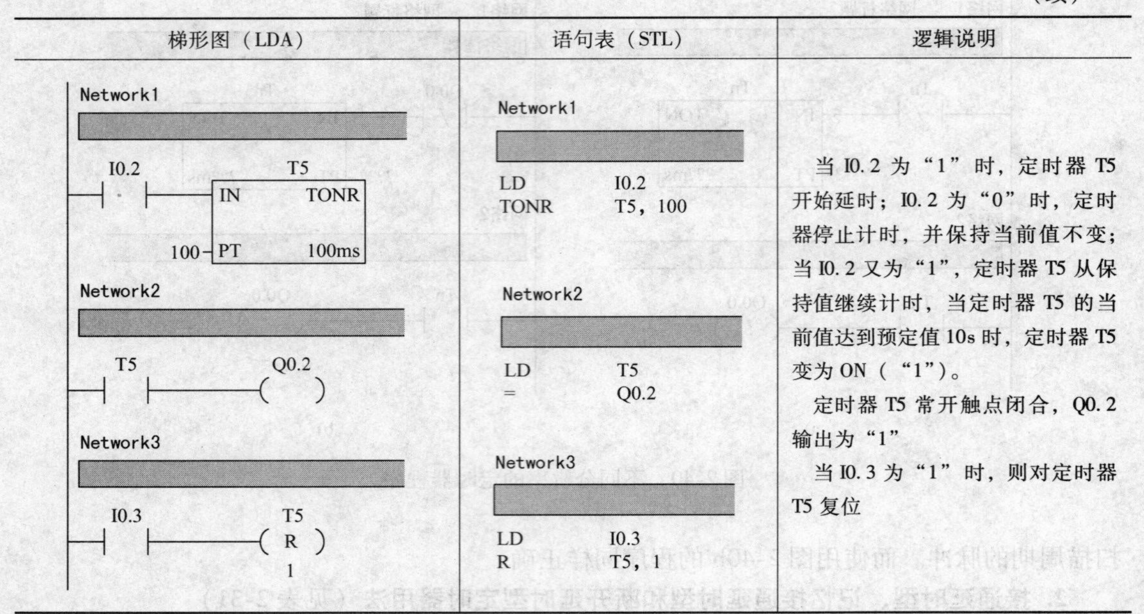

梯形图（LDA）	语句表（STL）	逻辑说明
Network1 I0.2 T5 IN TONR 100-PT 100ms Network2 T5 Q0.2 Network3 I0.3 T5 R 1	Network1 LD I0.2 TONR T5，100 Network2 LD T5 = Q0.2 Network3 LD I0.3 R T5，1	当 I0.2 为“1”时，定时器 T5 开始延时；I0.2 为“0”时，定时器停止计时，并保持当前值不变；当 I0.2 又为“1”，定时器 T5 从保持值继续计时，当定时器 T5 的当前值达到预定值 10s 时，定时器 T5 变为 ON（“1”）。 定时器 T5 常开触点闭合，Q0.2 输出为“1” 当 I0.3 为“1”时，则对定时器 T5 复位

3. 脉冲程序

（1）S7-200 系列 PLC 系统脉冲信号　S7-200 系列 PLC 的特殊标志位存储器 SM0.4、SM0.5 可以分别产生占空比为 1/2、脉冲周期为 1min 和 1s 的时钟脉冲信号，在需要时可以直接应用。

例 2-7　试编写 1min 和 1s 的时钟脉冲程序。

解： 1min 和 1s 的时钟脉冲程序如图 2-41 所示。

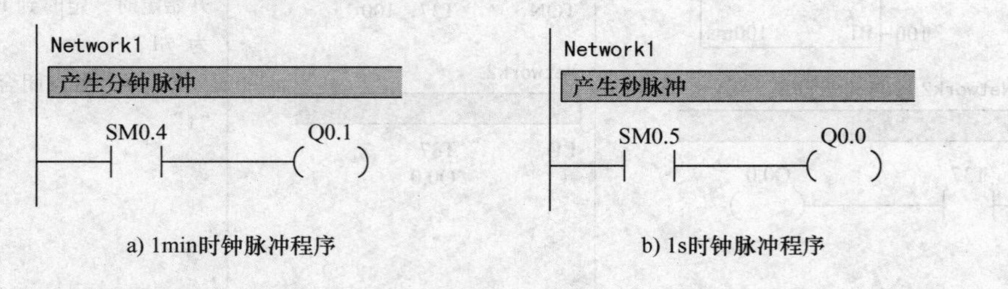

图 2-41　1min 和 1s 的时钟脉冲程序

（2）脉冲产生控制程序　脉冲产生控制程序在实际应用中也可以组成自复位定时器来产生任意周期脉冲信号。

例 2-8　试编写用开关 S 闭合产生 10s 的周期脉冲信号程序。

解： 10s 周期脉冲信号程序如图 2-42 所示。

注： 开关 S 在一直闭合的状态下，通过修改 T37 的 PT，可以得到自己想要的周期脉冲。

例 2-9　按下按钮 SB，灯亮，10s 后灯灭，再过 10s 灯亮，如此循环。试设计控制程序。

解： 控制程序如图 2-43 所示。

注： 通过修改 T37 的 PT 参数及修改 T38 的 PT 参数，可以得到自己想要的周期脉冲。

（3）脉冲程序自复位定时器　由于不同分辨率定时器的刷新方式有区别，分辨率为 1ms 和 10ms 的定时器不能组成自复位定时器。在图 2-44 中，同样的程序内容，使用分辨率为 10ms 的定时器 T33，在图 2-44a 中是错误的，因为 10ms 的定时器每次扫描开始时刷新当前值，所以 Q0.0 永远不可能为 ON，因此也不会产生脉冲。若要产生脉冲要使用图 2-44b 的程序。但如果图 2-44a 程序中的定时器采用分辨率为 100ms 的定时器也是正确的。

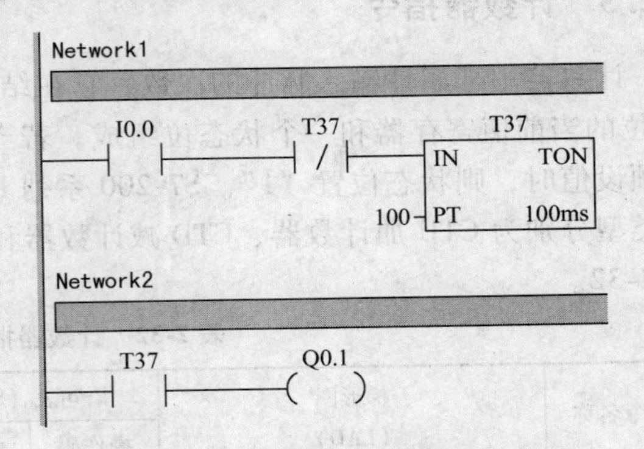

图 2-42　10s 周期脉冲信号程序

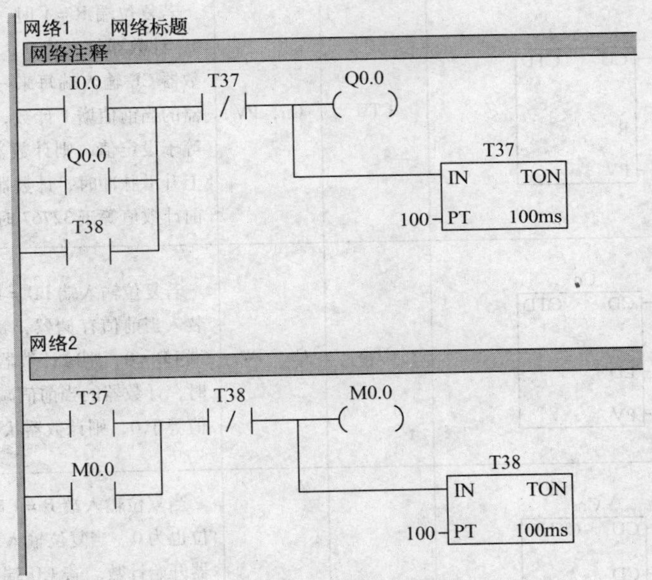

图 2-43　例 2-4 的控制程序

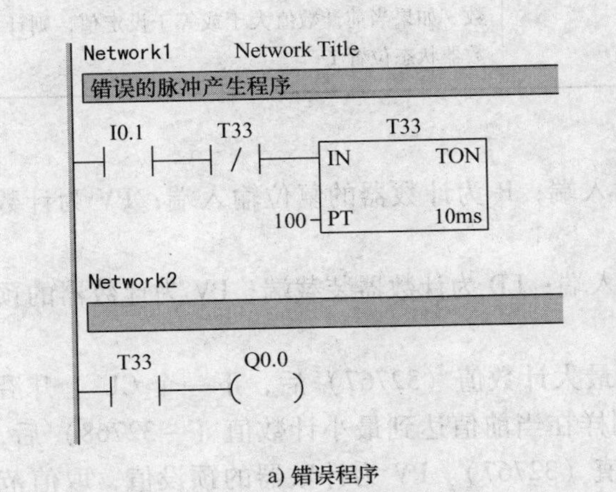

a) 错误程序

b) 正确程序

图 2-44　自复位定时器

2.2.3 计数器指令

计数器用来累计输入脉冲的次数，它在结构上主要由一个 16 位的预置寄存器、一个 16 位的当前值寄存器和一个状态位组成。若当前值寄存器累计输入脉冲的个数大于或等于预设值时，则状态位置“1”。S7-200 系列 PLC 提供了三种类型共 256 个计数器，这三种类型分别为 CTU 加计数器、CTD 减计数器和 CTUD 加/减计数器，其指令格式及功能见表 2-32。

表 2-32 计数器指令格式及功能

指令名称	梯形图（LAD）	语句表（STL）		功能说明
		操作码	操作数	
加计数器	Cn CU CTU R PV	CTU	Cn，PV	若复位端 R = 1 时，则加计数器的当前值为 0，计数器位也为 0。若复位端 R = 0，则加计数器 CU 输入端每来一个上升沿脉冲时，计数器的当前值增 1 计数，如果当前计数值大于或等于设定值，则计数器位置 1，但是每来一个上升沿脉冲时，计数器仍然进行计数，直到当前计数值等于 32767 时，停止计数
减计数器	Cn CD CTD LD PV	CTD	Cn，PV	若复位输入端 LD = 1，则减计数器将设定值装入当前值存储器，状态值为 0。若复位输入端 LD = 0，则减计数器输入端每来一个上升沿时，计数器的当前值减 1 计数，如果当前计数值等于 0，则计数器状态位置 1，停止计数
加/减计数器	Cn CU CTUD CD R PV	CTUD	Cn，PV	当复位输入端 R = 1 时，当前值为 0，计数器位也为 0。当复位输入端 R = 0 时，加/减计数器开始计数。若 CU 端有一个上升沿输入脉冲时，计数器的当前值加 1 计数，若 CD 端有一个上升沿输入脉冲时，计数器的当前值减 1 计数。如果当前计数值大于或等于设定值，则计数器状态位置 1

指令说明：

1）加计数器：CU 为计数器的计数脉冲输入端；R 为计数器的复位输入端；PV 为计数器的预设值，取值范围为 1 ~ 32767。

2）减计数器：CD 为计数器的计数脉冲输入端；LD 为计数器装载端；PV 为计数器的预设值，取值范围为 1 ~ 32767。

3）加/减计数器：当计数器的当前值达到最大计数值（32767）后，下一个 CU 上升沿将使计数器当前值变为最小值（ - 32768）；同样在当前值达到最小计数值（ - 32768）后，下一个 CD 上升沿将使计数器当前值变为最大值（32767）。PV 为计数器的预设值，取值范围为 1 ~ 32767。

4）计数器的编码 Cn 取值范围为 n = 0 ~ 255，即 C0 ~ C255。

例 2-10　试用 PLC 实现按 SB1 按钮 3 次，灯 L 亮，按 SB2 按钮灯灭的控制程序。

解： 1）分析：SB1 按钮接 I0.0，SB2 按钮接 I0.1，灯 L 接 Q0.0。每按 SB1 按钮 1 次就产生 1 个脉冲，按 3 次计 3 个脉冲，当加计数器计数达到 3 时，则计数器位置“1”。

2）PLC 控制 I/O 地址分配表见表 2-33。

表 2-33　PLC 控制 I/O 地址分配表

输入（I）		输出（O）	
按钮 SB1	I0.0	指示灯	Q0.0
按钮 SB2	I0.1		

3）参考程序如图 2-45 所示。

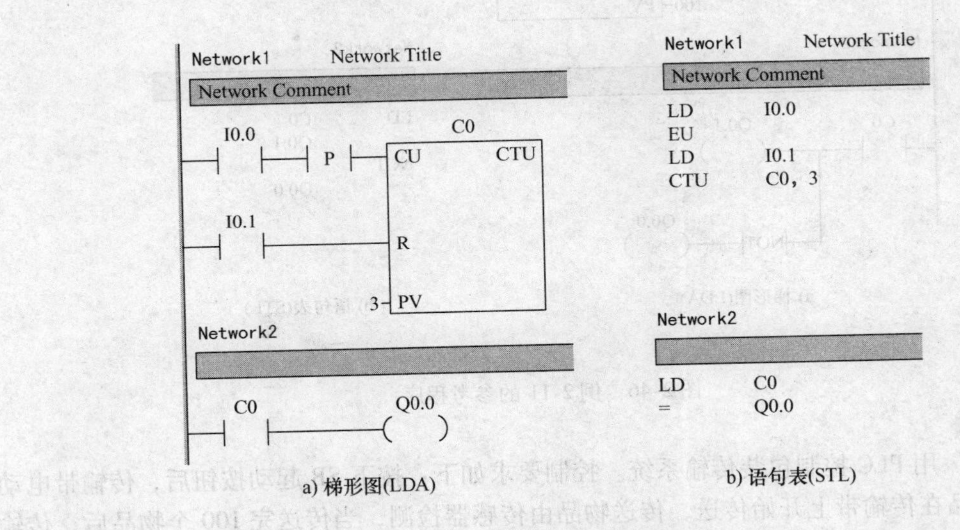

图 2-45　例 2-10 的参考程序

例 2-11　试利用 PLC 完成展厅参观人数控制系统的设计。要求：展厅最多可容纳 100 人同时参观。展厅进口与出口各装一个传感器，每有一人进或出，传感器给出一个脉冲信号。当展厅内不足 100 人时，绿灯亮，表示可以进入；当展厅满 100 人时，红灯亮，表示不准进入。

解： 1）分析：为了便于控制，系统设置起动按钮，起动按钮接 I0.0，进口传感器 C1 接 I0.1，出口传感器 C2 接 I0.2，绿灯连接 Q0.0，红灯连接 Q0.1。

2）PLC 控制 I/O 地址分配表（见表 2-34）。

表 2-34　例 2-11 的 PLC 控制 I/O 地址分配表

输入（I）		输出（O）	
系统起动按钮	I0.0	绿灯	Q0.0
进口传感器 C1	I0.1	红灯	Q0.1
出口传感器 C2	I0.2		

3）参考程序如图 2-46 所示。

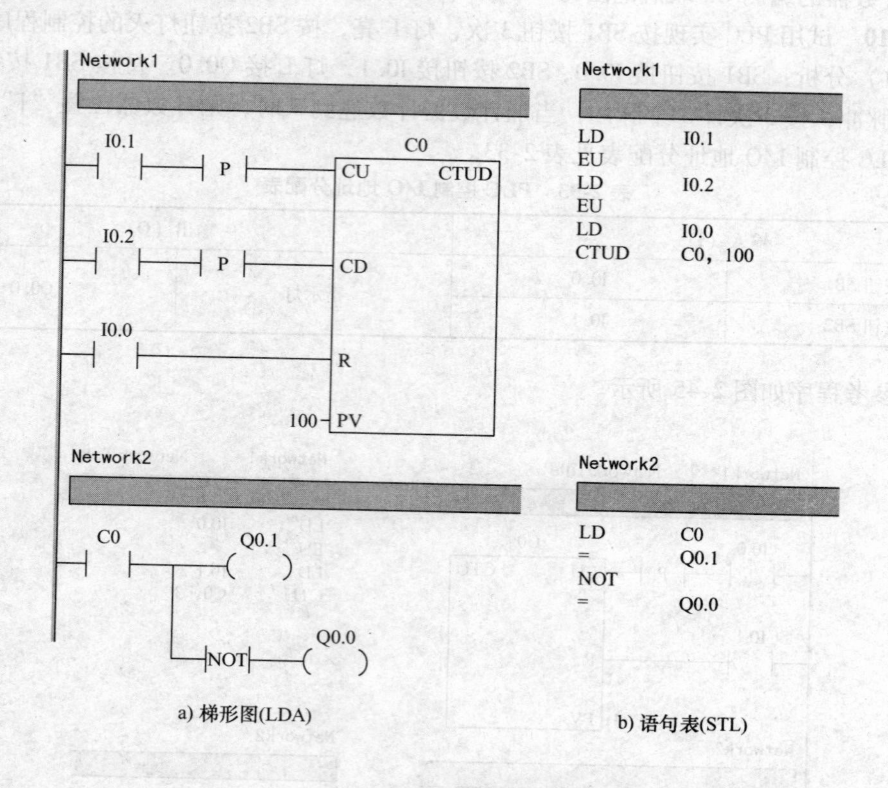

图 2-46　例 2-11 的参考程序

例 2-12　用 PLC 控制包装传输系统。控制要求如下：按下 SB 起动按钮后，传输带电动机工作，物品在传输带上开始传送，传送物品由传感器检测，当传送完 100 个物品后，传输带暂停 20s，工作人员将物品包装。20s 后继续传送物品，当再次传送完 100 个物品后，传输带又暂停 20s，工作人员将物品包装，如此循环。

解：1）分析：用光电检测来检测物品是否在传输带上，每来一个物品，便产生一个脉冲信号送入 PLC 中进行计数。PLC 中可用加计数器进行计数，计数器的设定值为 100。起动按钮 SB1 与 I0. 1 连接，停止按钮 SB2 与 I0. 2 连接，光电检测信号通过 I0. 3 输入 PLC 中，传输带电动机连接 Q0. 0 输出驱动。

2）PLC 控制 I/O 地址分配表如表 2-35 所示。

表 2-35　例 2-12 的 PLC 控制 I/O 地址分配表

输入（I）		输出（O）	
起动按钮 SB1	I0. 1	传送带电动机	Q0. 0
停止按钮 SB2	I0. 2		
检测传感器	I0. 3		

3）参考程序如图 2-47 所示。

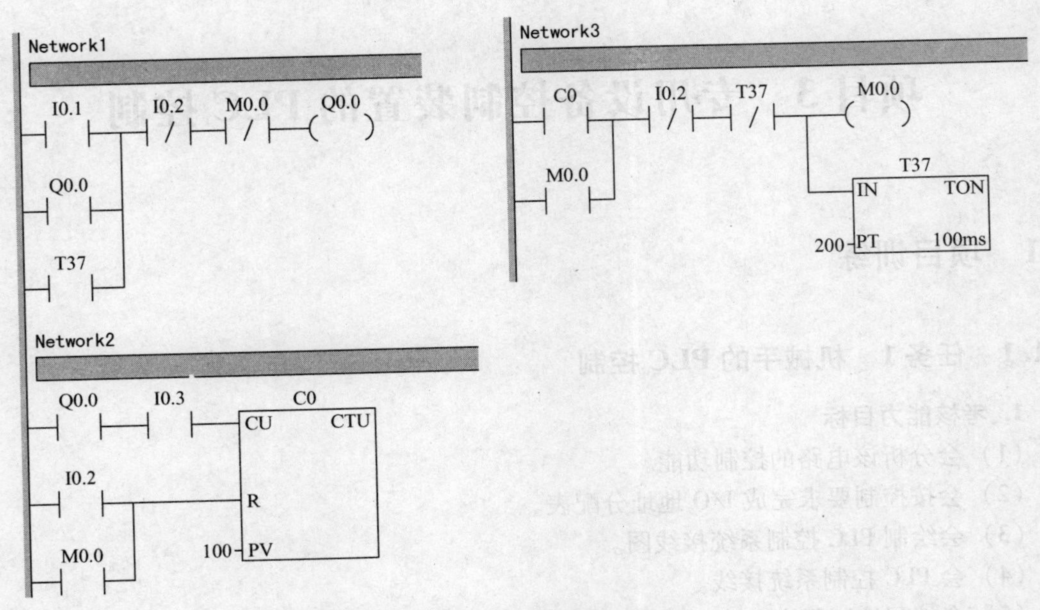

图 2-47　例 2-12 的参考程序

思考与练习

2-1　编写程序实现红、黄、绿三种颜色信号灯循环显示（要求循环时间间隔为 1s）。试用 PLC 实现控制。

2-2　用一个开关 S 实现对灯 L1 的控制。要求开关 S 往上闭合，灯 L1 亮；开关 S 往下断开，灯 L1 灭。试用 PLC 实现控制。

2-3　有 3 台交流异步电动机 M1、M2、M3 顺序起动，按下按钮 SB1，第一台电动机 M1 直接起动运行，5s 后第二台电动机 M2 直接起动运行，第二台电动机 M2 运行 5s 后第三台电动机 M3 直接起动运行，完成工作任务后，按停止按钮 SB2，三台电动机一起停止。试用 PLC 实现控制。

2-4　两台电动机控制程序要求如下：

（1）起动时，电动机 M1 先起动，才能起动电动机 M2；停止时，电动机 M1、M2 同时停止。

（2）起动时，电动机 M1、M2 同时起动；停止时，只有在电动机 M2 停止时，电动机 M1 才能停止。试用 PLC 实现控制。

2-5　某停车场最多可以停 50 辆车，用出/入传感器检测进出车场车辆的数量。当停车场内停车数小于 45 辆时，入口处绿灯亮；等于或大于 45 辆时，绿灯闪亮；等于 50 辆时红灯亮，禁止车辆入场。试用 PLC 实现控制。

项目3　专用设备控制装置的PLC控制

3.1　项目训练

3.1.1　任务1　机械手的PLC控制

1. 考核能力目标

（1）会分析该电路的控制功能。

（2）会按控制要求完成I/O地址分配表。

（3）会绘制PLC控制系统接线图。

（4）会PLC控制系统接线。

（5）会编写控制程序、输入程序及调试程序。

2. 工作任务

某企业承担了一个机械手控制系统的设计任务，要求用机械手将工件由A点处抓取并放到B点处，机械手控制示意图如图3-1所示。

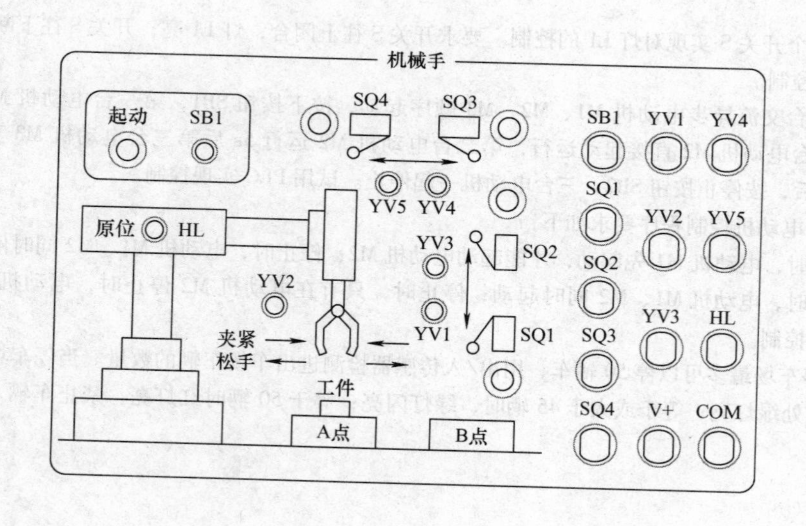

图3-1　机械手控制示意图

1）机械手停在初始状态，SQ4 = SQ2 = 1，SQ3 = SQ1 = 0，原位指示灯HL点亮，按下SB1起动按钮，下降指示灯YV1点亮，机械手下降（SQ2 = 0），下降到A点处后（SQ1 = 1）夹紧工件，夹紧指示灯YV2点亮。

2）夹紧工件后，机械手上升（SQ1 =0），上升指示灯 YV3 点亮，上升到位后（SQ2 = 1），机械手右移（SQ4 =0），右移指示灯 YV4 点亮。

3）机械手右移到位后（SQ3 =1）下降指示灯 YV1 点亮，机械手下降。

4）机械手下降到位后（SQ1 =1）夹紧指示灯 YV2 熄灭，机械手松开。

5）机械手放下工件后，原路返回至原位停止。

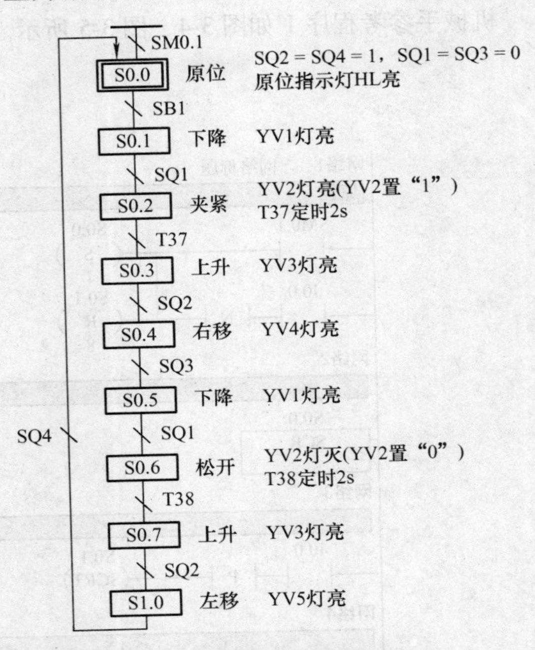

图 3-2　机械手顺序控制流程图

3. 工作任务实施

（1）工作任务分析

在图 3-1 所示的控制示意图中，SQ1、SQ4 为限位开关，SB1 为起动按键，应作为 PLC 的输入量分配接线端子，HL、YV1 ~ YV4 为状态显示灯，应作为 PLC 的输出量分配接线端子。本任务采用顺序控制指令来实现。机械手顺序控制流程图如图 3-2 所示。

（2）I/O 地址分配表（见表 3-1）

表 3-1　机械手 I/O 地址分配表

输入（I）		输出（O）	
起动按钮 SB1	I0. 0	原位指示灯 HL	Q0. 0
下降限位开关 SQ1	I0. 1	下降显示灯 YV1	Q0. 1
上升限位开关 SQ2	I0. 2	夹紧显示灯 YV2	Q0. 2
伸出限位开关 SQ3	I0. 3	上升显示灯 YV3	Q0. 3
收回限位开关 SQ4	I0. 4	右移（伸出）显示灯 YV4	Q0. 4
		左移（收回）显示灯 YV5	Q0. 5

（3）PLC 硬件接线图（如图 3-3 所示）

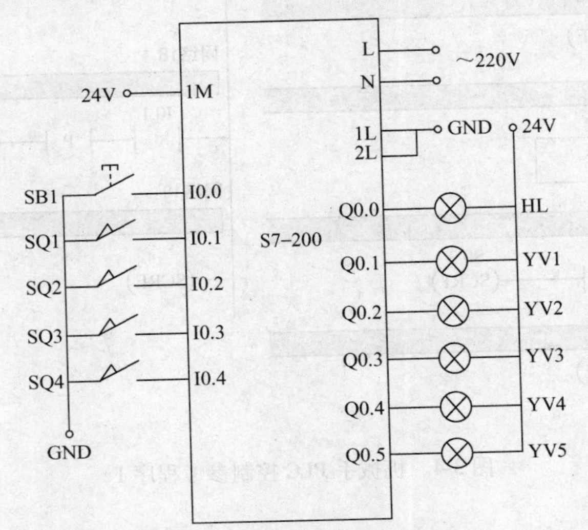

图 3-3　机械手 PLC 硬件接线图

（4）参考程序

机械手参考程序 1 如图 3-4、图 3-5 所示。

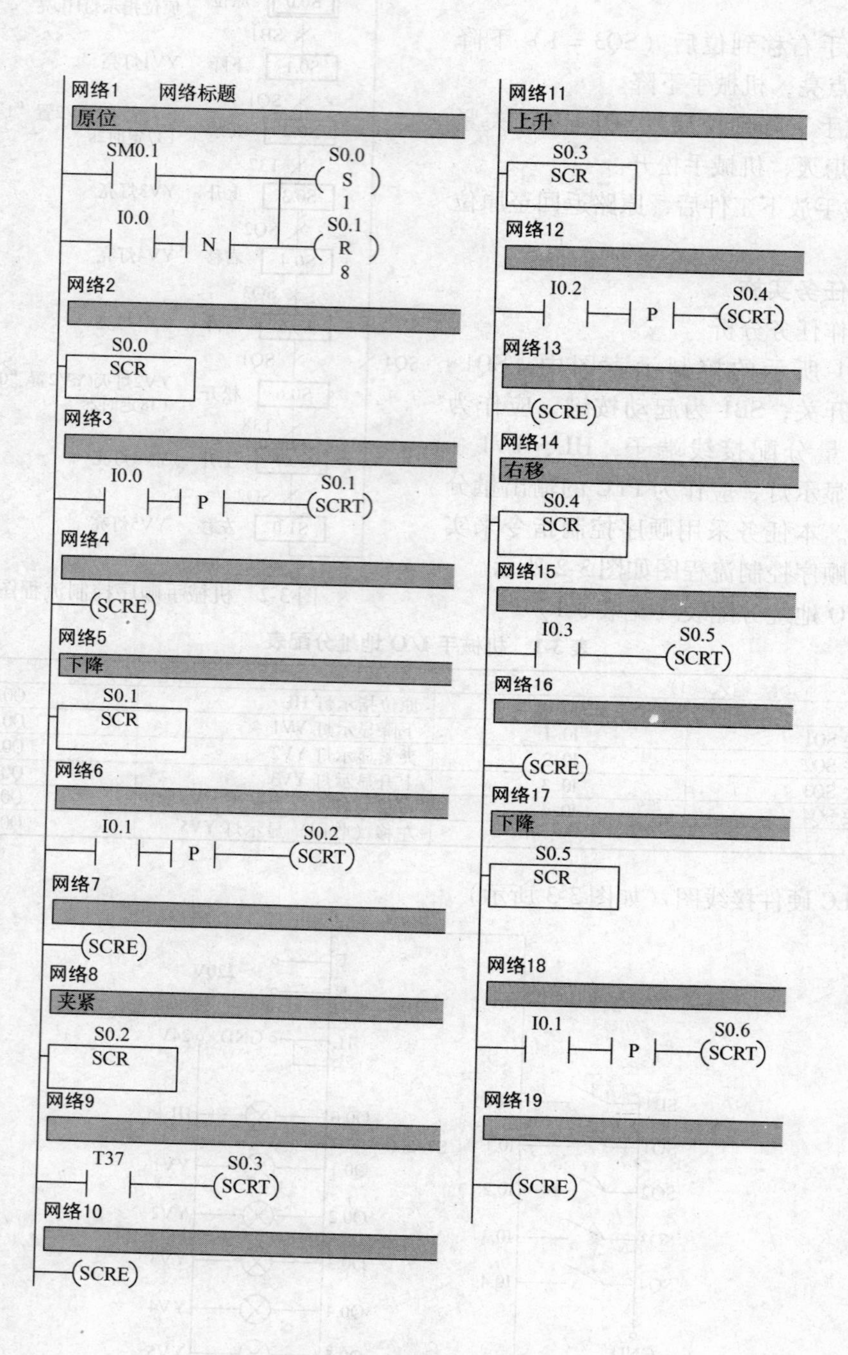

图 3-4　机械手 PLC 控制参考程序 1

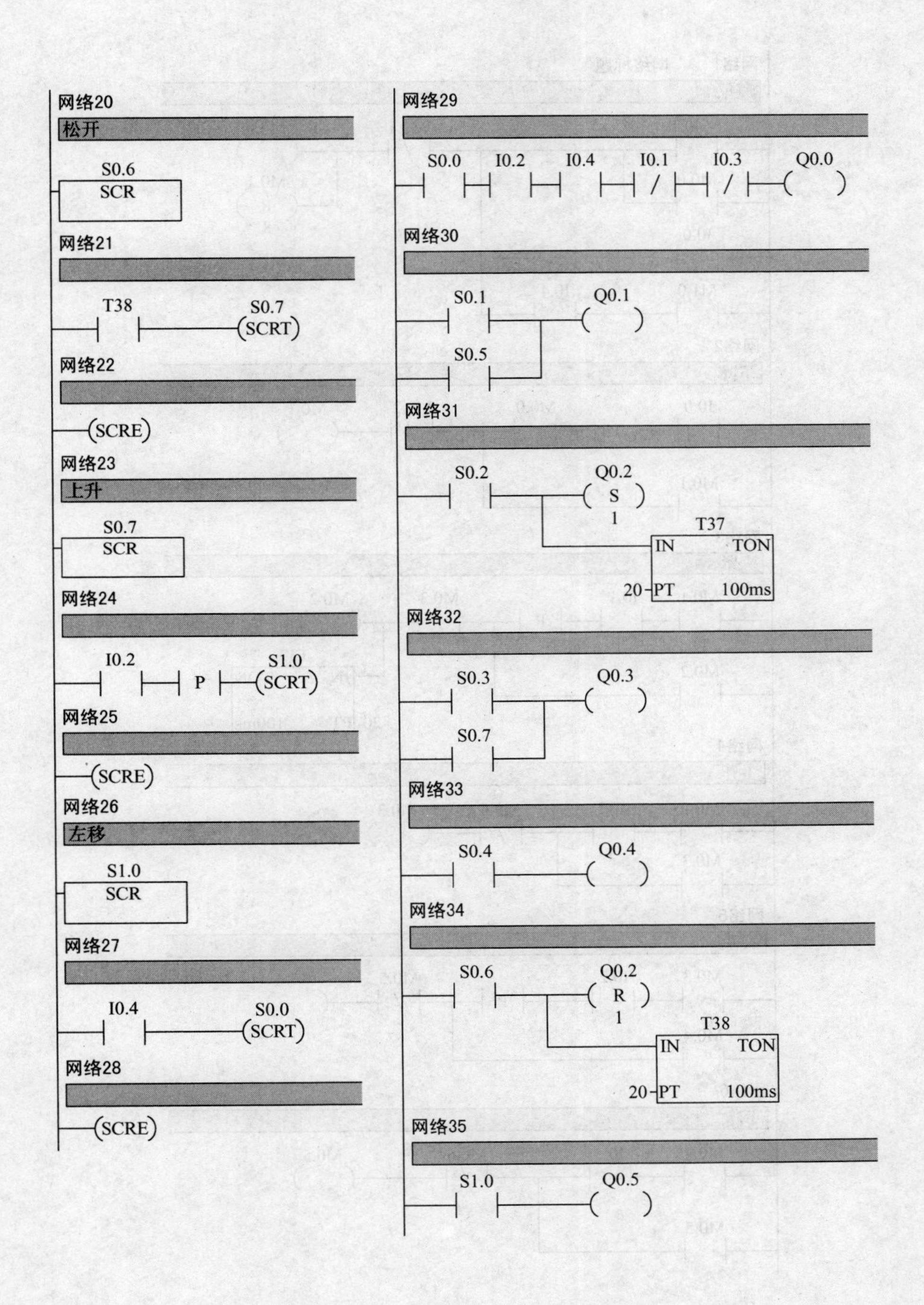

图3-5　机械手 PLC 控制参考程序1续

机械手参考程序 2 如图 3-6、图 3-7 所示。

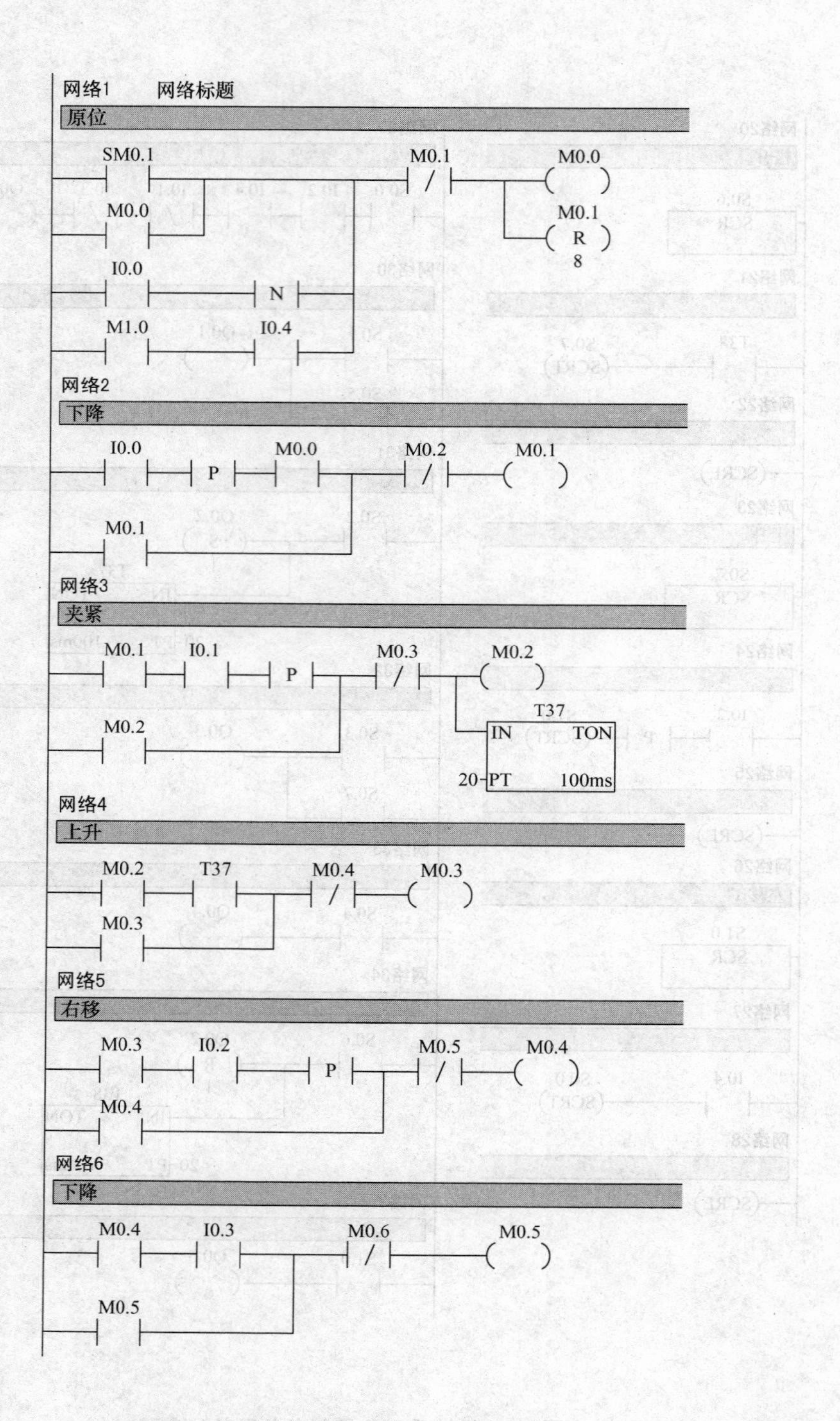

图 3-6 机械手 PLC 控制参考程序 2

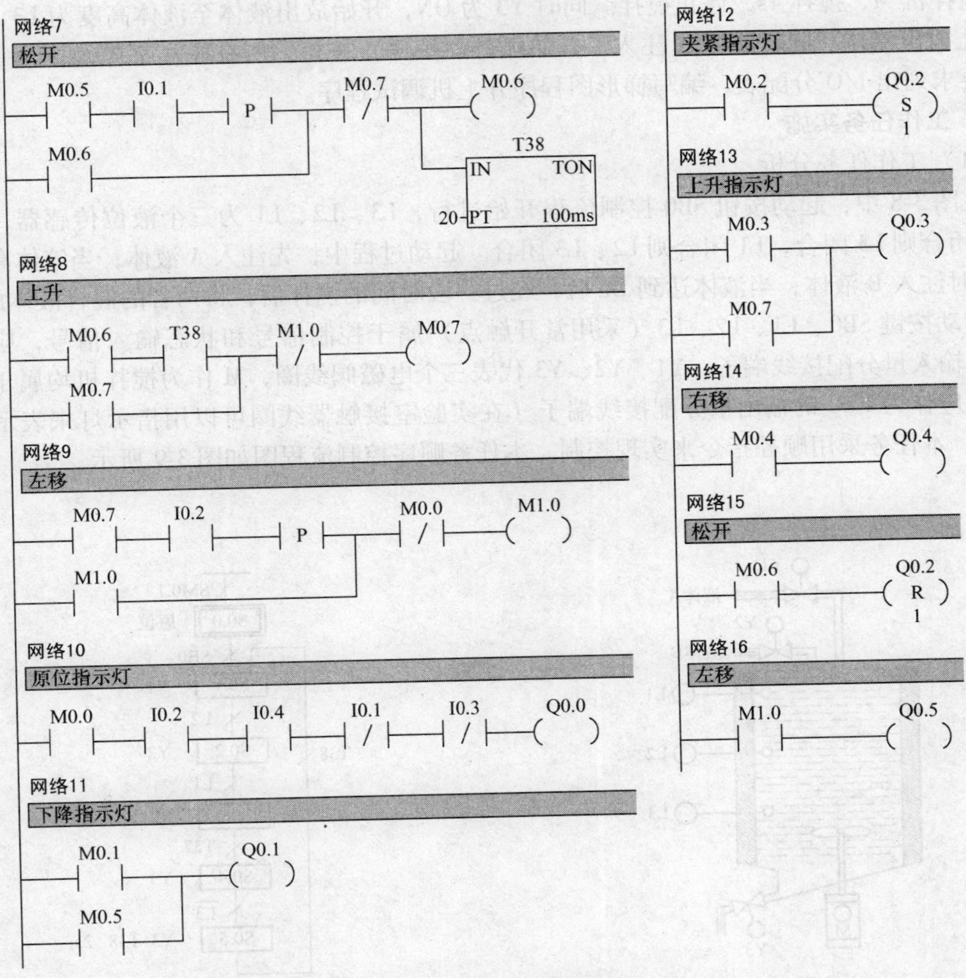

图3-7　机械手PLC控制参考程序2续

3.1.2　任务2　两种液体混合模拟系统的PLC控制

1. 考核能力目标

（1）会分析该电路的控制功能。

（2）会按控制要求完成I/O地址分配表。

（3）会绘制PLC控制系统接线图。

（4）会PLC控制系统接线。

（5）会编写控制程序、输入程序及调试程序。

2. 工作任务

用PLC构成两种液体混合模拟控制系统，如图3-8所示。控制要求如下：按下起动按钮SB0，电磁阀Y1闭合，开始注入液体A，按L2表示液体到达了L2的高度，停止注入液体A。同时电磁阀Y2闭合，注入液体B，按L1表示液体到达了L1的高度，停止注入液体B，开启搅拌机 M，搅拌 4s，停止搅拌。同时 Y3 为 ON，开始放出液体至液体高度为 L3，再经 2s 停止放出液体。同时液体 A 注入。开始循环。按停止按扭，所有操作都停止，须重新起动。要求列出 I/O 分配表，编写梯形图程序并上机调试程序。

3. 工作任务实施

（1）工作任务分析

在图 3-8 中，起动按钮 SB0 控制流程开始进行，L3、L2、L1 为三个液位传感器，并且若 L2 闭合则 L3 闭合，L1 闭合则 L2、L3 闭合。起动过程中，先注入 A 液体；当液体高度达到 L2 时注入 B 液体；当液体达到 L1 后，经过一段时间的搅拌后，将两者的混合液体放出。

起动按键 SB0、L1、L2、L3（采用常开触点）属于控制信号和状态输入信号，应作为 PLC 的输入量分配接线端子；Y1、Y2、Y3 代表三个电磁阀线圈，M 作为搅拌机均属于被控对象，应作为 PLC 的输出量分配接线端子（在实验室接触器线圈可以用指示灯来表示进行模拟）。本任务采用顺控指令来实现控制。本任务顺序控制流程图如图 3-9 所示。

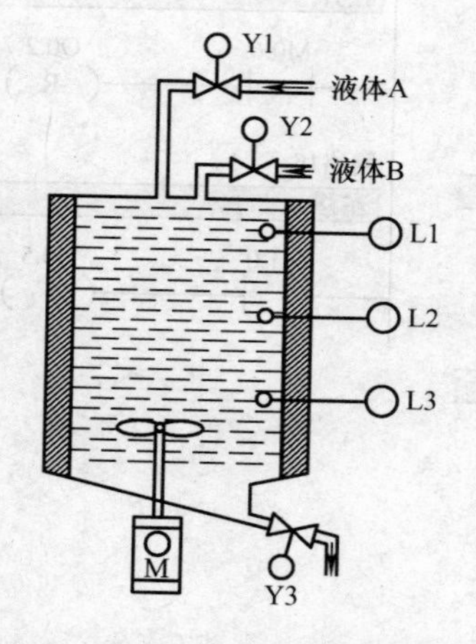

图 3-8　两种液体混合模拟控制系统

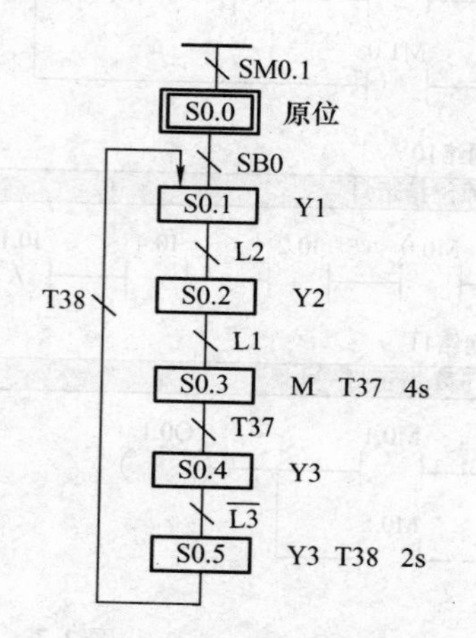

图 3-9　两种液体混合模拟控制系统顺序控制流程图

（2）I/O 地址分配表（见表 3-2）

表 3-2　两种液体混合模拟控制系统 I/O 地址分配表

输入（I）		输出（O）	
起动按钮 SB0	I0. 0	A 液体电磁阀 Y1	Q0. 0
停止按钮 SB1	I0. 1	B 液体电磁阀 Y2	Q0. 1
液位传感器 L1	I0. 2	C 液体电磁阀 Y3	Q0. 2
液位传感器 L2	I0. 3	搅拌机 M	Q0. 3
液位传感器 L3	I0. 4		

（3）PLC硬件接线图（如图3-10所示）

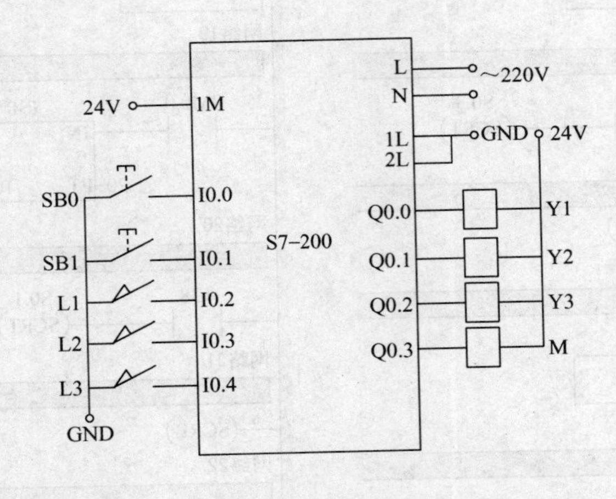

图3-10　两种液体混合模拟控制系统PLC硬件接线图

（4）参考程序（如图3-11、图3-12所示）

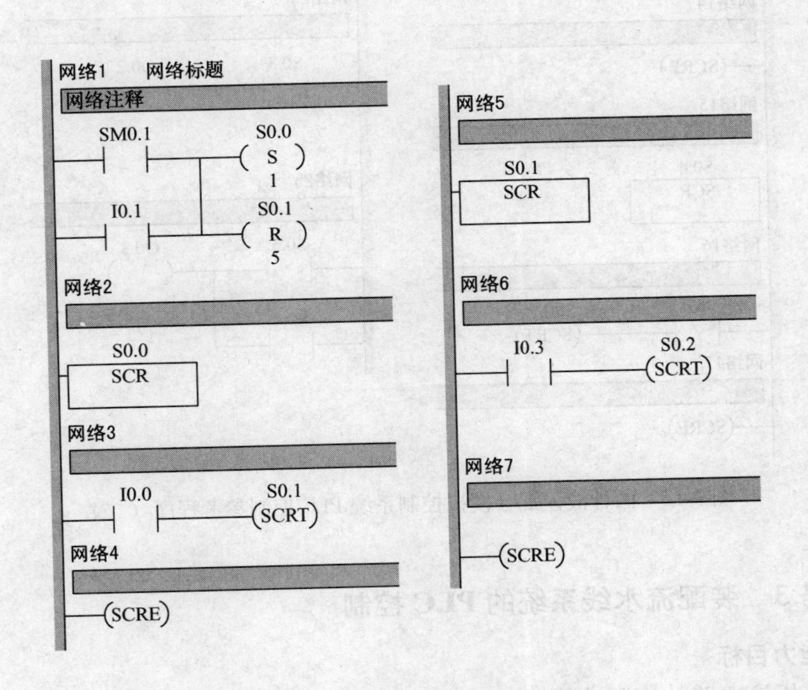

图3-11　两种液体混合模拟控制系统PLC控制参考程序（一）

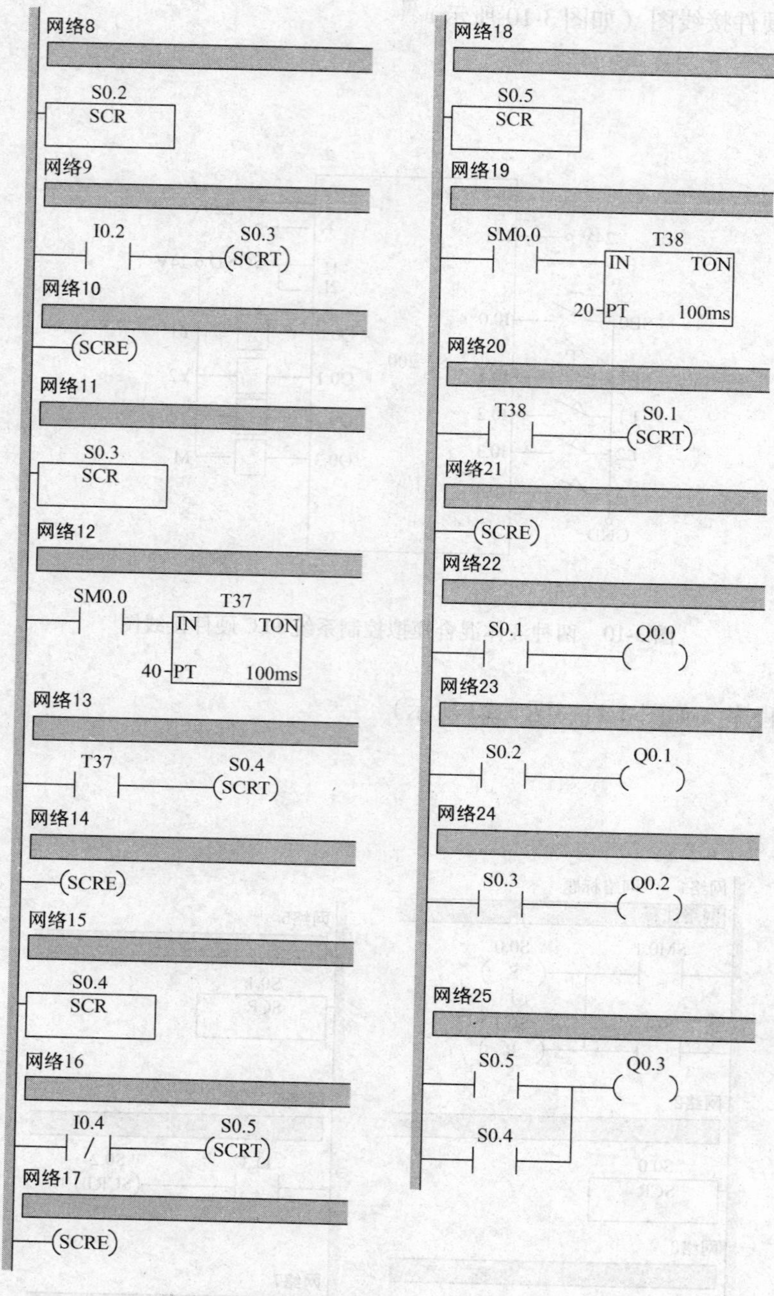

图 3-12　两种液体混合模拟控制系统 PLC 控制参考程序（二）

3.1.3　任务 3　装配流水线系统的 PLC 控制

1. 考核能力目标

（1）会分析该电路的控制功能。

（2）会按控制要求完成 I/O 地址分配表。

（3）会绘制PLC控制系统接线图。

（4）会PLC控制系统接线。

（5）会编写控制程序、输入程序及调试程序。

2. 工作任务

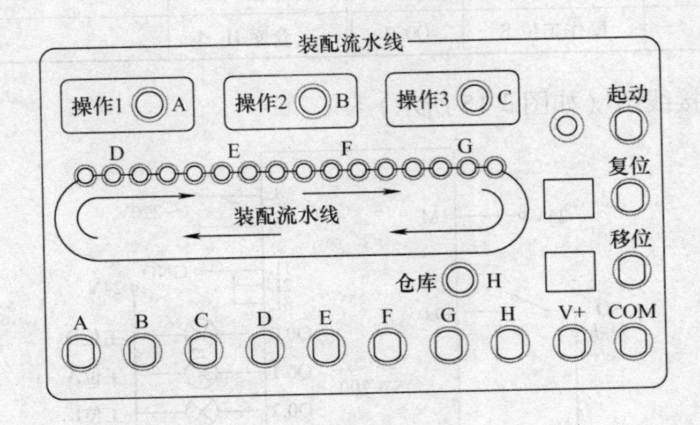

图3-13　装配流水线系统模拟示意图

某企业承担了一个装配流水线控制系统的设计任务，装配流水线系统模拟示意图如图3-13所示，该系统由操作工位A、B、C，运料工位D、E、F、G及仓库操作工位H组成。控制要求：闭合起动按钮，工件经过传送工位D送至操作工位A，在此工位完成加工后再经传送工位E送至操作工位B，B加工完后再经传送工位F送至操作工位C，C加工完再经传送工位G送至仓库操作工位H，至此装配过程结束。工件在每个传送工位的传送时间为5s，在每个操作工位的加工时间为3s。请根据以上控制要求用PLC设计其控制系统并调试。

3. 工作任务实施

（1）工作任务分析

题目共有8个控制过程：传送工位D灯亮5s；操作工位A灯亮3s；传送工位E灯亮5s；操作工位B灯亮3s；传送工位F灯亮5s；操作工位C灯亮3s；传送工位G灯亮5s；仓库H灯亮。控制过程从起动开关闭合开始，顺序进行，不能从中间环节开始。本任务的控制方案可选择流程控制。图3-12所示模拟示意图中，起动开关（采用常开触点）属于控制信号和状态输入信号，应作为PLC的输入量分配接线端子；A、B、C、D、E、F、G、H灯属于被控对象，应作为PLC的输出量分配接线端子（在实验室接触器线圈用指示灯来表示进行模拟）。本任务采用顺控指令实现控制要求，顺控流程图如图3-14所示。

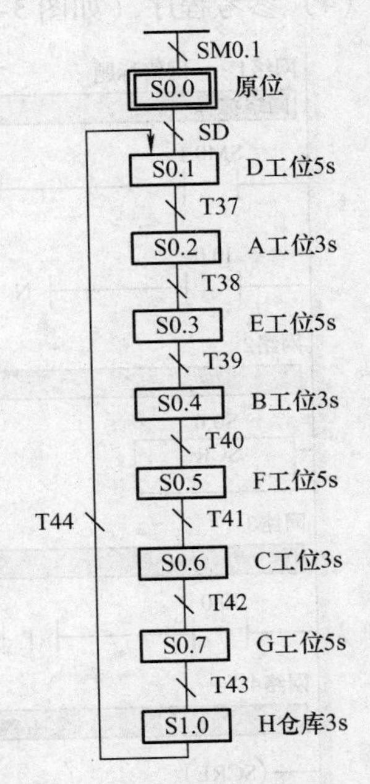

图3-14　装配流水线系统模拟顺控流程图

（2）I/O地址分配表（见表3-3所示）

表 3-3　装配流水线 I/O 地址分配表

输入（I）		输出（O）			
起动开关 SD	I0. 0	传送工位 D	Q0. 0	传送工位 F	Q0. 4
		操作工位 A	Q0. 1	操作工位 C	Q0. 5
		传送工位 E	Q0. 2	传送工位 G	Q0. 6
		操作工位 B	Q0. 3	仓库 H	Q0. 7

（3）PLC 硬件接线图（如图 3-15 所示）

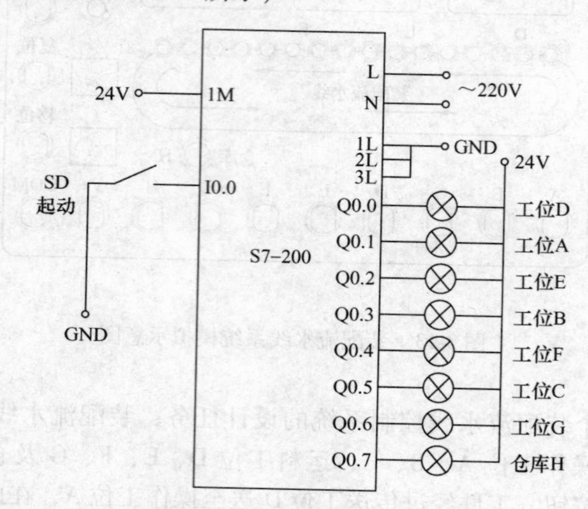

图 3-15　装配流水线模拟 PLC 硬件接线图

（4）参考程序（如图 3-16、图 3-17、图 3-18 所示）

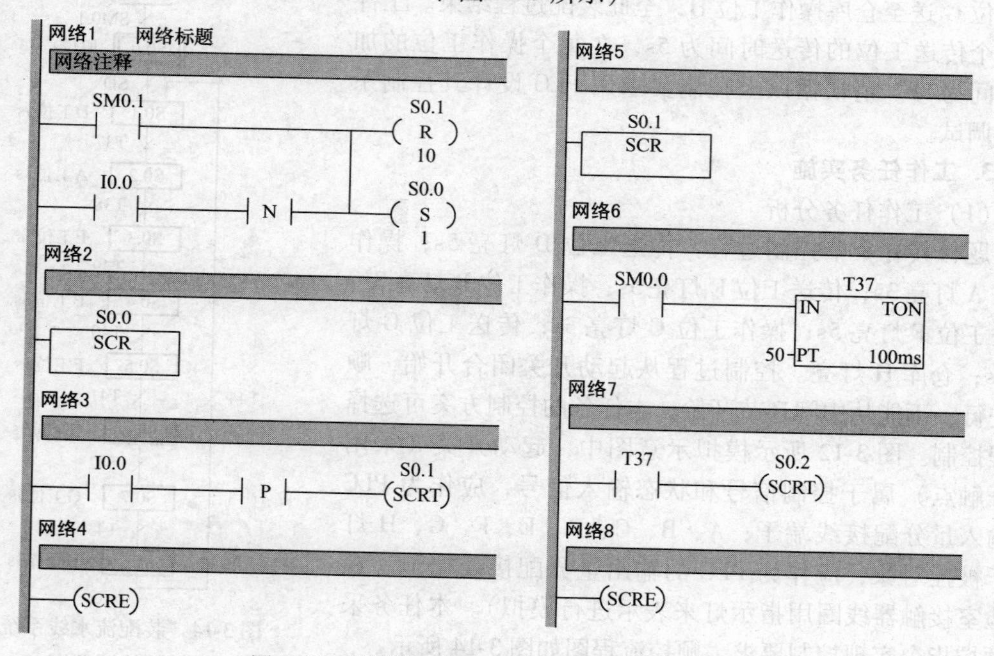

图 3-16　装配流水线模拟 PLC 控制程序（一）

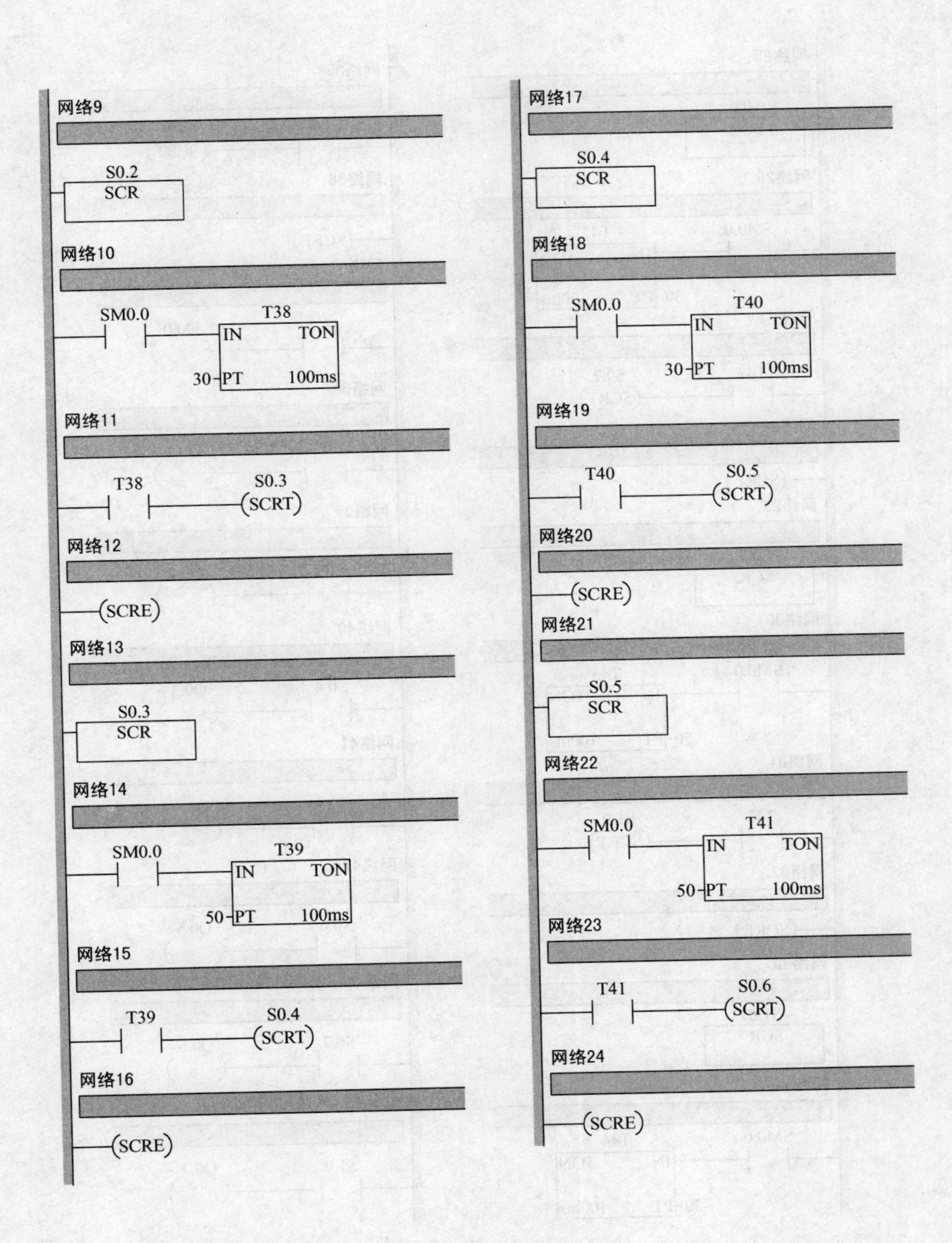

图3-17　装配流水线模拟PLC控制程序（二）

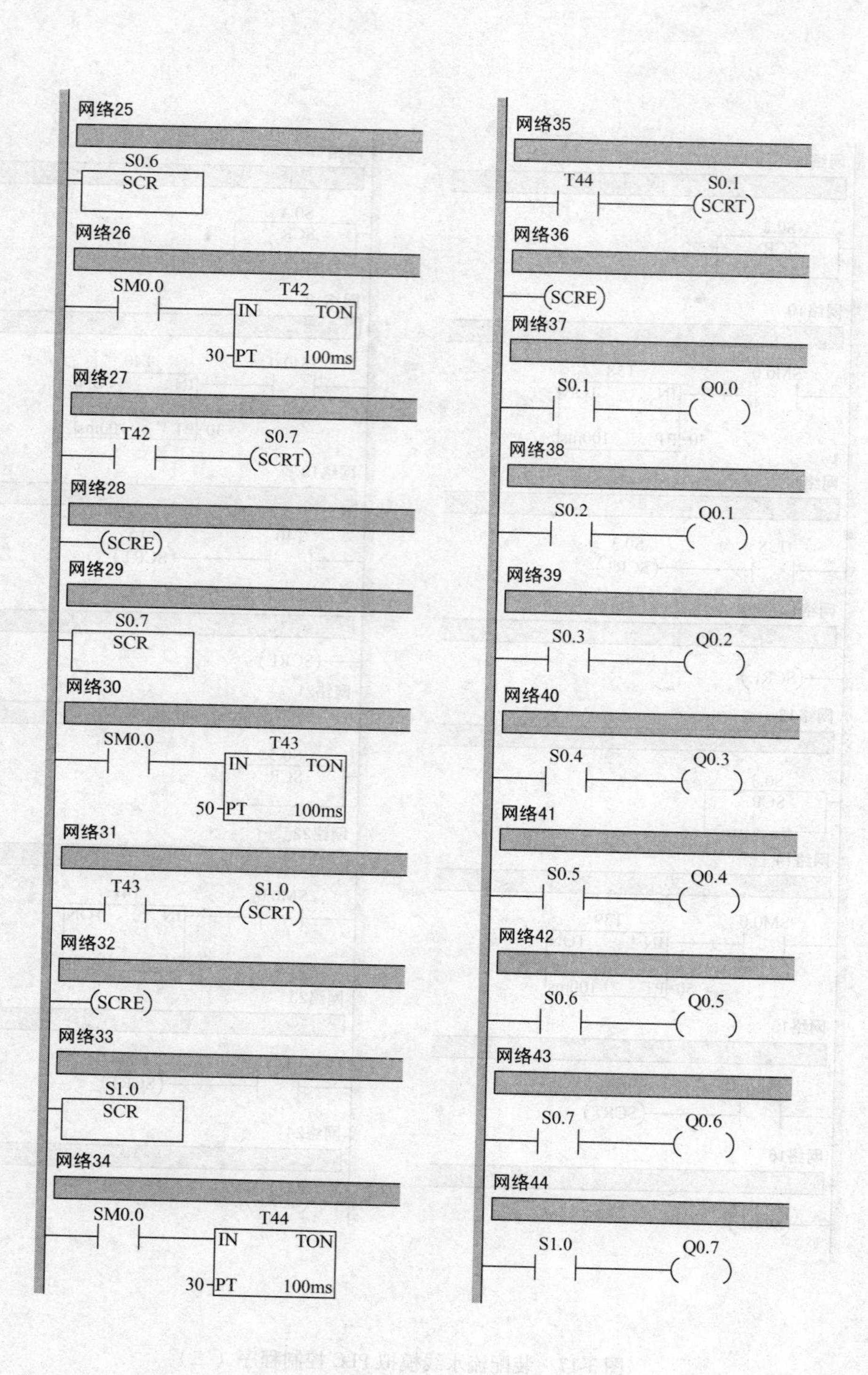

图 3-18　装配流水线模拟 PLC 控制程序（三）

3.1.4　任务4　四节传送带装置的PLC控制

1. 考核能力目标

（1）会分析该电路的控制功能。

（2）会按控制要求完成I/O地址分配表。

（3）会绘制PLC控制系统接线图。

（4）会PLC控制系统接线。

（5）会编写控制程序、输入程序及调试程序。

2. 工作任务

某企业承担了一个四节传送带装置的设计任务，四节传送带装置模拟示意图如图3-19所示，系统由传动电动机M1、M2、M3、M4完成物料的运送功能。

控制要求：闭合起动开关，首先起动最末一条传送带（电动机M4），每经过2s延时，依次起动一条传送带（电动机M3、M2、M1）；关闭起动开关，先停止最前一条传送带（电动机M1），每经过2s延时，依次停止M2、M3及M4电动机。请根据控制要求用PLC设计其控制系统并调试。

3. 工作任务实施

（1）工作任务分析

根据任务要求可知，合上开关SD，电动机从M4开始起动，每隔2s后依次起动M3、M2、M1；断开开关SD，电动机M1停止；然后每隔2s依次停止M2、M3、M4。接触器KM1控制电动机M1，接触器KM2控制电动机M2，接触器KM3控制电动机M3，接触器KM4控制电动机M4。本任务采用顺控指令实现控制要求，顺控流程图如图3-20所示。

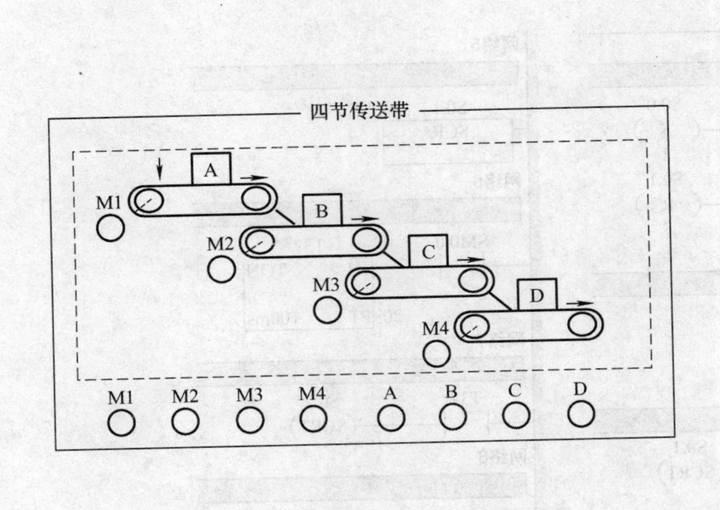

图3-19　四节传送带装置模拟示意图

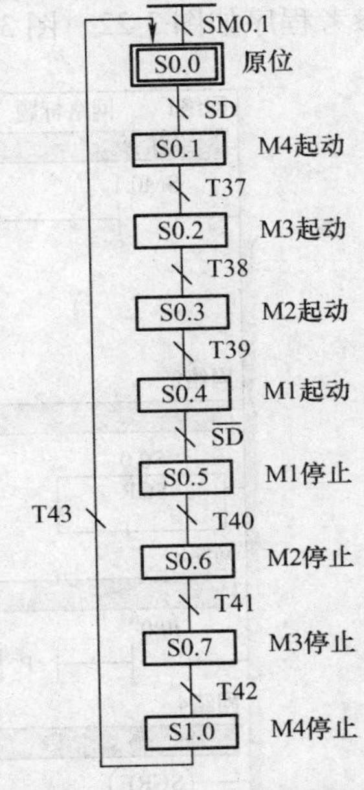

图3-20　四节传送带装置模拟顺控流程图

（2）I/O地址分配表（见表3-4）

表 3-4　四节传送带装置 I/O 地址分配表

输　　入		输　　出	
起动开关 S	I0. 0	第一台电动机(M1)KM1 控制	Q0. 0
		第二台电动机(M2)KM2 控制	Q0. 1
		第三台电动机(M3)KM3 控制	Q0. 2
		第四台电动机(M4)KM4 控制	Q0. 3

（3） PLC 硬件接线图（如图 3-21 所示）

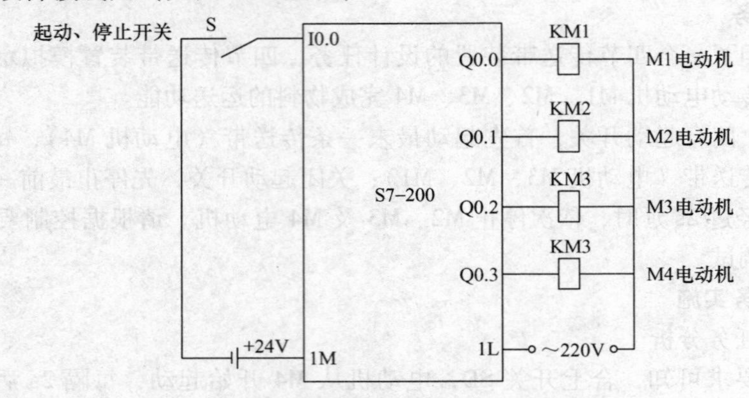

图 3-21　四节传送带装置模拟 PLC 硬件接线图

（4） 参考程序

参考程序如图 3-22、图 3-23、图 3-24 所示。

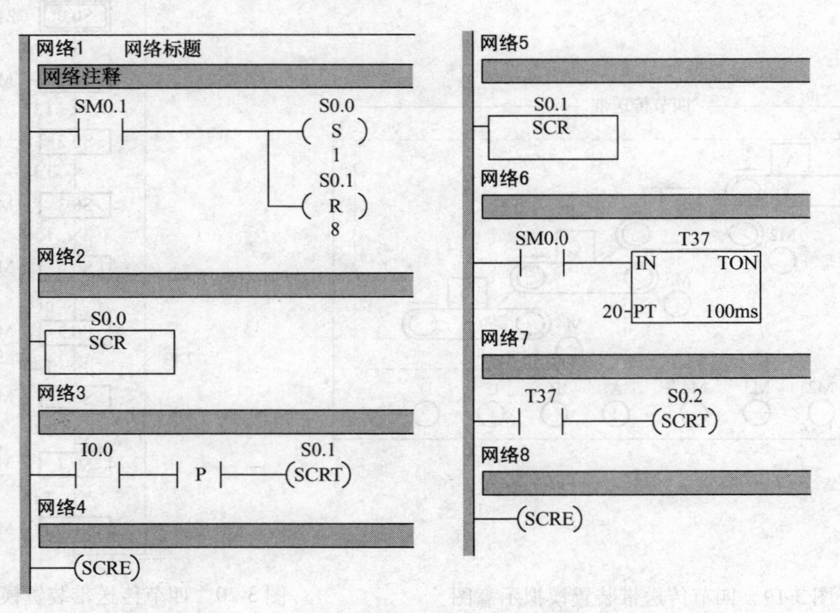

图 3-22　四节传送带装置模拟 PLC 控制参考程序 1（一）

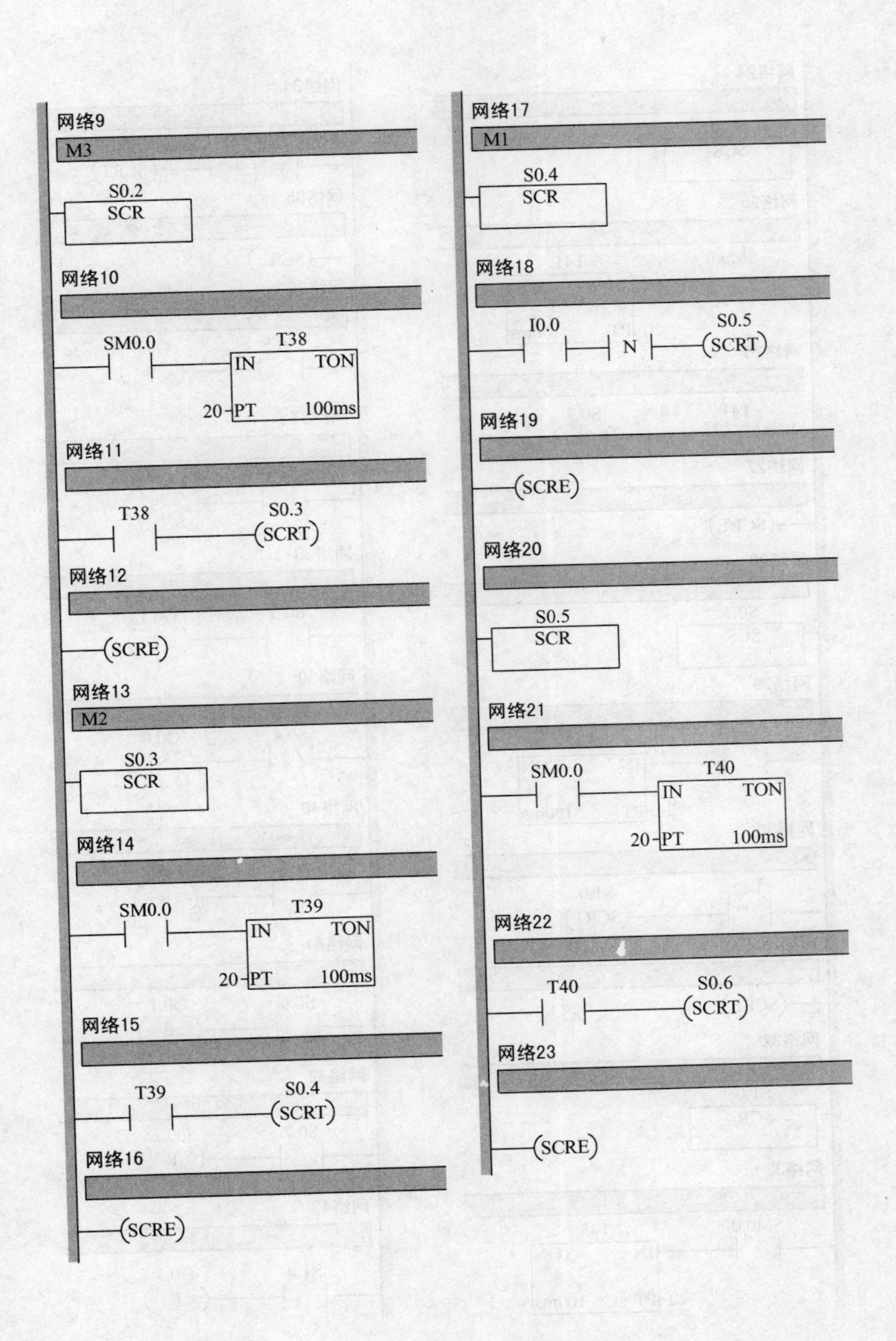

图 3-23 四节传送带装置模拟 PLC 控制参考程序 1（二）

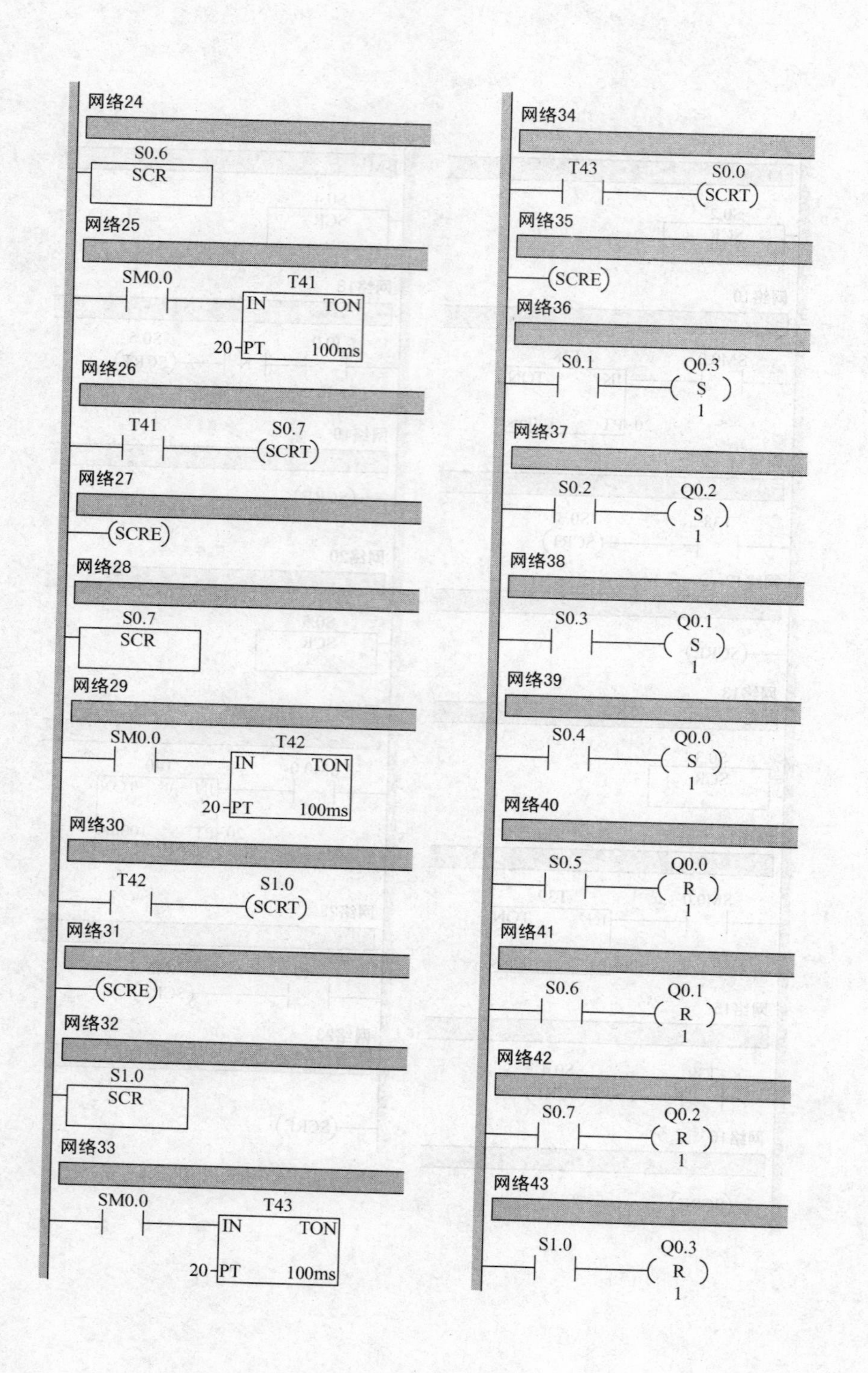

图 3-24　四节传送带装置模拟 PLC 控制参考程序 1（三）

参考程序2如图3-25所示。

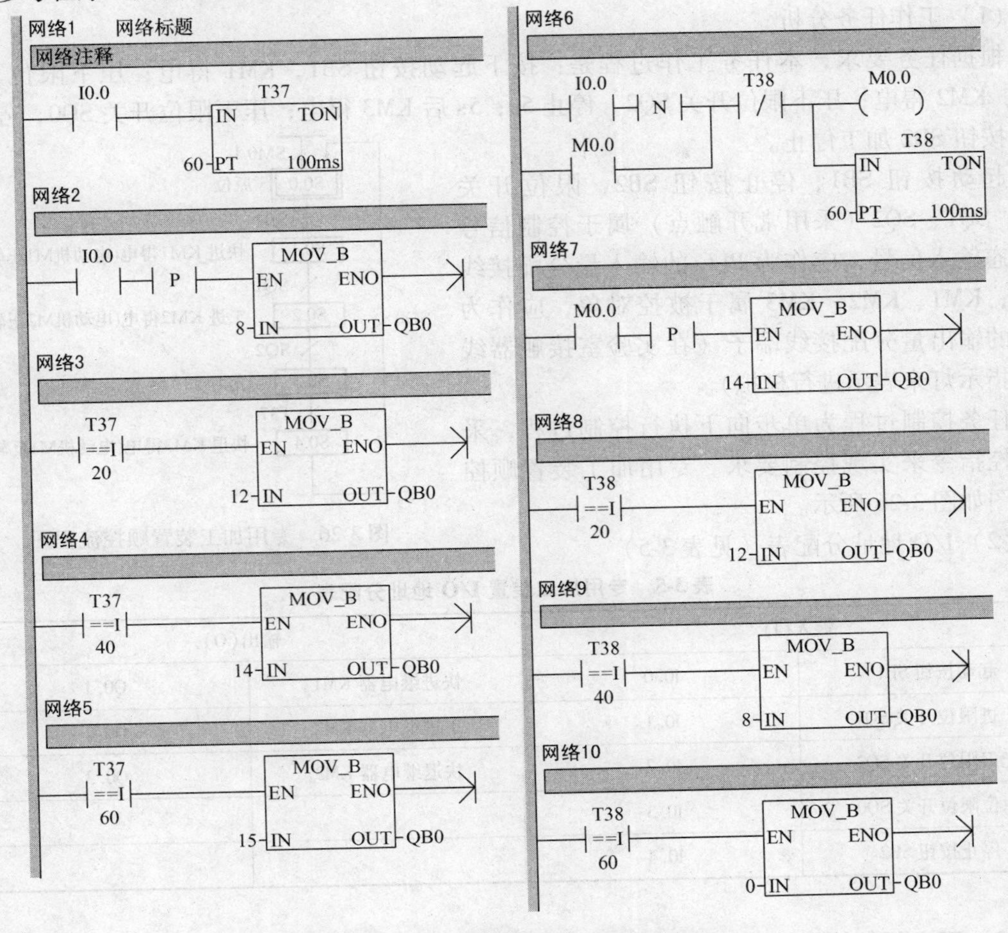

图3-25　四节传送带装置模拟PLC控制参考程序2

3.1.5　任务5　某专用加工装置的PLC控制

1. 考核能力目标

（1）会分析该电路的控制功能。

（2）会按控制要求完成I/O地址分配表。

（3）会绘制PLC控制系统接线图。

（4）会PLC控制系统接线。

（5）会编写控制程序、输入程序及调试程序。

2. 工作任务

某企业承担了一个专用加工装置控制系统的设计任务。其加工工艺是：按起动按钮SB1→接触器KM1得电，电动机M1正转，刀具快进→压下限位开关SQ1→接触器KM1失电，KM2得电，电动机M2正转，刀具工进→压下限位开关SQ2，KM2失电，停留光刀5s→接触器KM3得电，电动机M1反转，刀具快退→压下限位开关SQ0，接触器KM3失电，停车（原位）。请用PLC设计其控制系统并调试。

3. 工作任务实施

（1）工作任务分析

根据任务要求，本任务工作过程是：按下起动按钮 SB1，KM1 得电；压下限位开关 SQ1，KM2 得电；压下限位开关 SQ2，停止 5s；5s 后 KM3 得电；压下限位开关 SQ0，停止。按下按钮 SB2 加工停止。

起动按钮 SB1、停止按钮 SB2、限位开关 SQ0、SQ1、SQ2（采用常开触点）属于控制信号和状态输入信号，应作为 PLC 的输入量分配接线端子；KM1、KM2、KM3 属于被控对象，应作为 PLC 的输出量分配接线端子（在实验室接触器线圈用指示灯来表示进行模拟）。

任务控制过程为单步向下执行控制过程，采用顺控指令来实现控制要求。专用加工装置顺控流程图如图 3-26 所示。

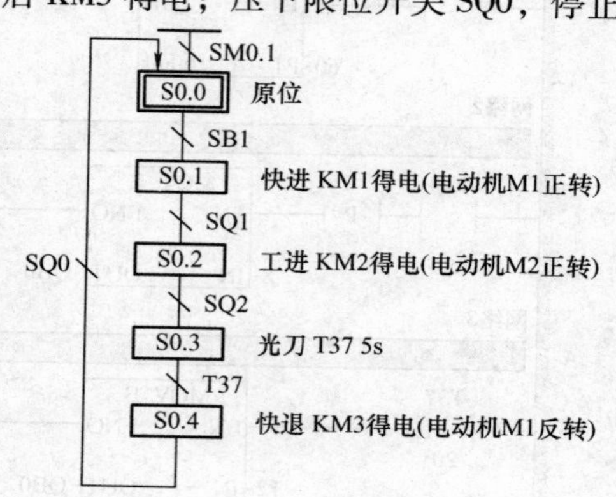

图 3-26　专用加工装置顺控流程图

（2）I/O 地址分配表（见表 3-5）

表 3-5　专用加工装置 I/O 地址分配表

输入(I)		输出(O)	
起动按钮 SB1	I0. 0	快进继电器 KM1	Q0. 1
工进限位开关 SQ1	I0. 1	工进继电器 KM2	Q0. 2
光刀限位开关 SQ2	I0. 2	快退继电器 KM3	Q0. 3
原位限位开关 SQ0	I0. 3		
停止按钮 SB2	I0. 4		

（3）PLC 硬件接线图（如图 3-27 所示）

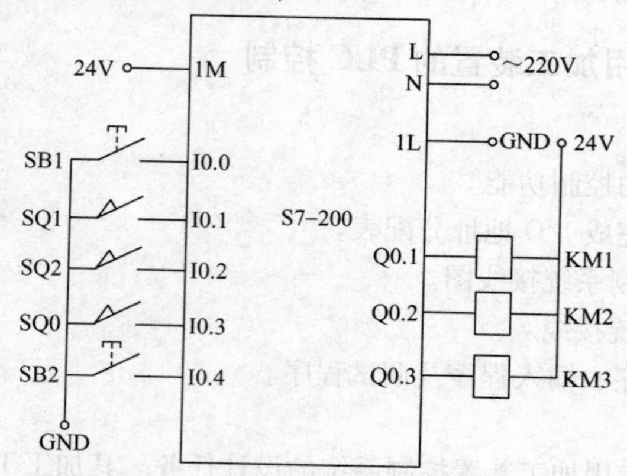

图 3-27　专用加工装置 PLC 硬件接线图

（4）参考程序

参考程序 1 如图 3-28 所示。

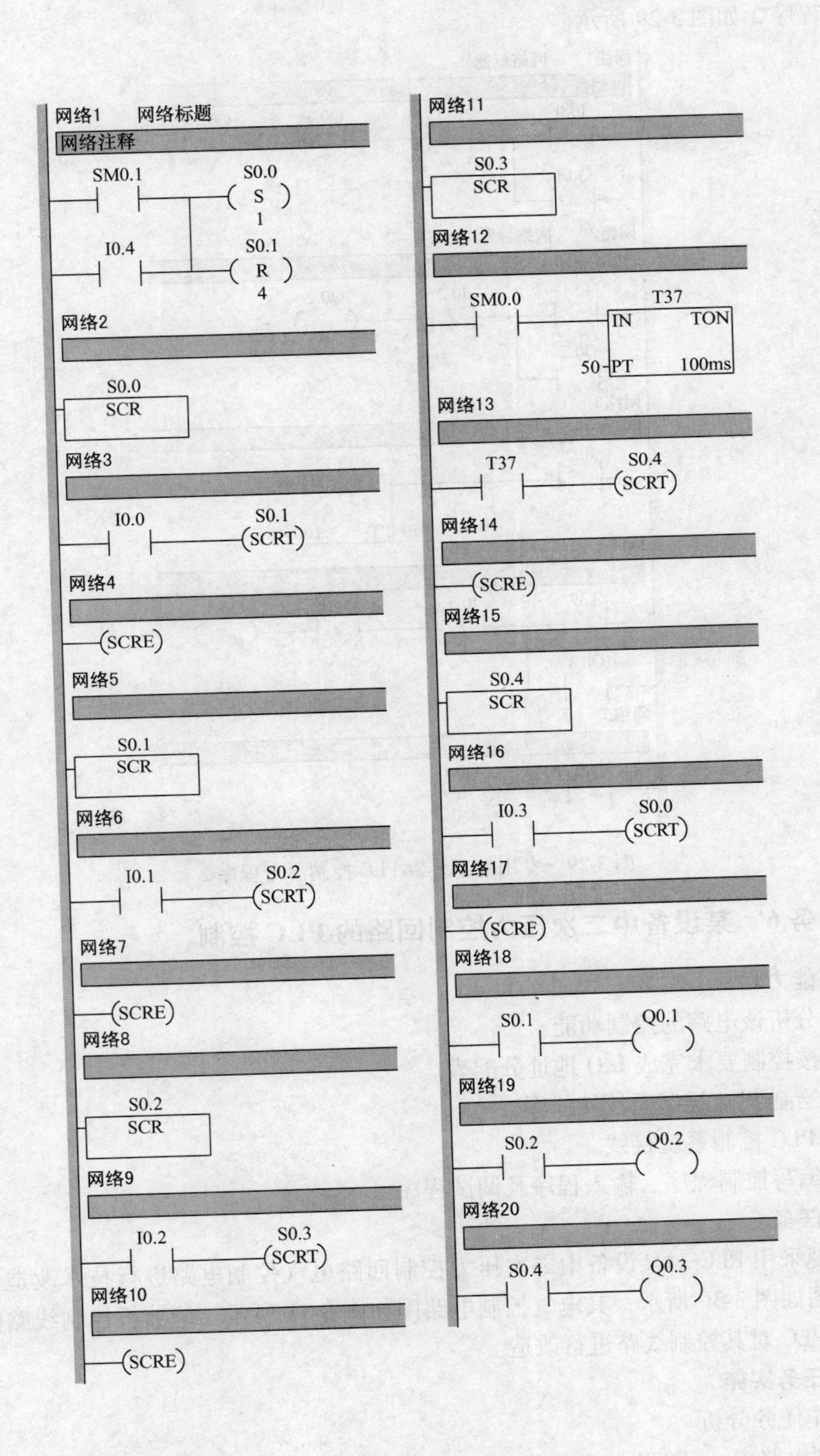

图 3-28　专用加工装置 PLC 控制参考程序 1

参考程序 2 如图 3-29 所示。

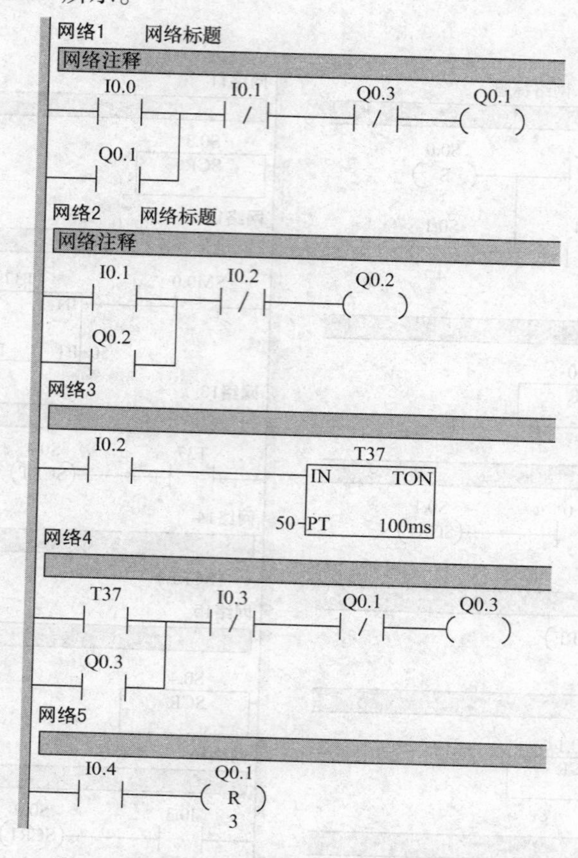

图 3-29　专用加工装置 PLC 控制参考程序 2

3.1.6　任务 6　某设备中二次压力控制回路的 PLC 控制

1. 考核能力目标

（1）会分析该电路的控制功能。

（2）会按控制要求完成 I/O 地址分配表。

（3）会绘制 PLC 控制系统接线图。

（4）会 PLC 控制系统接线。

（5）会编写控制程序、输入程序及调试程序。

2. 工作任务

某企业现采用 PLC 对某设备中二次压力控制回路电气控制电路进行技术改造，二次压力控制回路图如图 3-30 所示，其电气控制电路图如图 3-31 所示。请分析控制线路图的控制功能，并用 PLC 对其控制线路进行改造。

3. 工作任务实施

（1）工作任务分析

电气控制电路中，SB2 为起动按钮；SB1 为停止按钮；YA 为被控电磁阀线圈，作为最终的被控设备；KA1 作为中间线圈实现起动时的自锁功能，来实现对 YA 的控制功能。上述控制电路可以通过PLC对其进行改造，中间继电器KA1的功能可以通过PLC中的虚拟线圈（如：M0.0、M0.1等）代替，不需要实体设备。

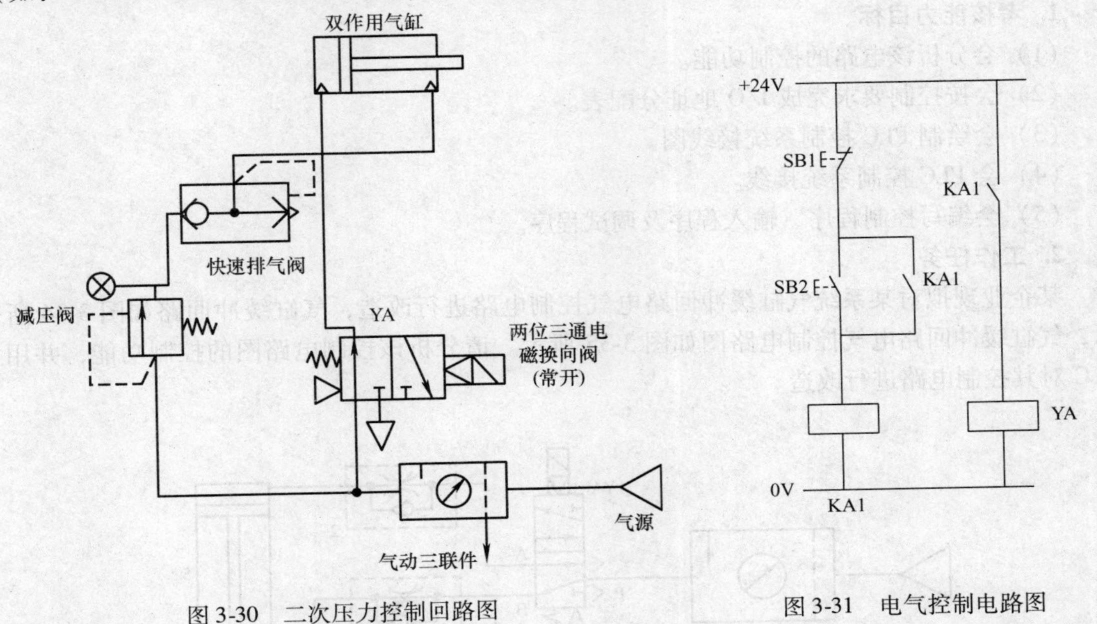

图3-30　二次压力控制回路图　　图3-31　电气控制电路图

在控制电路中，停止按钮、起动按钮属于控制信号，应作为PLC的输入量分配接线端子；而线圈属于被控对象，应作为PLC的输出量分配接线端子（在实验室接触器线圈用指示灯来表示进行模拟）。根据电气控制电路图中的触点串并联接线，本任务可以采用PLC的位逻辑指令来实现。

（2）I/O地址分配表（见表3-6）

表3-6　二次压力控制回路控制I/O地址分配表

输入		输出	
起动按钮SB1	I0.0	电磁阀线圈YA	Q0.0
停止按钮SB2	I0.1		

（3）PLC硬件接线图（如图3-32所示）

（4）参考程序（如图3-33所示）

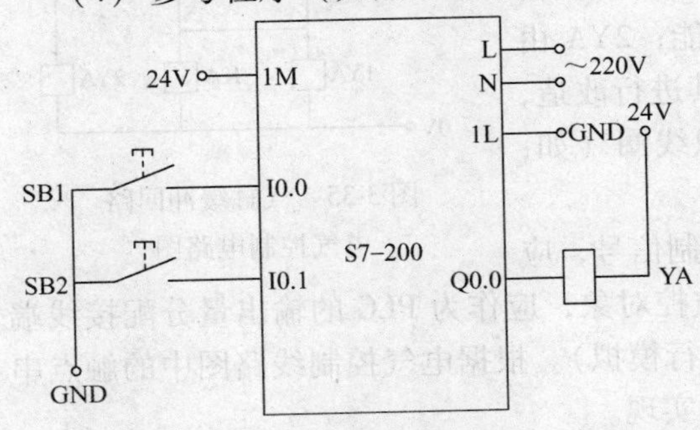

图3-32　二次压力控制回路PLC硬件接线图

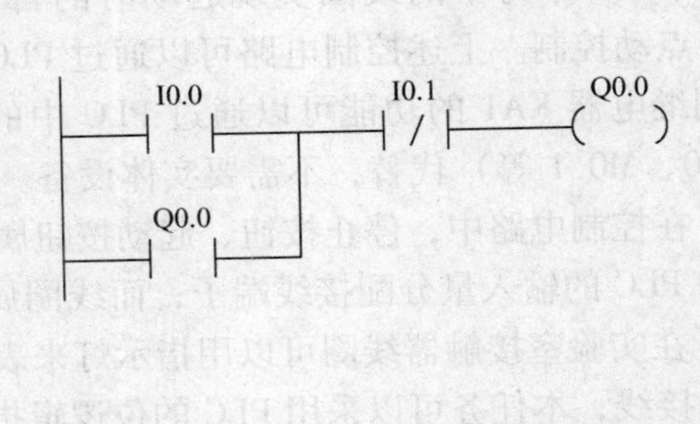

图3-33　二次压力控制回路PLC程序

3.1.7　任务 7　某系统气缸缓冲回路的 PLC 控制

1. 考核能力目标

（1）会分析该电路的控制功能。

（2）会按控制要求完成 I/O 地址分配表。

（3）会绘制 PLC 控制系统接线图。

（4）会 PLC 控制系统接线。

（5）会编写控制程序、输入程序及调试程序。

2. 工作任务

某企业现拟对某系统气缸缓冲回路电气控制电路进行改造，气缸缓冲回路如图 3-34 所示，气缸缓冲回路电气控制电路图如图 3-35 所示。请分析该控制电路图的控制功能，并用 PLC 对其控制电路进行改造。

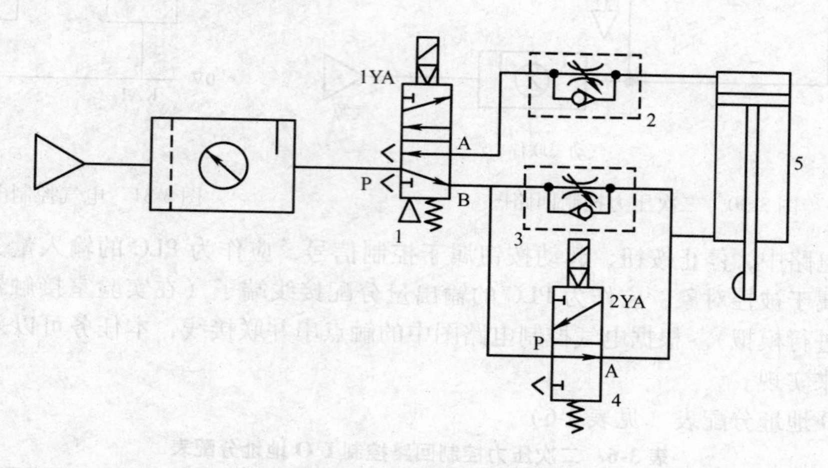

图 3-34　气缸缓冲回路

3. 工作任务实施

（1）工作任务分析

本任务的电气控制电路中，SB2 为起动按钮；SB1 为停止按钮；1YA 与 2YA 为被控电磁阀线圈，作为最终的被控设备；KA 作为中间线圈实现起动时的自锁功能；2YA 由 SB3 点动控制。上述控制电路可以通过 PLC 对其进行改造，中间继电器 KA1 的功能可以通过 PLC 中的虚拟线圈（如：M0.0、M0.1 等）代替，不需要实体设备。

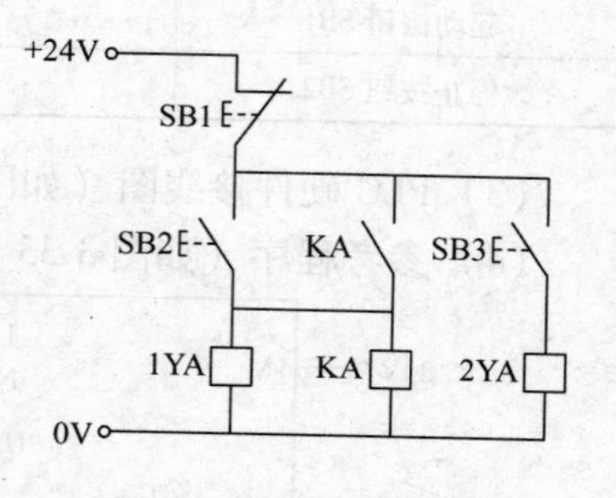

图 3-35　气缸缓冲回路电气控制电路图

在控制电路中，停止按钮、起动按钮属于控制信号，应作为 PLC 的输入量分配接线端子；而线圈属于被控对象，应作为 PLC 的输出量分配接线端子（在实验室接触器线圈可以用指示灯来表示进行模拟）。根据电气控制线路图中的触点串并联接线，本任务可以采用 PLC 的位逻辑指令来实现。

（2）I/O 地址分配表（见表 3-7）

表3-7　某气缸缓冲回路控制I/O地址分配表

输入(I)		输出(O)	
停止按钮SB1	I0.0	起动电磁阀线圈1YA	Q0.0
起动按钮SB2	I0.1	缓冲电磁阀线圈2YA	Q0.1
点动按钮SB3	I0.2		

（3）PLC硬件接线图（如图3-36所示）

（4）控制程序（如图3-37所示）

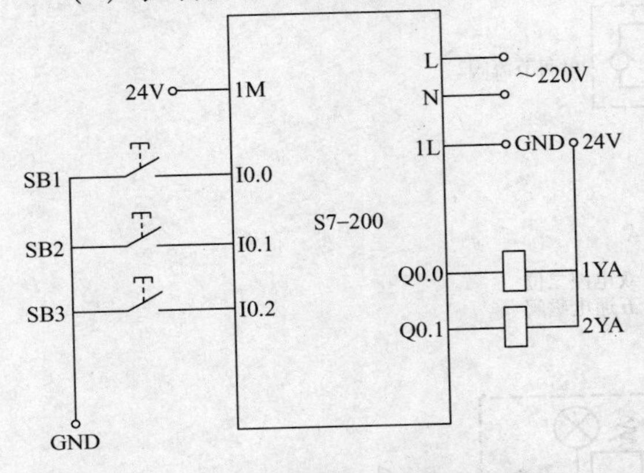

图3-36　某气缸缓冲回路PLC硬件接线图

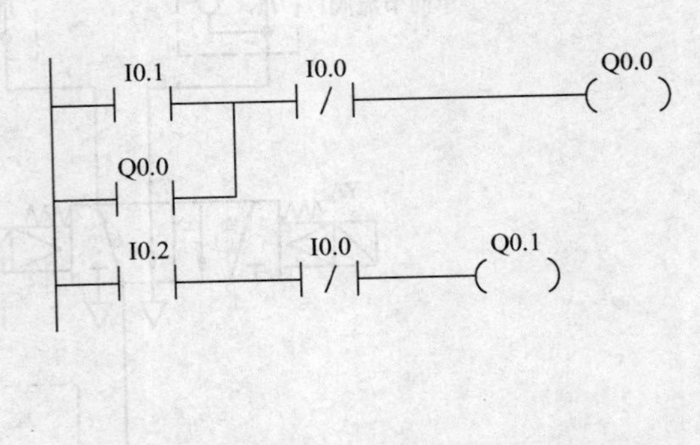

图3-37　某气缸缓冲回路PLC控制程序

3.1.8　任务8　某液压系统中单缸连续自动往返回路的PLC控制

1. 考核能力目标

（1）会分析该电路的控制功能。

（2）会按控制要求完成I/O地址分配表。

（3）会绘制PLC控制系统接线图。

（4）会PLC控制系统接线。

（5）会编写控制程序、输入程序及调试程序。

2. 工作任务

某企业现采用PLC对某液压系统中单缸连续自动往返回路的电气控制电路进行技术改造，单缸连续自动往返回路原理图如图3-38所示，单缸连续自动往返回路电气控制电路图如图3-39所示。请分析该控制电路图的控制功能，并用PLC对其控制电路进行改造。

3. 工作任务实施

（1）工作任务分析

在本任务的电气控制电路中，SB1为起动按钮；SB2为停止按钮；KA1作为中间线圈实现起动时的自锁功能；当KA1线圈得电以后，通过限位开关SQ1、SQ2可以实现对中间线圈KA2、KA3的控制；KA2、KA3可以分别控制1YA与2YA线圈。上述控制电路可以通过PLC对其进行改造，中间继电器KA1、KA2、KA3的功能可以通过PLC中的虚拟线圈（如：M0.0、M0.1等）代替，不需要实体线圈和开关。

在控制电路中，起动按钮、停止按钮属于控制信号，应作为PLC的输入量分配接线端子；而线圈属于被控对象，应作为PLC的输出量分配接线端子（在实验室接触器线圈用指示灯来表示进行模拟）。根据电气控制电路图中的触点串并联接线，本任务可以采用PLC的位逻辑指令、置位指令和复位指令来实现。

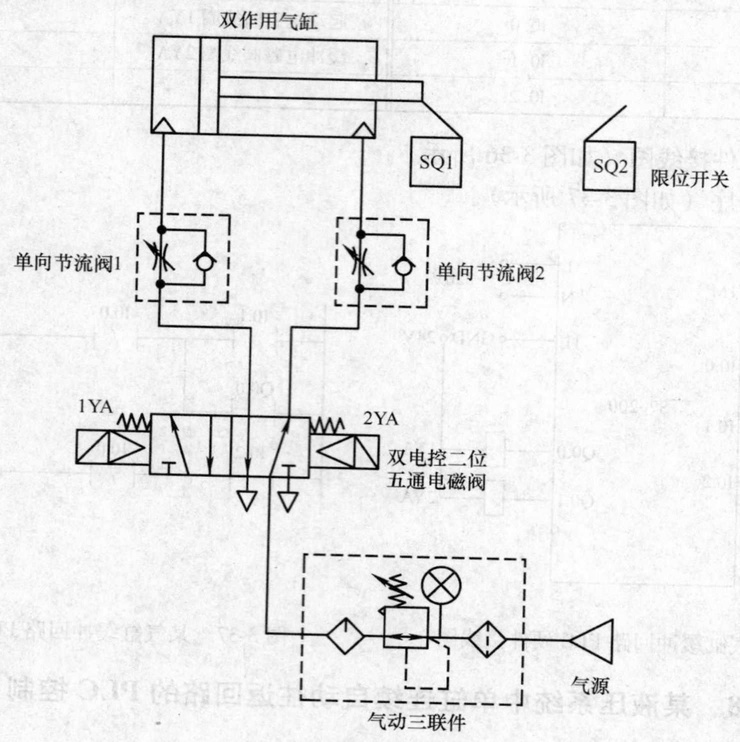

图3-38　单缸连续自动往返回路原理图

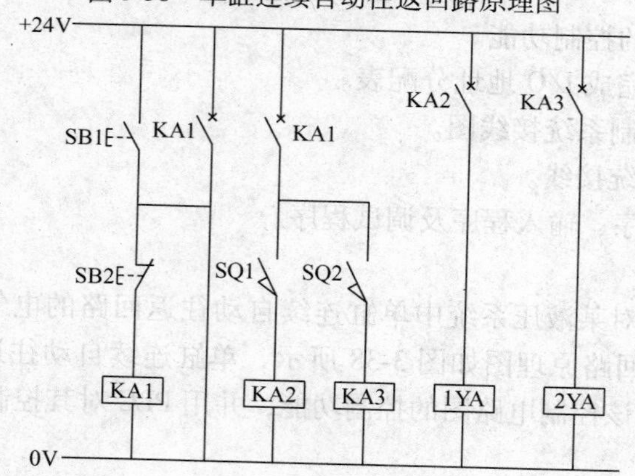

图3-39　单缸连续自动往返回路电气控制电路图

（2）I/O地址分配表（见表3-8）

表3-8　单缸连续自动往返回路I/O地址分配表

输入(I)		输出(O)	
起动按钮SB1	I0.0	减压阀线圈1YA	Q0.0
停止按钮SB2	I0.1	换向阀线圈2YA	Q0.1
限位开关SQ1	I0.2		
限位开关SQ2	I0.3		

（3）PLC硬件接线图（如图3-40所示）

（4）参考程序（如图3-41所示）

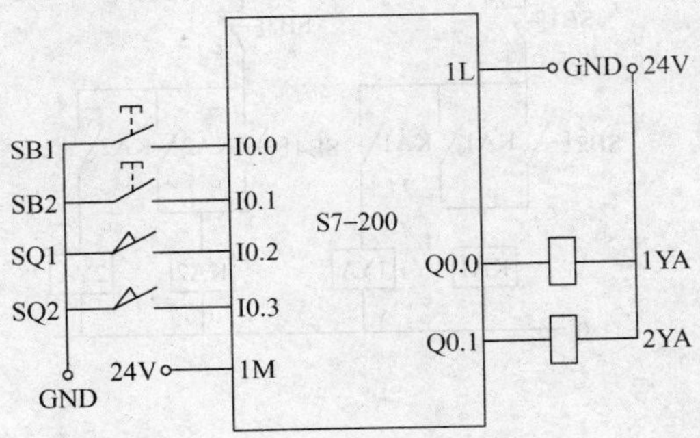

图3-40 单缸连续自动往返回路PLC硬件接线图

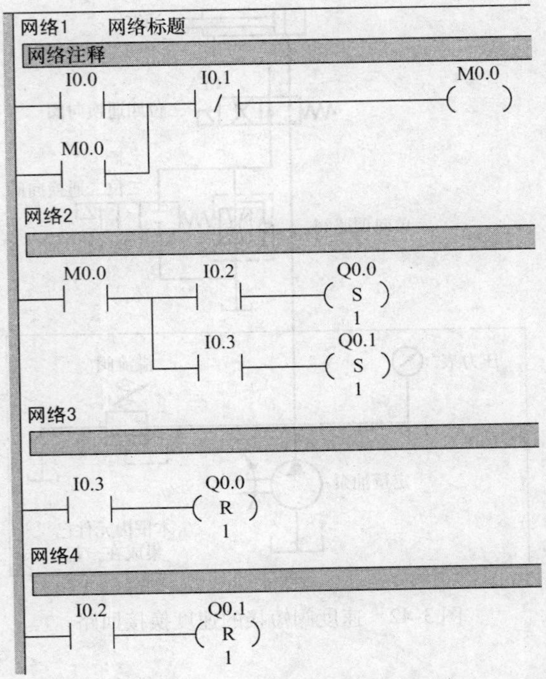

图3-41 单缸连续自动往返回路PLC控制程序

3.1.9 任务9 某液压系统中的速度换接回路的PLC控制

1. 考核能力目标

（1）会分析该电路的控制功能。

（2）会按控制要求完成I/O地址分配表。

（3）会绘制PLC控制系统接线图。

（4）会PLC控制系统接线。

（5）会编写控制程序、输入程序及调试程序。

2. 工作任务

某企业现采用PLC对某液压系统中速度换接回路的电气控制部分进行改造，速度阀短接的速度换接回路如图3-42所示，其电气控制电路图如图3-43所示。请分析该控制线路图的控制功能，并用PLC对其控制电路进行改造。

3. 工作任务实施

（1）工作任务分析

本任务的电气控制电路图分为两个部分，两路单独工作。在左边的第一路电气控制电路中，SB2为起动按钮；SB1为停止按钮；1YA为被控线圈，作为最终的被控设备；KA1作为中间线圈实现起动时的自锁功能，使1YA的线圈保持得电状态。在右边的电气控制电路中，SB4为起动按钮；SB3为停止按钮；2YA为被控线圈，作为最终的被控设备；KA2作为中间线圈实现起动时的自锁功能，使2YA的线圈保持得电状态。上述控制线路可以通过PLC对其进行改造，中间继电器 KA1、KA2 的功能可以通过 PLC 中的虚拟线圈（如：M0.0、M0.1 等）代替，不需要实体设备。

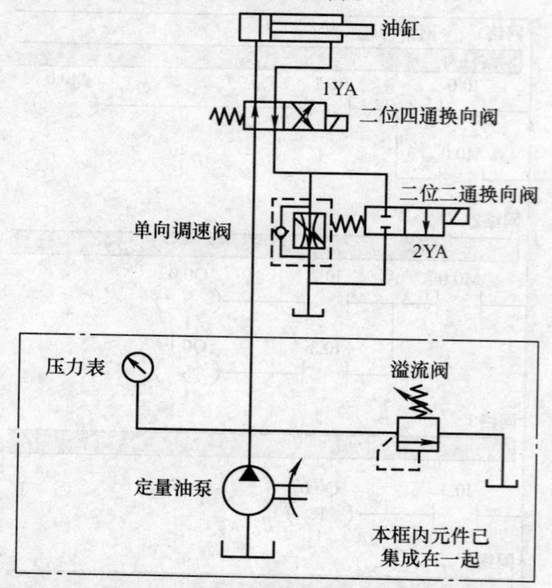

图 3-42　速度阀短接的速度换接回路

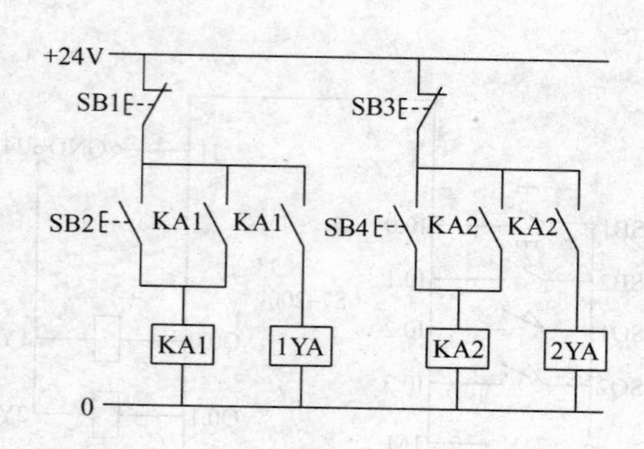

图 3-43　速度阀短接的速度换接回路的电气控制线路图

在控制电路中，停止按钮、起动按钮属于控制信号，应作为 PLC 的输入量分配接线端子；而线圈属于被控对象，应作为 PLC 的输出量分配接线端子（在实验室接触器线圈用指示灯来表示进行模拟）。根据电气控制线路图中的触点串并联接线，本任务可以采用 PLC 的位逻辑指令来实现。

（2）I/O 地址分配表（见表 3-9）

表 3-9　速度阀短接的速度换接回路控制 I/O 地址分配表

输入(I)		输出(O)	
停止按钮 1　SB1	I0.0	1YA	Q0.0
起动按钮 1　SB2	I0.1	2YA	Q0.1
停止按钮 2　SB3	I0.2		
起动按钮 2　SB4	I0.3		

（3）PLC 硬件接线图（如图 3-44 所示）

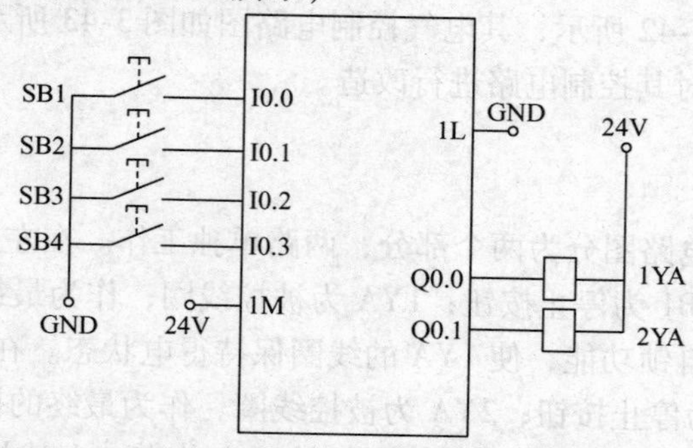

图 3-44　速度阀短接的速度换接回路 PLC 硬件接线图

（4）参考程序（如图3-45所示）

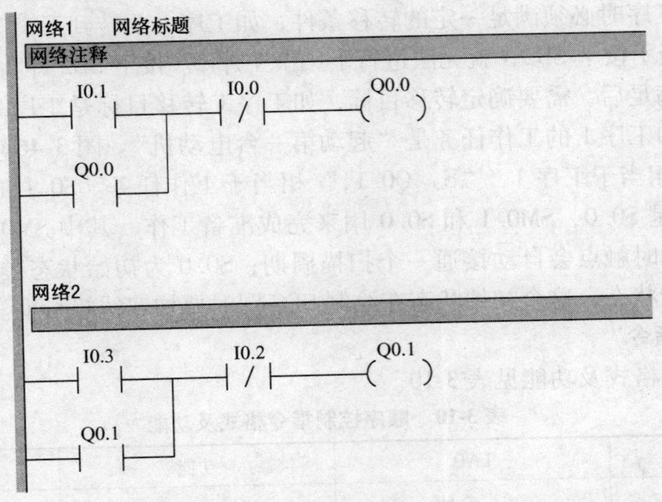

图3-45　速度阀短接的速度换接回路PLC控制参考程序

3.2　知识链接

3.2.1　顺序控制指令

1. 顺序控制图与状态转移图

在生产实践中，可以把一个复杂的任务分成若干个小任务，按一定的顺序完成这些小任务后，复杂的任务也就完成了。这样按照一定的顺序逐步控制来完成各个工序的控制方式称为顺序控制。采用顺序控制时，为了直观地表示出控制过程，可以绘制顺序控制图。图3-46a所示是一个两台电动机顺序控制图，由于每一个步骤称为一个工序，所以又称工序图。在PLC编程时，把绘制的顺序控制图转换为状态转移图或顺序功能图（SFC），图3-46b为图3-46a对应的状态转移图。

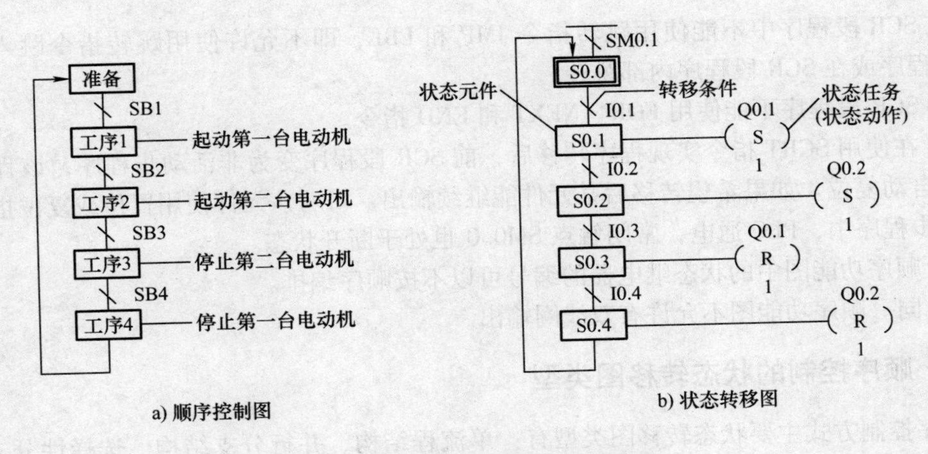

图3-46　两台电动机顺序控制图

顺序控制有三个要素：转移条件、转移目标和工作任务。在图 3-46a 中，当上一个工序需要转到下一个工序时必须满足一定的转移条件，如工序 1 要转到下个工序 2 时，必须按下起动按钮 SB2，若不按下 SB2，就无法进行下一个工序 2。按下 SB2 即为转移条件。

当转移条件满足后，需要确定转移目标，如工序 1 转移目标是工序 2。每个工序都有具体的工作任务，如工序 1 的工作任务是“起动第一台电动机”。图 3-46b 中的状态元件（状态继电器）S0.1 相当于工序 1，“S　Q0.1，”相当于工作任务。S0.1 的转移目标是 S0.2，S0.4 的转移目标是 S0.0，SM0.1 和 S0.0 用来完成准备工作。其中 SM0.1 为初始脉冲继电器。PLC 上电起动时触点会自动接通一个扫描周期；S0.0 为初始状态继电器，每个 SFC 图必须要有一个初始状态，这个初始状态在绘制 SFC 图时要加双线矩形框。

2. 顺序控制指令

顺序控制指令格式及功能见表 3-10。

表 3-10　顺序控制指令格式及功能

STL	LAD	功能	操作元件
LSCR S_bit	S_bit SCR	顺序状态开始	S(位)
SCRT S_bit	S_bit —(SCRT)	顺序状态转移	S(位)
SCRE	—(SCRE)	顺序状态结束	无

指令使用说明：

1）顺序控制指令仅对状态继电器 S 有效。

2）SCR 段程序（LSCR 至 SCRE 之间的程序）能否执行，取决于该段程序对应的状态继电器 S 是否被置位。另外，当前程序 SCRE（结束）与下一个程序 LSCR（开始）之间的程序不影响下一个 SCR 段程序的执行。

3）不能把同一个 S 编号用于不同的程序中，如主程序中用了 S0.1，在子程序中就不能再使用它。

4）SCR 段程序中不能使用跳转指令 JMP 和 LBL，即不允许使用跳转指令跳入、跳出 SCR 段程序或在 SCR 段程序内部跳转。

5）SCR 段程序不能使用 FOR、NEXT 和 END 指令。

6）在使用 SCRT 指令实现程序转移后，前 SCR 段程序变为非活动步程序，该程序段的元件会自动复位。如果希望转移后某元件能继续输出。可对该元件使用置位或复位指令。在非活动步程序中，PLC 通电，常闭触点 SM0.0 也处于断开状态。

7）顺序功能图中的状态继电器的编号可以不按顺序编排。

8）同一顺序功能图不允许有双线圈输出。

3.2.2　顺序控制的状态转移图类型

顺序控制方式主要状态转移图类型有：单流程结构、并行分支结构、选择性分支结构、复杂结构。

1. 单流程结构

控制对象的状态（动作）是一个接一个地完成的。每一个状态只连接一个转移，每一个转移只连接一个状态。单流程结构的顺序功能图如图3-47所示。

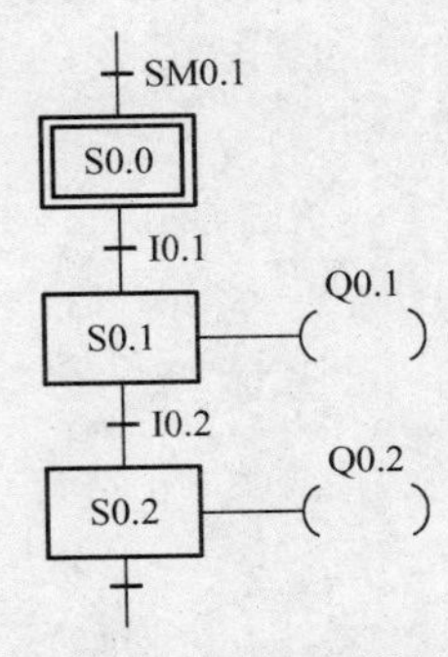

图3-47　单流程结构的顺序功能图

编制顺序功能图的方法：

①分析控制系统的工作原理。

②按照设备的工作顺序，找出设备的各个工作状态及相应的动作。

③找出相邻状态之间的转移条件。

例3-1　某企业承担了一个十字路口交通灯控制系统的设计任务。其控制要求如图3-48所示，请根据控制要求用PLC设计其控制系统并调试。

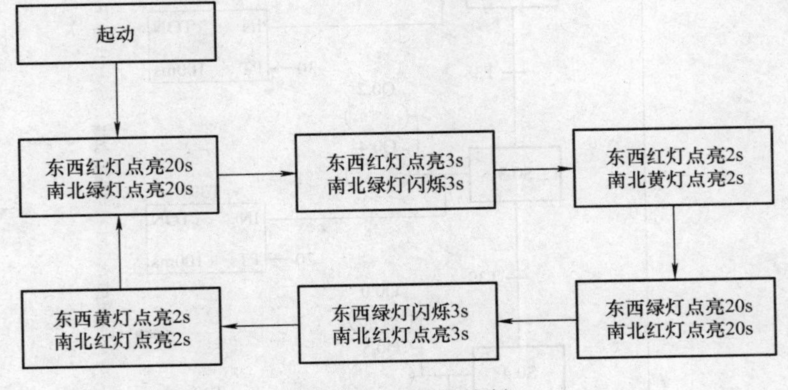

图3-48　红绿灯控制

解： 1）I/O地址分配表见表3-11。

2）PLC硬件接线图如图3-49所示。

表3-11　I/O地址分配表

输　入		输　出	
开关SA	I0.0	东西向绿灯HL1	Q0.0
		东西向黄灯HL2	Q0.1
		东西向红灯HL3	Q0.2
		南北向绿灯HL4	Q0.3
		南北向黄灯HL5	Q0.4
		南北向红灯HL6	Q0.5

图3-49　PLC硬件接线图

3）编制控制系统的顺序功能图，如图 3-50 所示。

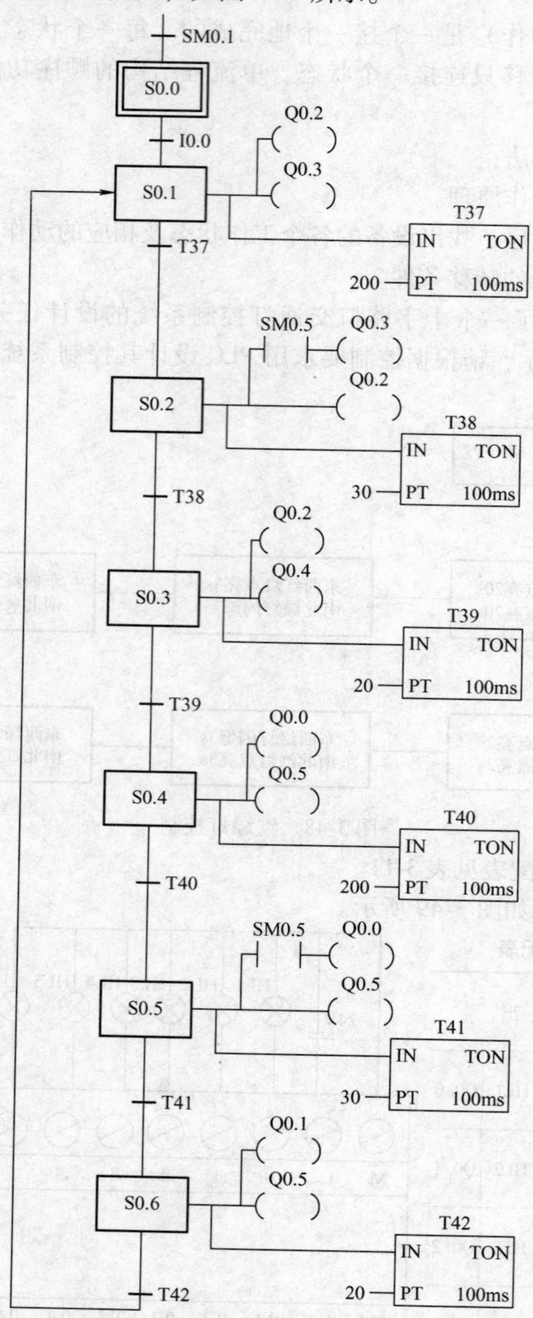

图 3-50　红绿灯控制顺序功能图

2. 并行分支结构

一个顺序控制状态流必须分成两个或多个不同的分支控制状态流，称并行分支或并发分支。所有并行分支必须同时激活。并行分支结构的顺序功能图如图 3-51 所示。

并行分支的梯形图如图 3-52 所示。

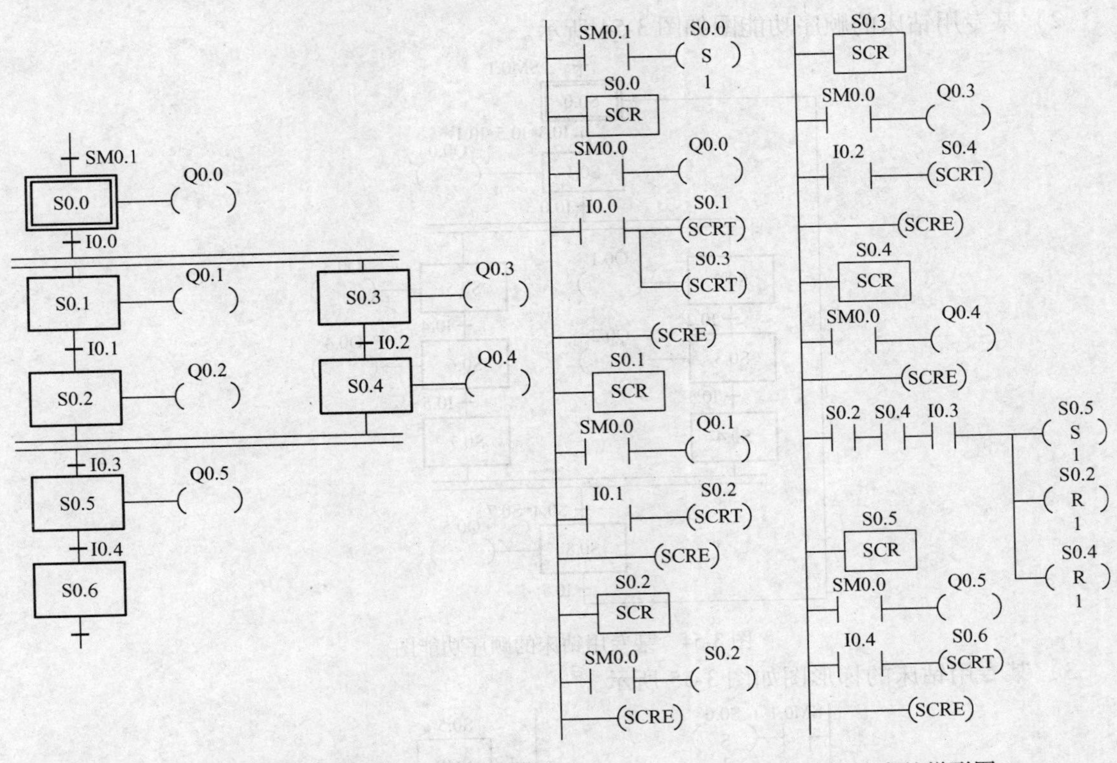

图 3-51　并行分支结构的顺序功能图

图 3-52　并行分支的梯形图

例 3-2　某专用钻床用两只钻头同时钻两个孔，开始自动运行之前两只钻头在最上面，上限位开关 I0.3 和 I0.5 为“ON”，操作人员放好工件后，按下起动按钮 I0.1，工件被夹紧后两只钻头同时开始工作，钻到限位开关 I0.2 和 I0.4 设定的深度时分别上行，回到限位开关 I0.3 和 I0.5 设定的起始位置时分别停止上行，两只钻头都到位后，工件被松开，松开到位后，加工结束，系统返回初始状态。其工作示意图如图 3-53 所示。

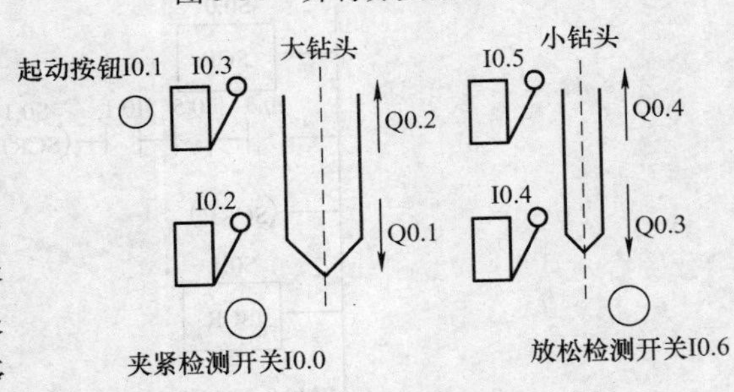

图 3-53　某专用钻床工作示意图

解： 1）I/O 地址分配表见表 3-12。

表 3-12　I/O 地址分配表

输入(I)		输出(O)	
名　称	地址编号	名　称	地址编号
夹紧检测开关	I0.0	工件夹紧	Q0.0
起动按钮	I0.1	大钻头下降	Q0.1
大钻头下限位开关	I0.2	大钻头上升	Q0.2
大钻头上限位开关	I0.3	小钻头下降	Q0.3
小钻头下限位开关	I0.4	小钻头上升	Q0.4
小钻头上限位开关	I0.5	工件放松	Q0.5
放松检测开关	I0.6		

2）某专用钻床的顺序功能图如图 3-54 所示。

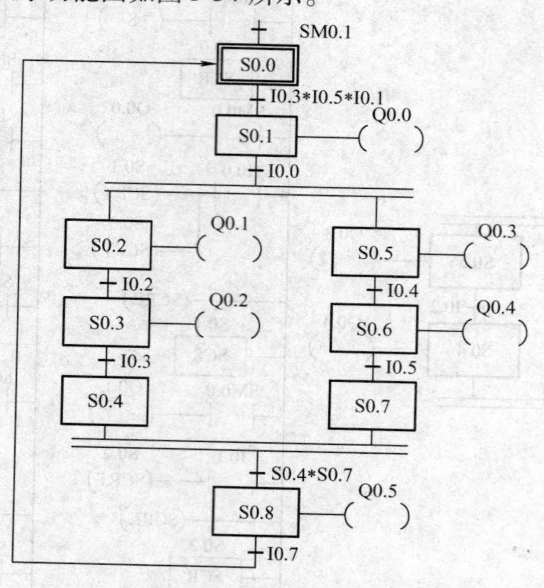

图 3-54　某专用钻床的顺序功能图

3）某专用钻床的梯形图如图 3-55 所示。

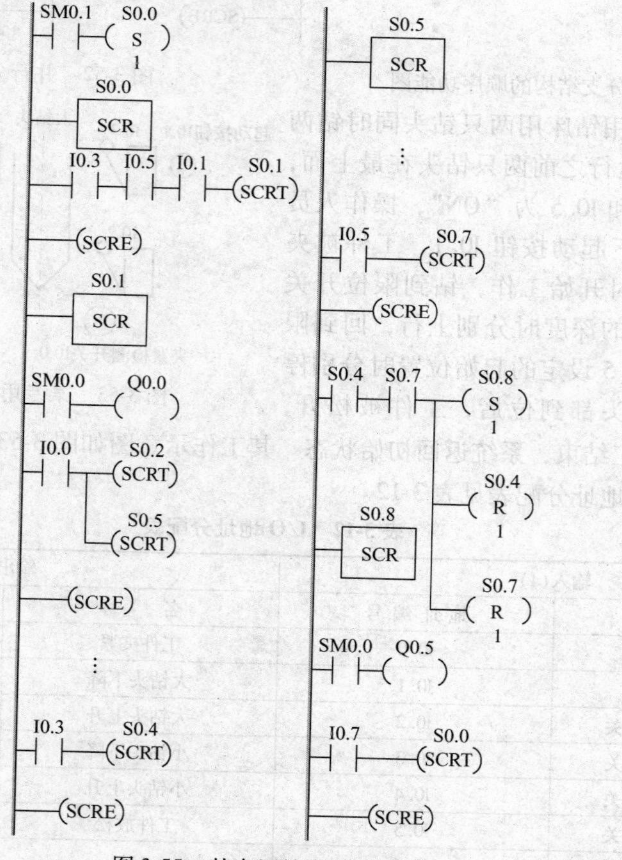

图 3-55　某专用钻床的梯形图

3. 选择性分支结构

在选择性分支结构中，一个控制流可能转入多个可能的控制流中的某一个，但不允许多路分支同时执行。到底进入哪一个分支，取决于控制流前面的转移条件哪个首先有效。选择性分支结构的顺序功能图和梯形图如图 3-56 所示。

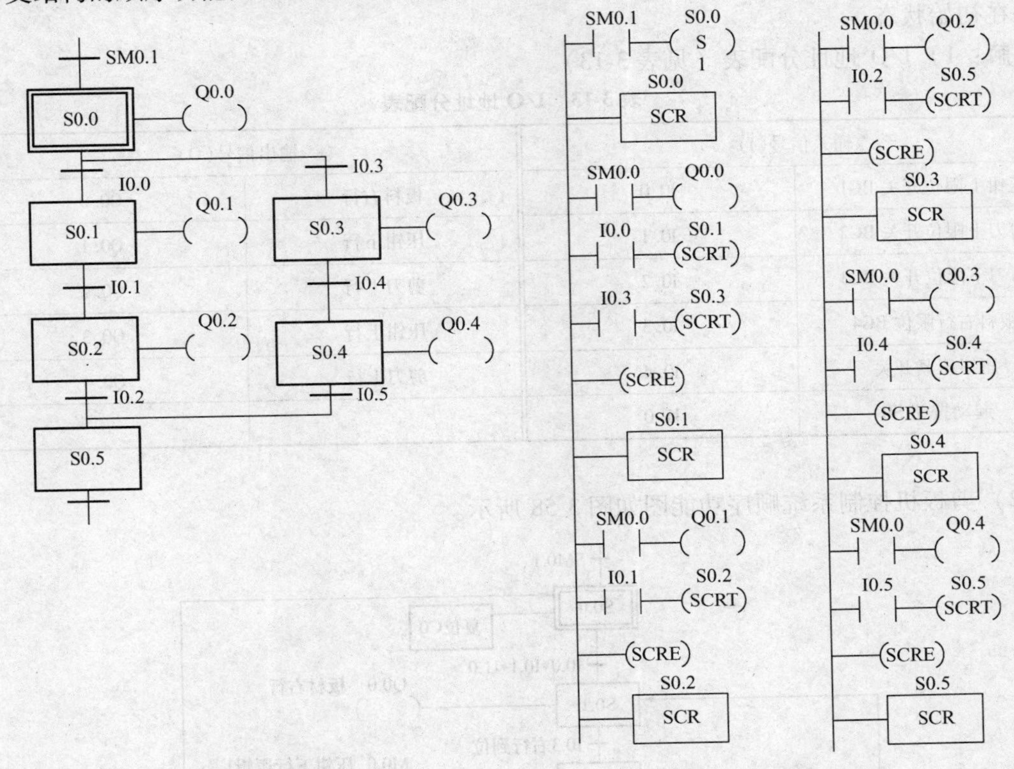

a) 选择性分支结构的顺序功能图　　b) 选择性分支结构的梯形图

图 3-56　选择性分支结构的功能图和梯形图

例 3-3　图 3-57 是剪板机的结构示意图，开始时压钳和剪刀在上限位置，限位开关 I0. 0 和 I0. 1 为 "ON"，按下起动按钮 I1. 0 后，工作过程如下：首先板料右行（Q0. 0 为 "ON"）

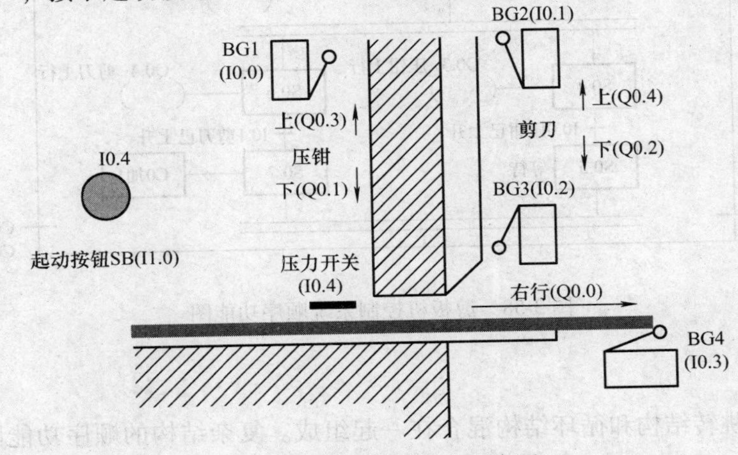

图 3-57　剪板机的结构示意图

到限位开关 I0.3 动作，然后压钳下行（Q0.1 为“ON”并保持），压紧板料后，压力开关 I0.4 为“ON”，压钳保持压紧，剪刀开始下行（Q0.2 为“ON”），剪断板料后，I0.2 变为“ON”，压钳和剪刀同时上行（Q0.3 和 Q0.4 为“ON”），它们分别碰到限位开关 I0.0 和 I0.1 后，分别停止上行，都停止后，又开始下一周期的工作，剪切完 10 块料后，停止工作并停在初始状态。

解：1）I/O 地址分配表（见表 3-13）。

表 3-13　I/O 地址分配表

输入信号(I)		输出信号(O)	
压钳上限位开关 BG1	I0.0	板料右行	Q0.0
剪刀上限位开关 BG2	I0.1	压钳下行	Q0.1
剪刀下限位开关 BG3	I0.2	剪刀下行	Q0.2
板料右行限位 BG4	I0.3	压钳上行	Q0.3
压钳压紧开关	I0.4	剪刀上行	Q0.4
起动按钮 SB	I1.0		

2）剪板机控制系统顺序功能图如图 3-58 所示。

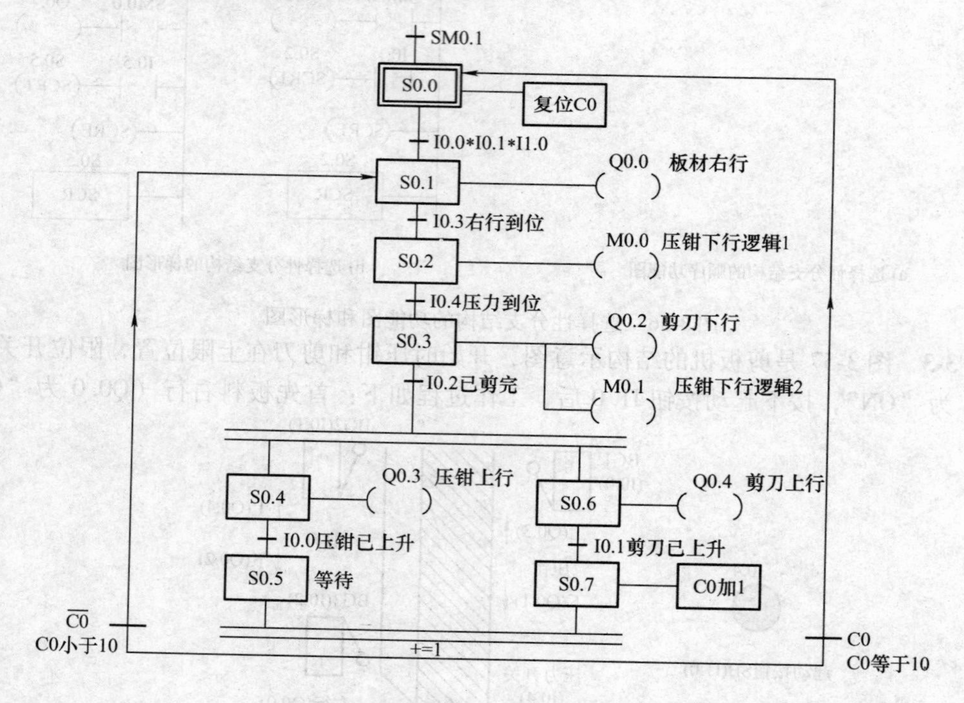

图 3-58　剪板机控制系统顺序功能图

4. 复杂结构

复杂结构由跳转结构和循环结构混合在一起组成。复杂结构的顺序功能图如图 3-59 所示。

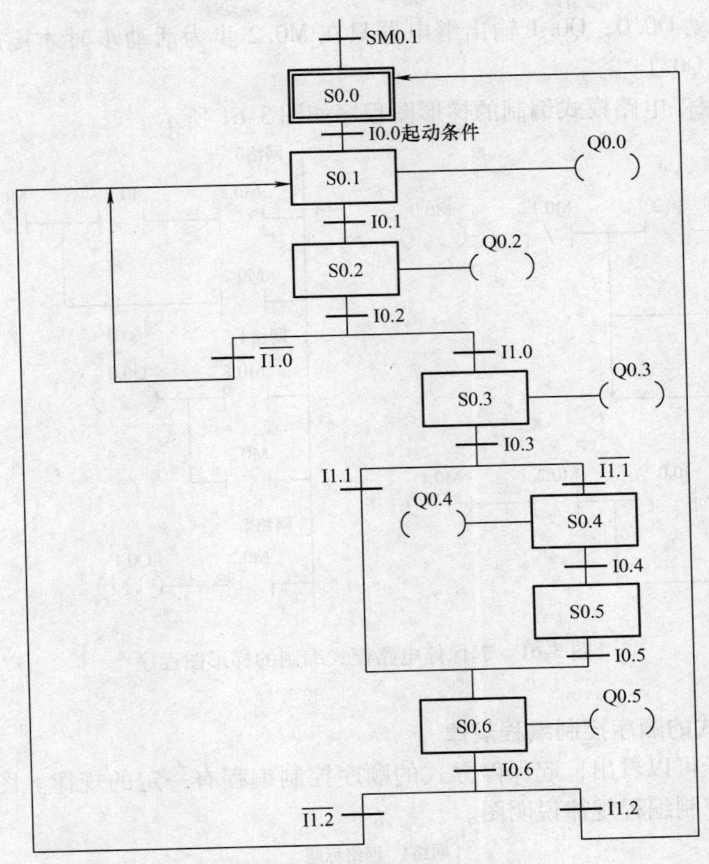

图3-59　复杂结构的顺序功能图

3.2.3　起保停方式的顺序控制

用顺序控制指令来实现功能图的编程方法，在前面已经介绍过了，在这里将重点介绍用中间继电器M来记忆工步的编程方法。编写起动、保持、停止方式的顺序控制程序仅需使用与触点、线圈有关的指令，它与传统的继电器控制电路相似，编程方法容易掌握。起动、保持、停止方式的顺序控制简称起保停控制。

1. 起保停方式的顺序控制实例

在梯形图中，为了实现前级步为活动步且转换条件成立时，才能进行步的转换的目的，总是将代表前级步的中间继电器的常开触点与转换条件对应的触点串联，作为代表后续步的中间继电器得电的条件。当后续步被激活，应将前级步关断，所以用代表后续步的中间继电器常闭触点串在前级步的电路中。

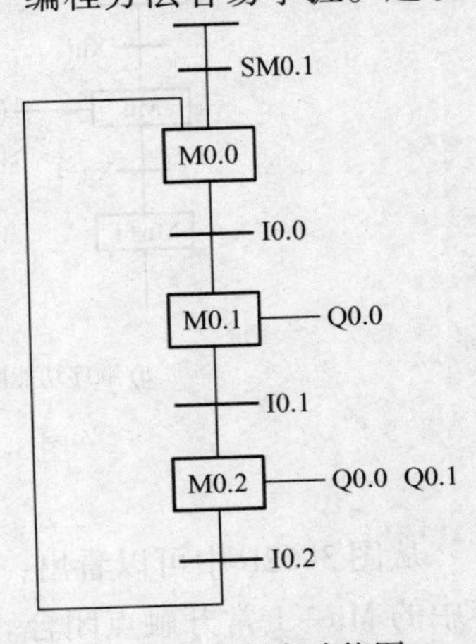

图3-60　顺序功能图

例3-4　根据图3-60所示的顺序功能图，设计出梯形图程序。

解：1）分析：对于输出电路的处理应注意：Q0.0输出继电器在M0.1、M0.2步中都被接通，应将M0.1和M0.2的常开触点并联去驱动 Q0.0；Q0.1 输出继电器只在 M0.2 步为活动步时才接通，所以用 M0.2 的常开触点驱动 Q0.1。

2）使用起保停电路模式编制的梯形图程序如图 3-61 所示。

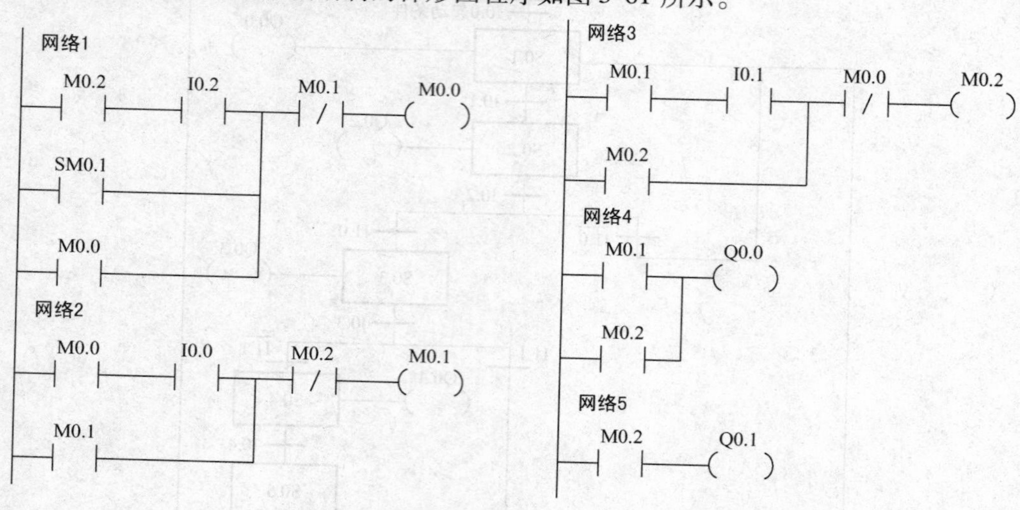

图 3-61　起保停电路模式编制的梯形图程序

2. 起保停方式的顺序控制编程规律

从前面的例子可以看出，起保停方式的顺序控制编程有一定的规律。图 3-62 所示为起保停方式的顺序控制编程规律说明图。

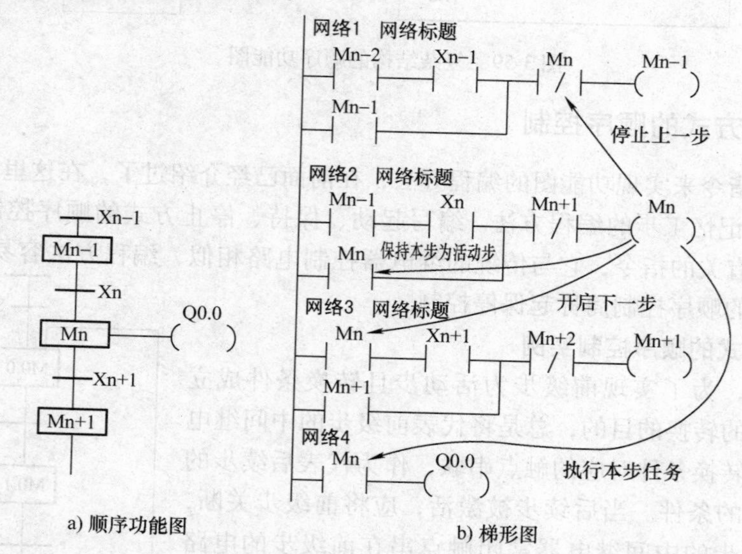

图 3-62　起保停方式的顺序控制编程规律说明图

从图 3-62b 中可以看出，要使 Mn 步成为活动步，Mn－1 步必须为活动步，才能使 Mn 步中的 Mn－1 常开触点闭合。当转换条件满足（Xn 常开触点闭合）时，Mn 步即成为活动步，Mn 自锁触点闭合让本步保持活动，上一步中的 Mn 常闭触点断开使上一步 Mn－1 成为非活动步，下一步中的 Mn 常开触点闭合为下步成为活动步做准备，Mn 步的任务对象 Qn 由它的 Mn 常开触点来驱动。

在编写起保停方式的顺序控制某步程序（如 Mn 步）时，该步应包含：

1）上一步继电器线圈驱动的常开触点（Mn－1 常开触点闭合）。

2）转换条件（由 Mn－1 步开启到 Mn 的条件）。

3）本步 Mn 常开触点闭合构成自锁（保持本步为活动步）。

4）下一步继电器驱动线圈 Mn＋1 的常闭触点（Mn＋1 步开启，关断 Mn 步用）。

5）本步执行任务（驱动 Q0.0），也可以编写在程序的后面。

3.2.4　转换中心方式的顺序控制

S7-200 系列 PLC 有置位和复位指令，且对同一个线圈置位和复位指令可分开编程，所以可以实现以转换条件为中心的编程。

1. 转换中心方式的顺序控制实例

例 3-5　根据图 3-63 所示的顺序功能图，设计出梯形图程序。

解： 当前步为活动步且转换条件成立时，用置位指令 S 将代表后续步的中间继电器置位（激活），同时用复位指令 R 将本步复位（关断）。

在图 3-63 所示的功能图中，用 M0.0 的常开触点和转换条件 I0.0 的常开触点串联作为 M0.1 置位的条件，同时作为 M0.0 复位的条件。这种编程方法很有规律，每一个转换都对应一个置位指令 S/复位指令 R 的电路块，有多少个转换就有多少个这样的电路块。用置位、复位指令编制的梯形图程序如图 3-64 所示。

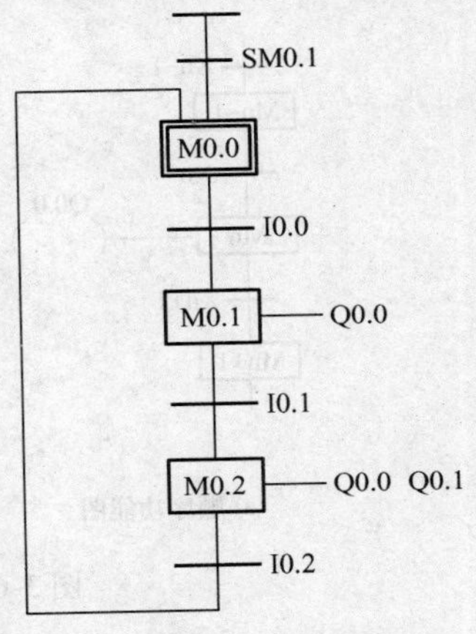

图 3-63　顺序功能图

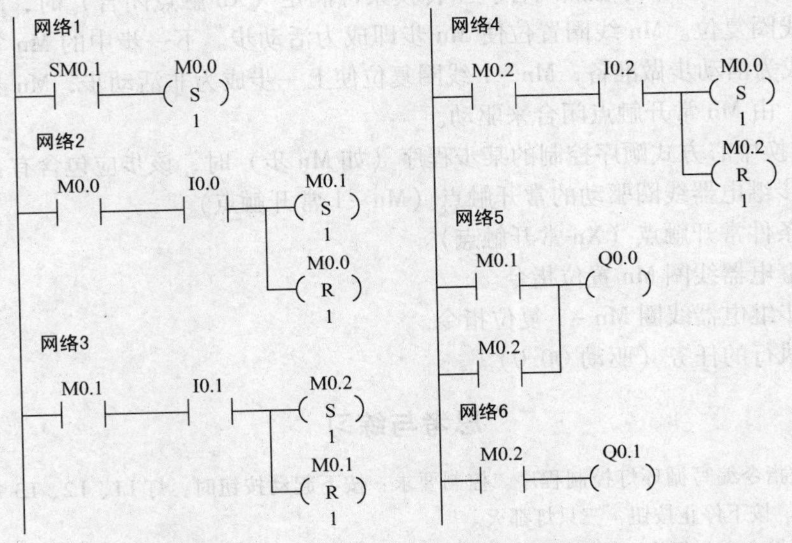

图 3-64　置位、复位指令编制的梯形图

2. 转换中心方式的顺序控制编程规律

转换中心方式的顺序控制编程有一定的规律。图 3-65 所示为转换中心方式的顺序控制编程规律说明图。

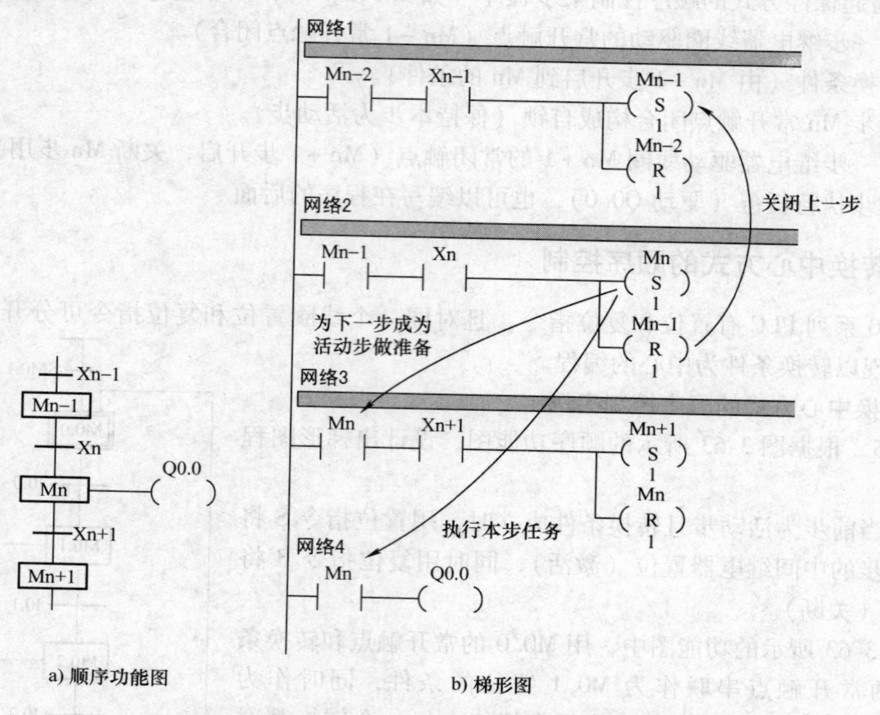

图 3-65　转换中心方式的顺序控制编程规律说明图

从图 3-65b 可以看出，要使 Mn 步成为活动步，前提是 Mn－1 步必须为活动步，这样才能让 Mn 步中的 Mn－1 常开触点闭合。当转换条件满足（Xn 触点闭合）时，Mn 线圈置位，同时 Mn－1 线圈复位。Mn 线圈置位使 Mn 步即成为活动步。下一步中的 Mn 常开触点闭合为 Mn－1 步成为活动步做准备，Mn－1 线圈复位使上一步成为非活动步，Mn 步的动作执行对象是 Q0.0，由 Mn 常开触点闭合来驱动。

在编写转换中心方式顺序控制的某步程序（如 Mn 步）时，该步应包含有：

1）上一步继电器线圈驱动的常开触点（Mn－1 常开触点）。

2）转换条件常开触点（Xn 常开触点）。

3）本步继电器线圈 Mn 置位指令。

4）上一步继电器线圈 Mn－1 复位指令。

5）本步执行的任务（驱动 Q0.0）。

思考与练习

3-1　用顺控指令编写循环灯控制程序。控制要求：按下起动按钮时，灯 L1、L2、L3 每隔 1s 轮流闪亮，并循环进行。按下停止按钮，三只灯都灭。

3-2　用顺控指令和起保停两种方法编程实现两台电动机顺序起动和停止。控制要求：按 SB1，电动机 M1（KM1 控制）起动，5s 后电动机 M2（KM2 控制）起动。停止时，按 SB2，M1 停止运行，5s 后 M2 停止运行。

3-3　设计一个对鼓风机与引风机的控制程序。控制要求：（1）开机时首先起动引风机，引风机指示灯亮，10s后自动起动鼓风机，鼓风机指示灯亮；（2）停机时首先关断鼓风机，鼓风机指示灯灭，经20s后自动关断引风机和引风机指示灯。

3-4　试用顺序控制指令和起保停的程序设计方法实现某物料传送装置的控制。控制要求：（1）按下起动按钮后，先开电动机C，5s后电动机B打开，再5s后电动机A打开，当电动机A起动10s后，料阀D打开，系统正常工作。（2）按下停止按钮后，料阀D关闭，1min后电动机A停止，再1min后电动机B停止，最后1min后电动机C停止，工作停止。

3-5　设计一个控制程序，控制要求：按下起动按钮后，M1正转，5s后，自动停止，3s后自动转成反转，再5s后，自动停止，然后3s后又自动转成正转，如此循环；按下停止按钮后，自动停止工作。

项目4　灯光显示系统的 PLC 控制

4.1　项目训练

4.1.1　任务1　音乐喷泉的 PLC 控制

1. 考核能力目标

（1）会分析该电路的控制功能。

（2）会按控制要求完成 I/O 地址分配表。

（3）会绘制 PLC 控制系统接线图。

（4）会 PLC 控制系统接线。

（5）会编写控制程序、输入程序及调试程序。

2. 工作任务

某企业承担了一个 LED 音乐喷泉的控制系统设计任务，音乐喷泉示意图如图 4-1 所示，要求喷泉的 LED 灯按照 1、2→3、4→5、6→7、8→1、2、3、4→5、6、7、8 的顺序循环点亮，每个状态停留 0.5s。请用 PLC 设计其控制系统并调试。

3. 任务实施步骤

（1）工作任务分析

如图 4-1 所示，起动开关 S 合上（往上）起动，断开（往下）停止运行。LED 灯分别编号为数字 1，2，3，4，5，6，7，8。根据控制要求可知，输入信号是 S，输出信号是 8 个 LED 灯。LED 灯 1、2 点亮可以看成一个动作步骤，用 M0.0 表示。同理，灯 3、4 点亮用 M0.1 表示，灯 5、6 点亮用 M0.2 表示，灯 7、8 点亮用 M0.3 表示，灯 1、2、3、4 点亮用 M0.4 表示，灯 5、6、7、8 点亮用 M0.5 表示。按控制要求写出如图 4-2 所示的顺序功能图。通过分析，本任务拟采用 SHRB 指令来实现控制功能，也可以用传送指令及比较指令结合来实现控制要求。

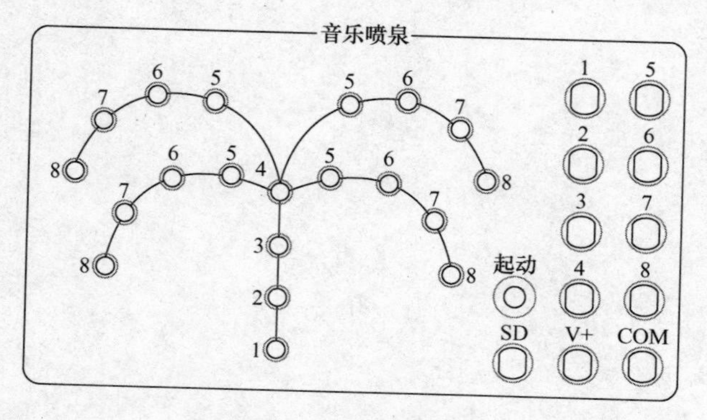

图 4-1　音乐喷泉示意图

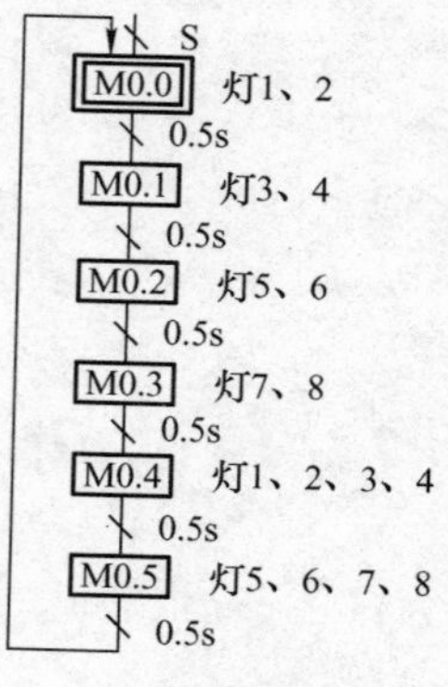

S
M0.0　灯1、2
0.5s
M0.1　灯3、4
0.5s
M0.2　灯5、6
0.5s
M0.3　灯7、8
0.5s
M0.4　灯1、2、3、4
0.5s
M0.5　灯5、6、7、8
0.5s

图 4-2　顺序功能图

（2）I/O 地址分配表（见表 4-1）

表 4-1 音乐喷泉 I/O 地址分配表

输入(I)		输出(O)			
起停开关 S	I0.0	1#LED 灯	Q0.0	5#LED 灯	Q0.4
		2#LED 灯	Q0.1	6#LED 灯	Q0.5
		3#LED 灯	Q0.2	7#LED 灯	Q0.6
		4#LED 灯	Q0.3	8#LED 灯	Q0.7

（3）PLC 硬件接线图（如图 4-3 所示）

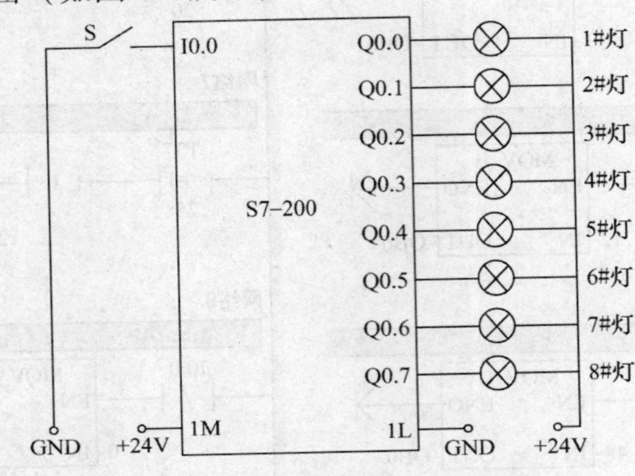

图 4-3 音乐喷泉 PLC 硬件接线图

（4）参考程序

参考程序 1 如图 4-4 所示。

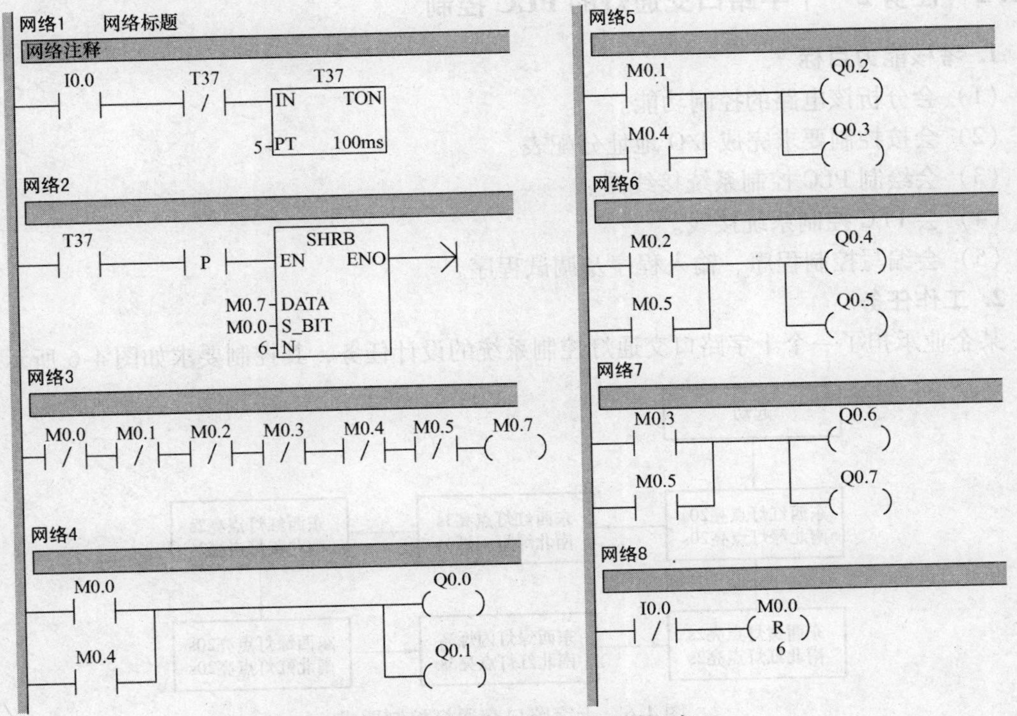

图 4-4 音乐喷泉 PLC 控制参考程序 1

参考程序 2 如图 4-5 所示。

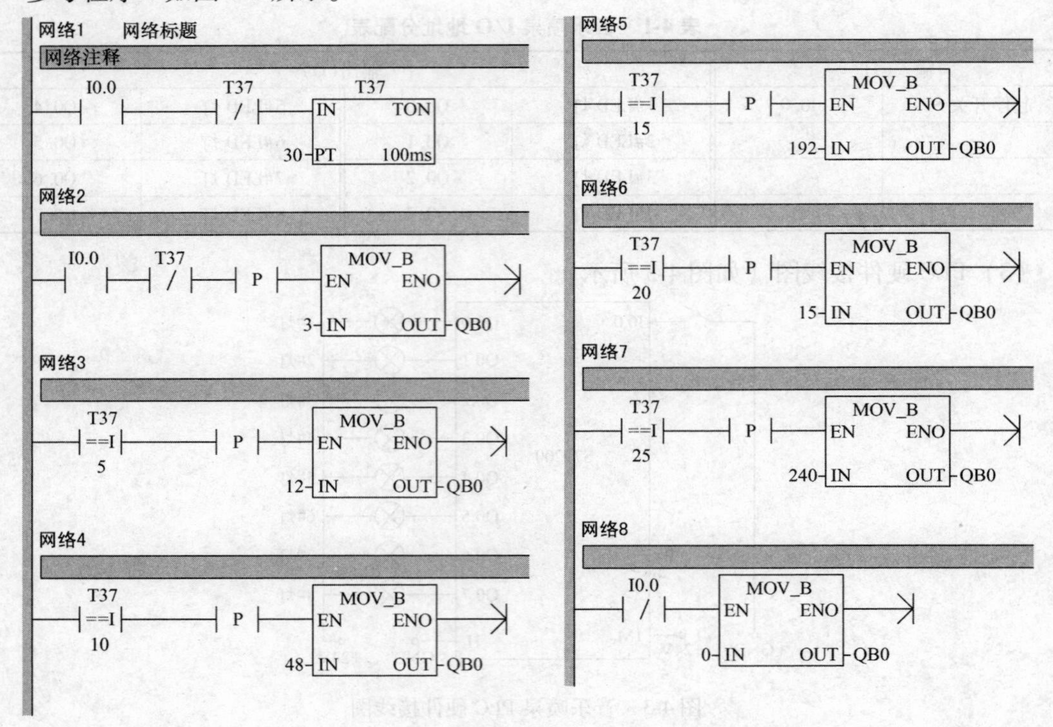

图 4-5　音乐喷泉 PLC 控制参考程序 2

4.1.2　任务 2　十字路口交通灯的 PLC 控制

1. 考核能力目标

（1）会分析该电路的控制功能。

（2）会按控制要求完成 I/O 地址分配表。

（3）会绘制 PLC 控制系统接线图。

（4）会 PLC 控制系统接线。

（5）会编写控制程序、输入程序及调试程序。

2. 工作任务

某企业承担了一个十字路口交通灯控制系统的设计任务，其控制要求如图 4-6 所示，请

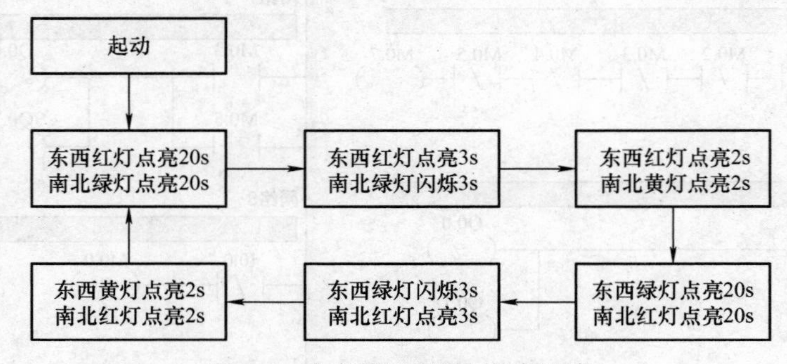

图 4-6　十字路口交通灯控制要求

根据控制要求用PLC设计其控制系统并调试。

3. 工作任务实施

（1）工作任务分析

根据任务要求，起动开关S控制系统的运行，S合上（往上）起动，断开（往下）停止运行。根据控制要求可知，输入信号是S，输出信号是6个LED灯。若把图4-6中的每个框图看成是一个功能步骤，用M来表示；则可以按控制要求写出如图4-7所示的顺序功能图。可以用传送指令及比较指令结合来实现控制要求。

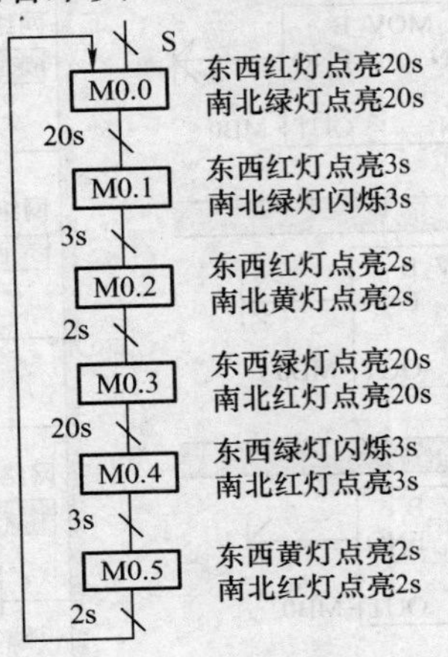

图4-7　十字路口交通灯顺序功能图

（2）I/O地址分配表（见表4-2）

表4-2　十字路口交通灯I/O地址分配表

输入(I)		输出(O)			
起停开关S	I0.0	东西红灯	Q0.0	南北红灯	Q0.3
		东西黄灯	Q0.1	南北黄灯	Q0.4
		东西绿灯	Q0.2	南北绿灯	Q0.5

（3）PLC硬件接线图（如图4-8所示）

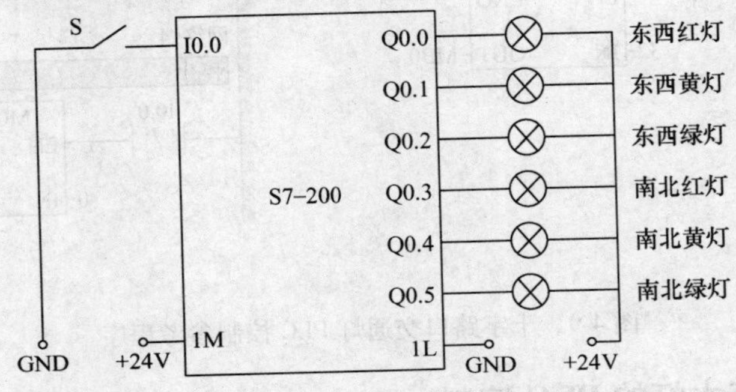

图4-8　十字路口交通灯PLC硬件接线图

（4）参考程序（如图4-9所示）

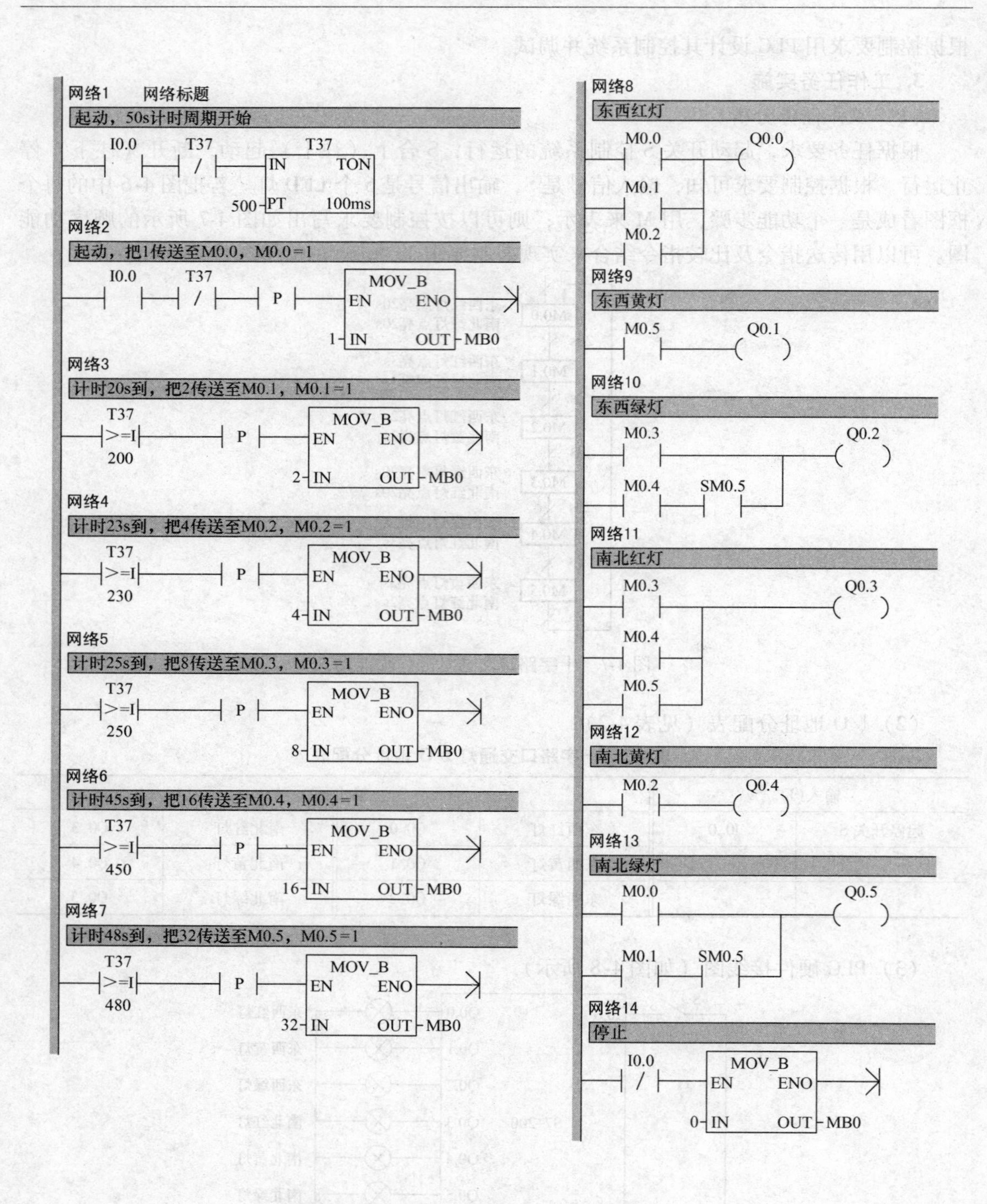

图 4-9　十字路口交通灯 PLC 控制参考程序

4.1.3　任务 3　流水灯的 PLC 控制

1. 考核能力目标

（1）会分析该电路的控制功能。

（2）会按控制要求完成 I/O 地址分配表。
（3）会绘制 PLC 控制系统接线图。
（4）会 PLC 控制系统接线。
（5）会编写控制程序、输入程序及调试程序。

2. 工作任务

某企业承担了一个灯光招牌流水灯的控制系统设计任务，要求灯光招牌流水灯有 8 个灯，按下起动按钮 SB1 时，灯依次以正、反序每间隔 0.5s 轮流点亮；按下停止按钮 SB2 时，停止工作。请用 PLC 设计其控制系统并调试。

3. 任务实施步骤

（1）工作任务分析

依要求可知，按下 SB1 按钮 8 个灯正序点亮（即灯号 1、2、3、4、5、6、7、8 每隔 0.5s 依次点亮）；然后隔 0.5s 反序轮流点亮（即 7、6、5、4、3、2、1 每隔 0.5s 依次点亮），然后隔 0.5s 又正序点亮，如此循环。通过分析本任务拟采用左循环指令和右循环指令来实现控制要求。

（2）I/O 地址分配表（见表 4-3）

表 4-3　灯光招牌流水灯 I/O 地址分配表

输入(I)		输出(O)			
起动按钮 SB1	I0.0	1#LED 灯	Q0.0	5#LED 灯	Q0.4
停止按钮 SB2	I0.1	2#LED 灯	Q0.1	6#LED 灯	Q0.5
		3#LED 灯	Q0.2	7#LED 灯	Q0.6
		4#LED 灯	Q0.3	8#LED 灯	Q0.7

（3）PLC 硬件接线图（如图 4-10 所示）

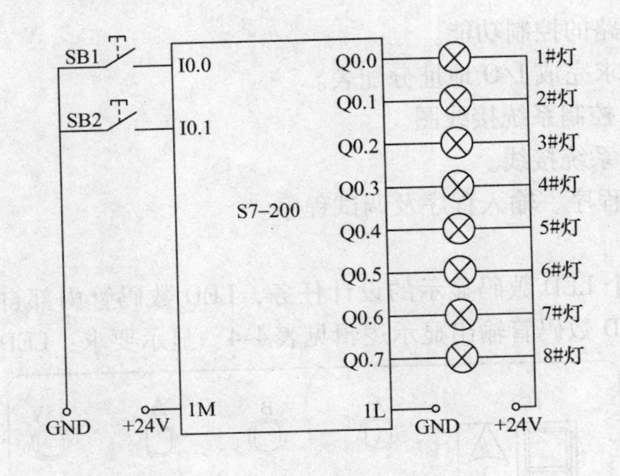

图 4-10　灯光招牌流水灯 PLC 硬件接线图

（4）参考程序（如图 4-11 所示）

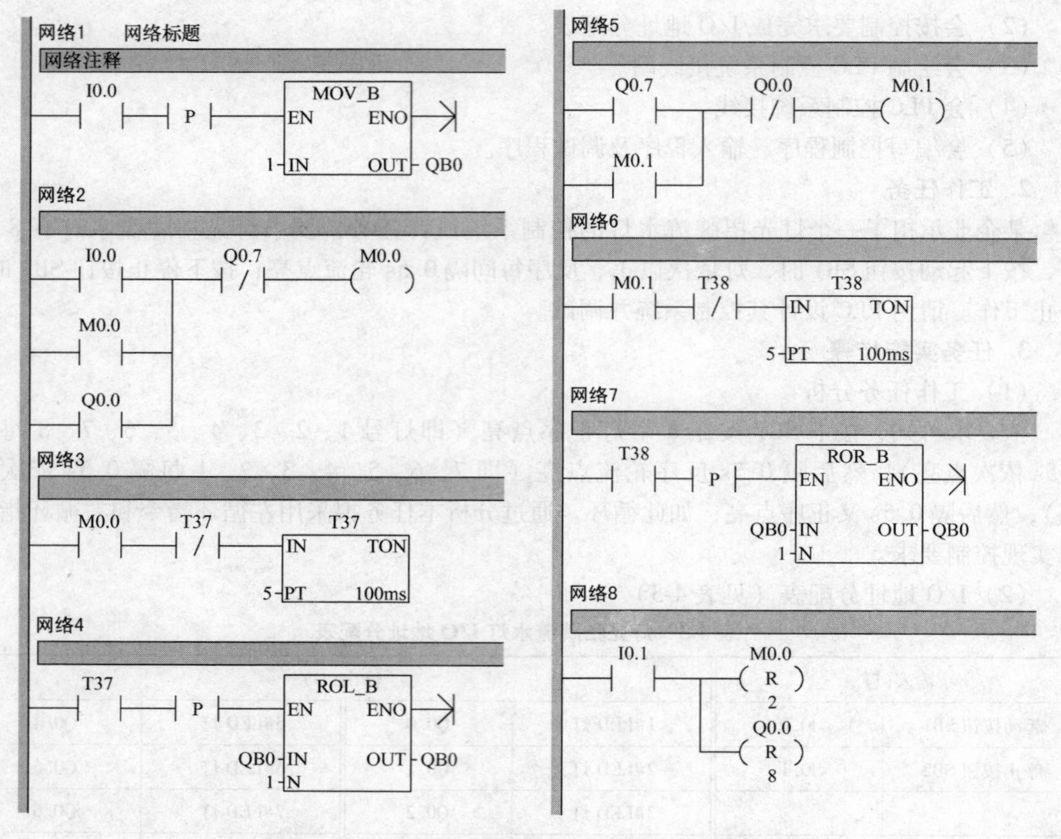

图 4-11　灯光招牌流水灯 PLC 控制参考程序

4.1.4　任务 4　LED 数码管显示的 PLC 控制

1. 考核能力目标

（1）会分析该电路的控制功能。

（2）会按控制要求完成 I/O 地址分配表。

（3）会绘制 PLC 控制系统接线图。

（4）会 PLC 控制系统接线。

（5）会编写控制程序、输入程序及调试程序。

2. 工作任务

某企业承担了一个 LED 数码显示的设计任务，LED 数码管内部自带转换电路，其示意图如图 4-12 所示，LED 数码管输出显示逻辑见表 4-4。显示要求：LED 数码管依次循环显示

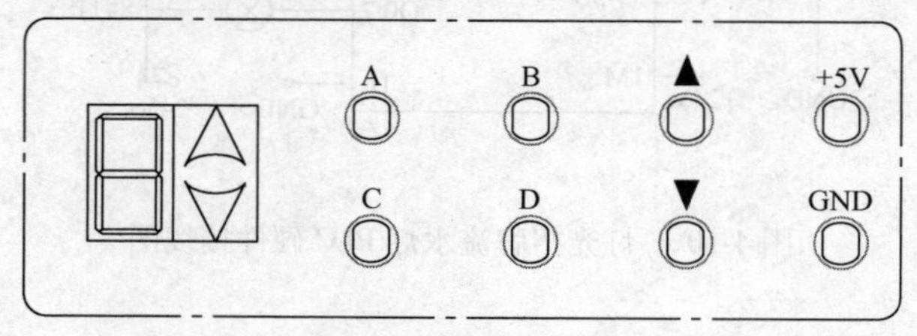

图 4-12　LED 数码管示意图

1→2→3→4→5，每个状态停留1s。请用PLC设计其控制系统并调试。

表4-4　LED数码管输出显示逻辑

输入 DCBA	数码管输出显示	输入 DCBA	数码管输出显示
0000	0	0101	5
0001	1	0110	6
0010	2	0111	7
0011	3	1000	8
0100	4	1001	9

3. 任务实施步骤

（1）工作任务分析

根据LED数码管输出显示逻辑可知，A、B、C、D四个输入端不同的组合可以显示不同的数字。SB1按钮作为起动按钮，SB2作为停止按钮。因为任务要求显示的是1→2→3→4→5，所以只要A、B、C三个输入端就够了。根据LED数码管输出显示逻辑，接通电源A、B、C、D没有信号时，LED数码管输出显示为0。按SB1按钮LED数码显示管依次循环显示1→2→3→4→5，每个状态停留1s，通过分析本任务拟采用传送指令来实现控制要求。

注意：控制面板上的电源一定注意不要接错，+5V端口必须接+5V电源。

（2）I/O地址分配表（见表4-5）

表4-5　LED数码管显示I/O地址分配表

输入(I)		输出(O)	
起动按钮SB1	I0.0	数码管输入A端	Q0.0
停止按钮SB2	I0.1	数码管输入B端	Q0.1
		数码管输入C端	Q0.2

（3）PLC硬件接线图（如图4-13所示）

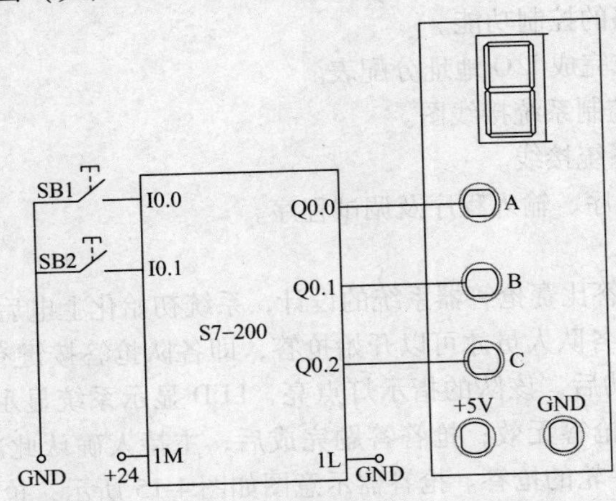

图4-13　LED数码管显示PLC硬件接线图

（4）参考程序（如图 4-14 所示）

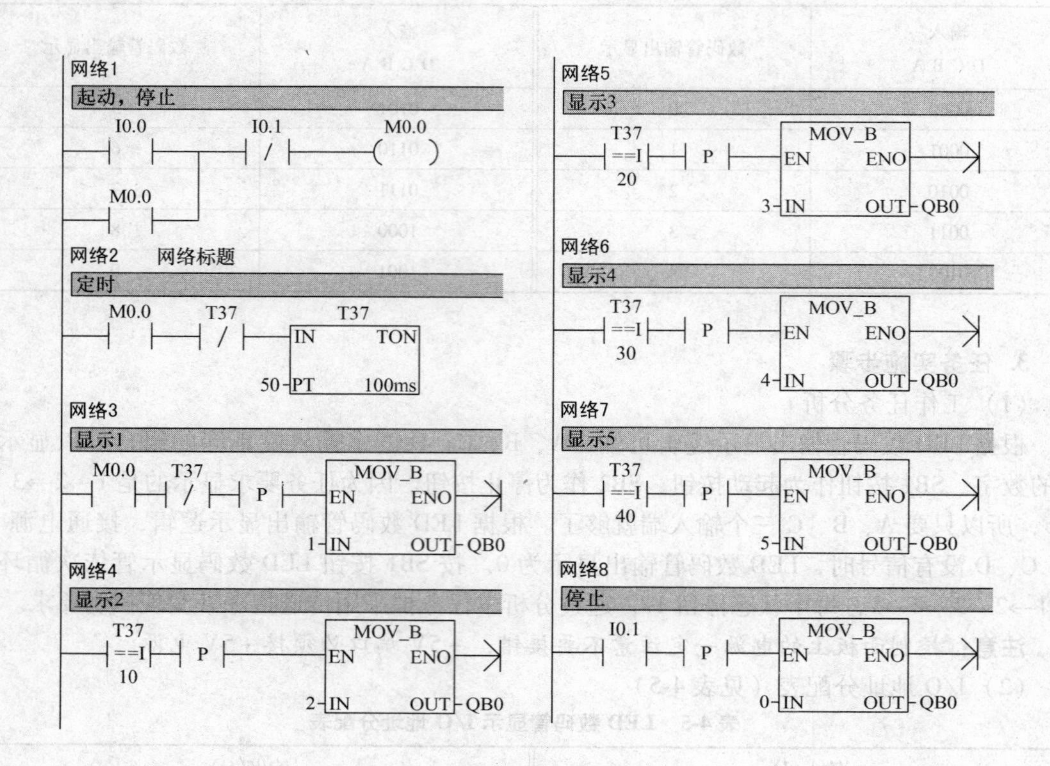

图 4-14　LED 数码管显示 PLC 控制参考程序

4.1.5　任务 5　某抢答比赛抢答器系统显示的 PLC 控制

1. 考核能力目标

（1）会分析该电路的控制功能。

（2）会按控制要求完成 I/O 地址分配表。

（3）会绘制 PLC 控制系统接线图。

（4）会 PLC 控制系统接线。

（5）会编写控制程序、输入程序及调试程序。

2. 工作任务

某企业承担了某抢答比赛抢答器系统的设计，系统初始化上电后或开始抢答前，主持人先单击“开始”按钮，各队人员才可以开始抢答，即各队抢答按键有效；抢答过程中，1 ~ 3 中的任何一队抢答成功后，该队的指示灯点亮，LED 显示系统显示当前抢答成功的队号，并且其他队的人员继续抢答无效；抢答答题完成后，主持人确认此次抢答答题完毕，按下“复位”按钮，开始新一轮的抢答。抢答器示意图如图 4-15 所示，抢答器的数码管输出显示逻辑见表 4-6。

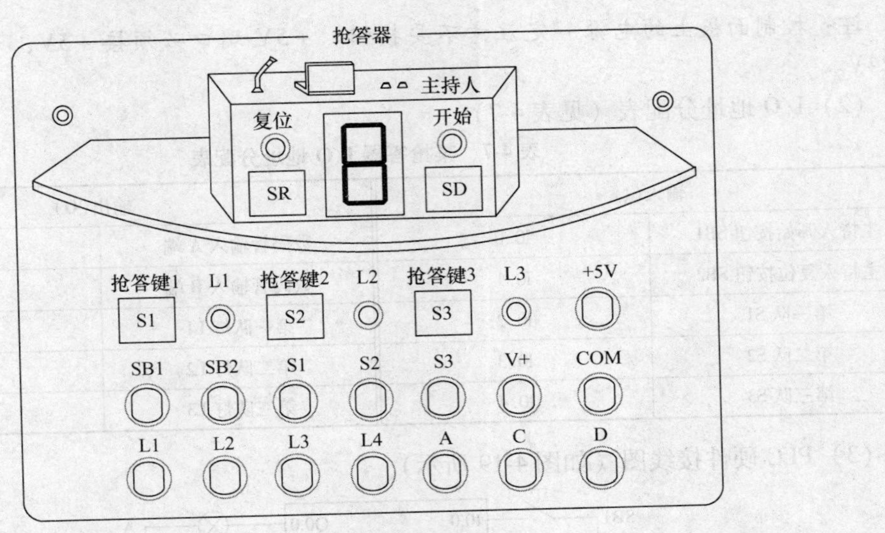

图4-15　抢答器示意图

表4-6　数码管输出显示逻辑

D C B A（输入端）	数码管输出显示	D C B A（输入端）	数码管输出显示
0000	0	0101	5
0001	1	0110	6
0010	2	0111	7
0011	3	1000	8
0100	4	1001	9

3. 任务实施步骤

（1）工作任务分析

依要求可知，SB1为主持人起动按钮，SB2为主持人复位（停止）按钮。因为要抢答时显示队员，总共有3队，抢答时显示的数字是1、2、3，根据数码管输出显示逻辑，A、B、C、D四个输入端不同的组合可以显示不同的数字，本任务只要A、B两个输入端就能满足要求。A、B两输入端分别接Q0.0、Q0.1；L1、L2、L3分别接Q0.2、Q0.3、Q0.4。主持人按复位按钮也显示为0。本任务采用传送指令来实现控制要求。

第一队有效（如图4-16所示）：输出Q0.0＝1（显示数字1）、Q0.2＝1（第一队灯L1亮），即QB0＝2#101。

	Q0.7	Q0.6	Q0.5	Q0.4	Q0.3	Q0.2	Q0.1	Q0.0
QB0						1		1

图4-16　第一队有效示意图

第二队有效（如图4-17所示）：输出Q0.1＝1（显示数字2）、Q0.3＝1（第二队灯L2亮），即QB0＝2#1010。

第三队有效（如图4-18所示）：输出Q0.0＝Q0.1＝1（显示数字3）、Q0.4＝1（第三队灯L3亮），即QB0＝2#10011。

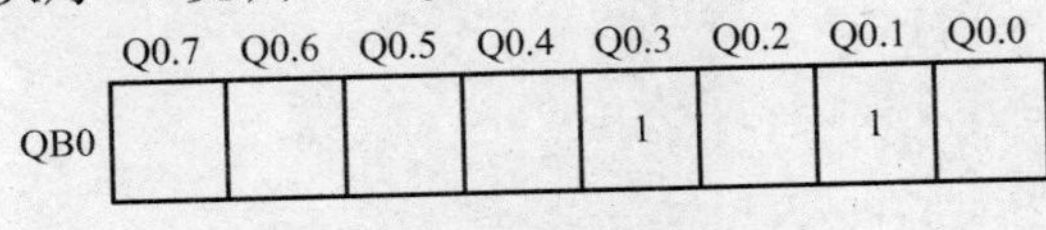

	Q0.7	Q0.6	Q0.5	Q0.4	Q0.3	Q0.2	Q0.1	Q0.0
QB0					1		1	

图4-17　第二队有效示意图

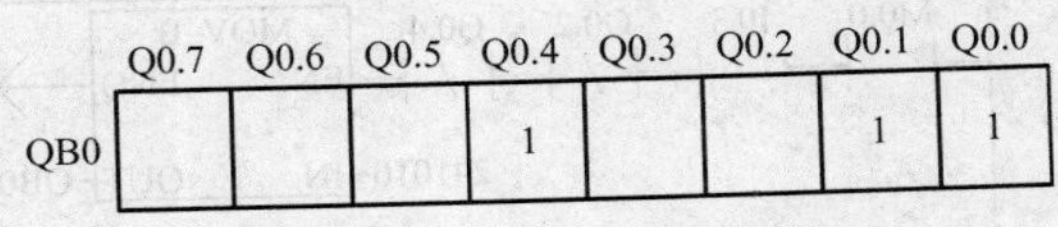

	Q0.7	Q0.6	Q0.5	Q0.4	Q0.3	Q0.2	Q0.1	Q0.0
QB0				1			1	1

图4-18　第三队有效示意图

注：控制面板上的电源一定注意不要接错。+5V 端口必须接 +5V，+V 端口接直流 +24V。

（2）I/O 地址分配表（见表 4-7）

表 4-7　某抢答器 I/O 地址分配表

输入(I)		输出(O)	
主持人开始按钮 SB1	I0.0	数码管输入 A 端	Q0.0
主持人复位按钮 SB2	I0.1	数码管输入 B 端	Q0.1
第一队 S1	I0.2	第一队灯 L1	Q0.2
第二队 S2	I0.3	第二队灯 L2	Q0.3
第三队 S3	I0.4	第三队灯 L3	Q0.4

（3）PLC 硬件接线图（如图 4-19 所示）

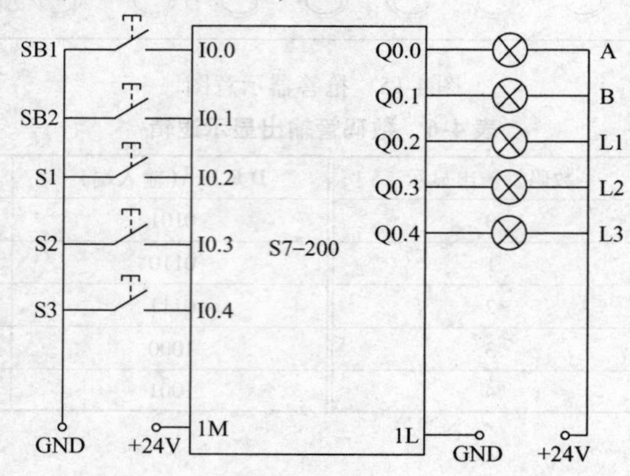

图 4-19　某抢答器 PLC 硬件接线图

（4）参考程序（如图 4-20 所示）

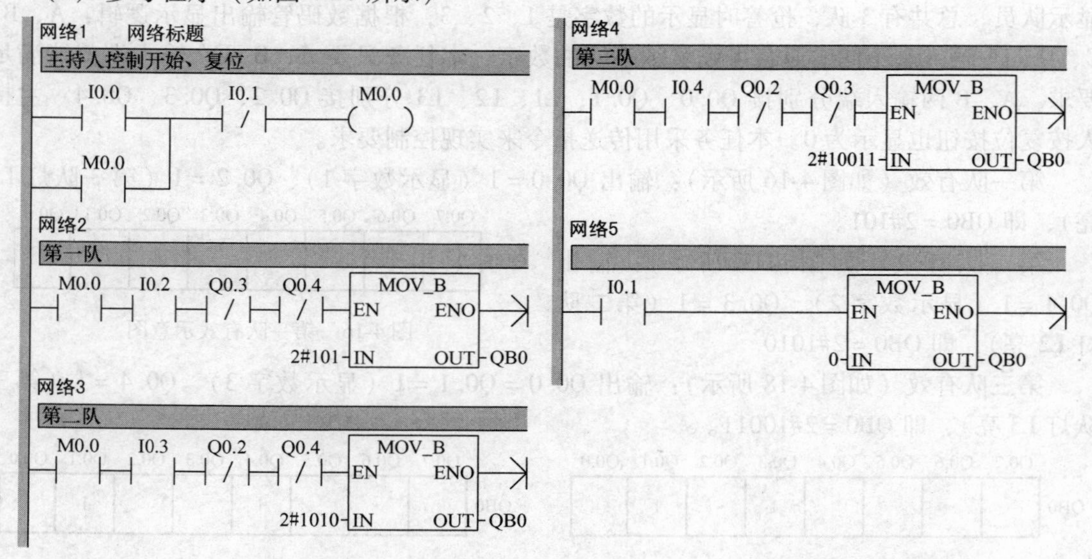

图 4-20　某抢答器 PLC 控制参考程序

4.2　知识链接及知识拓展

4.2.1　位移位寄存器指令

位移位寄存器指令的格式及功能见表 4-8。

表 4-8　位移位寄存器指令的格式及功能

指令名称	梯形图(LAD)	语句表(STL)		功 能 说 明
		操作码	操作数	
位移位寄存器	SHRB EN　ENO DATA S_BIT N	SHRB	DATA,S_BIT,N	若使能端 EN 为 1 时,在每个扫描周期内,且在允许输入端 EN 的每个上升沿时刻对数据位 DATA 采样一次,把 DATA 的数值移入到寄存器的最低位(N 为正时)或最高位(N 为负时),寄存器的其他位则依次左移(N 为正时)或右移(N 位负时)一位。因此,要用边沿跳变指令来控制使能端的状态

指令说明：

1）EN 为使能输入端，连接移位脉冲信号，每次使能 EN 有效时，整个移位寄存器移动 1 位。

2）DATA 为数据输入端，连接移入移位寄存器的二进制数值，执行指令时将该位的值移入寄存器。

3）S_BIT 和 N 定义一个位移位寄存器。S_BIT 指定移位寄存器的最低位。N 指定移位寄存器的长度和移位方向，移位寄存器的最大长度为 64 位，N 为正值表示左移位，输入数据（DATA）移入移位寄存器的最低位（S_BIT），同时最高位移出移位寄存器，移出的数据被放置在溢出存储器（SM1.1）中；N 为负值表示右移位，输入数据移入移位寄存器的最高位中，同时最低位（S_BIT）移出，移出的数据被放置在溢出存储器（SM1.1）中。

4）DATA 和 S-BIT 的操作数为 I、Q、M、SM、T、C、V、S、L。N 的操作数为 VB、IB、QB、MB、SB、SMB、LB、AC、常量。

例 4-1　使用 SB 按钮，实现灯 L1、L2、L3 依次点亮，试用 PLC 实现控制。

解： 1）分析：SB 按钮与 I0.0 连接，灯 L1 与 Q0.0 连接，灯 L2 与 Q0.1 连接，灯 L3 与 Q0.2 连接，采用位移位寄存器指令来实现，则用 I0.0 的上升沿来控制位移位寄存器指令的执行，I0.1 作为数据输入（这里用开关 K 来控制，即开关 K 与 I0.1 连接），Q0.0 为位移位寄存器的最低位，移位位数为 +3。

2）PLC 控制 I/O 地址分配表见表 4-9。

表 4-9　PLC 控制 I/O 地址分配表

输入(I)		输出(O)	
按钮 SB1	I0.0	灯 L1	Q0.0
开关 K (开关 K 采用"1"状态)	I0.1	灯 L2	Q0.1
		灯 L3	Q0.2

3）参考程序如图 4-21 所示。

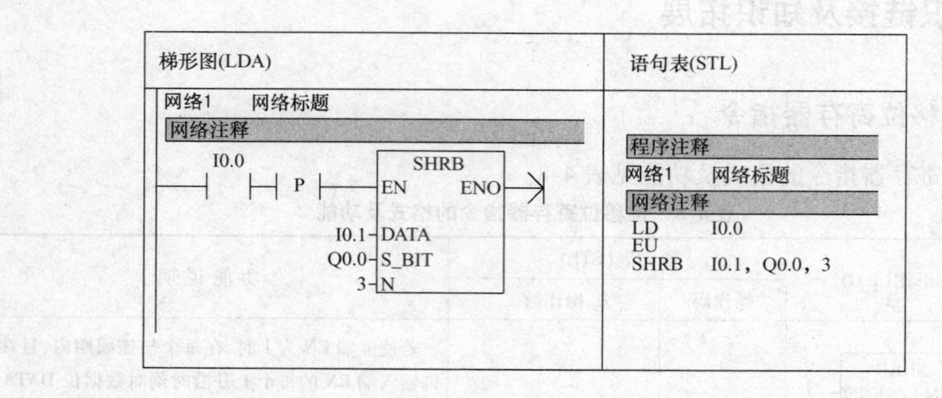

图 4-21 例 4-1 参考程序

注：图 4-20 参考程序中使 I0.1 一直为“1”，第一次按按钮 SB，I0.0 的上升沿使 EN 为“1”，为“1”的 DATA 的数据移到最低位 Q0.0，则 Q0.0 为“1”，灯 L1 亮，Q0.1，Q0.2 依次左移一位；依次类推。

例 4-2 灯光喷泉示意图如图 4-22 所示，控制要求如下：按起动按钮 SB1 后，灯按 1→2→3→4→5→6→7→8 的顺序依次循环点亮，每个状态停留 1s，按 SB2 灯全部熄灭。试用 PLC 完成控制。

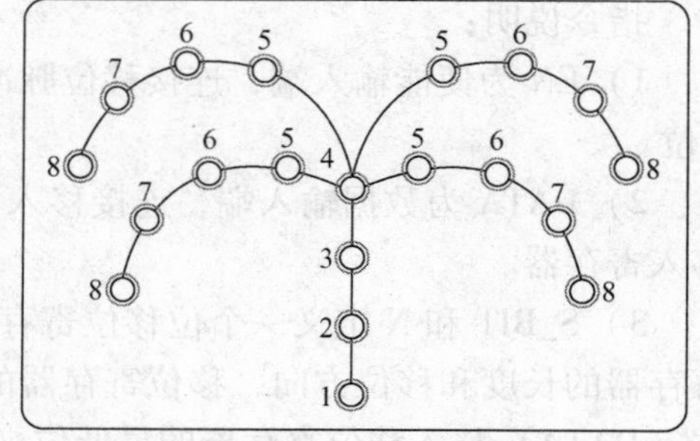

图 4-22 灯光喷泉示意图

解：1）分析：SB1 按钮与 I0.0 连接，SB2 按钮与 I0.1 连接，灯 L1 ~ 灯 L8 分别与 Q0.0 ~ Q0.7 连接，采用位移位寄存器指令来实现。

2）PLC 控制 I/O 地址分配表见表 4-10。

表 4-10 PLC 控制 I/O 地址分配表

输入(I)		输出(O)			
起动按钮 SB1	I0.0	灯 L1	Q0.0	灯 L5	Q0.4
		灯 L2	Q0.1	灯 L6	Q0.5
停止按钮 SB2	I0.1	灯 L3	Q0.2	灯 L7	Q0.6
		灯 L4	Q0.3	灯 L8	Q0.7

3）参考程序如图 4-23 所示。

例 4-3 灯光喷泉示意图如图 4-22 所示，控制要求如下：开关 K 闭合，灯按 1→2→3→4→5→6→7→8 的顺序依次循环点亮，每个状态停留 1s，开关 K 断开灯全部熄灭。试用 PLC 完成控制。

解：1）分析：开关 K 与 I0.0 连接，灯 L1 ~ 灯 L8 分别与 Q0.0 ~ Q0.7 连接，采用位移位寄存器指令来实现。

2）I/O 地址分配表见表 4-11。

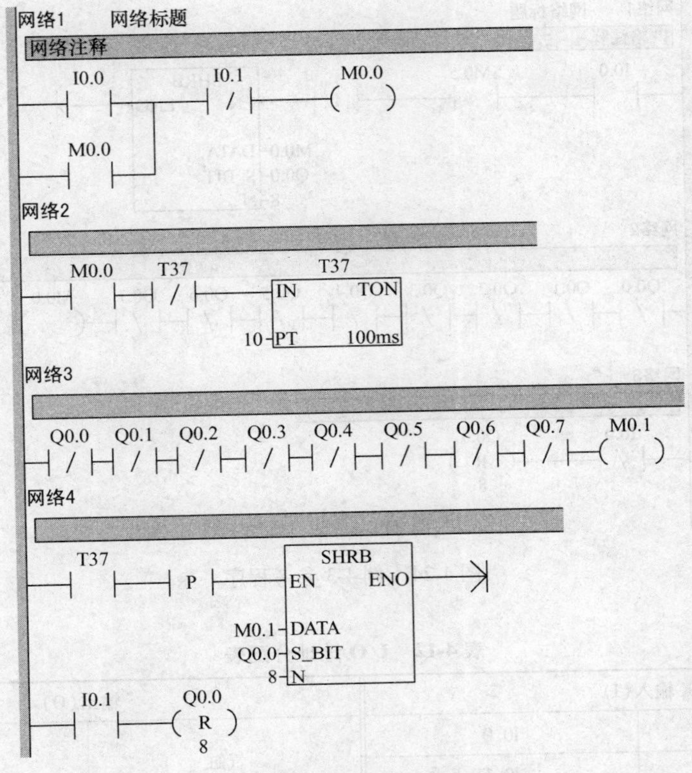

图 4-23　例 4-2 参考程序

表 4-11　I/O 地址分配表

输入(I)		输出(O)			
开关 K	I0. 0	灯 L1	Q0. 0	灯 L5	Q0. 4
		灯 L2	Q0. 1	灯 L6	Q0. 5
		灯 L3	Q0. 2	灯 L7	Q0. 6
		灯 L4	Q0. 3	灯 L8	Q0. 7

3）参考程序如图 4-24 所示。

例 4-4　废品分拣控制。控制要求：产品在输送带上传送，输送带上的产品经过一台检测装置，检测装置输出检测结果到 I0. 0，有产品时为“1”。检测产品好坏的结果输出到 I0. 1，I0. 1 为“0”是好产品，I0. 1 为“1”是废品。在第 4 个产品的位置有一个堆废品的气缸，由输出 Q0. 0 控制。若检测的产品为废品，到达第 4 个产品位置时，Q0. 0 输出，气缸动作，废品被推出，1s 后气缸退回，传送带继续工作，进行产品的检测。

解：1）分析：检测装置检测到有产品时 I0. 0 为“1”，I0. 1 检测产品的好坏，产品坏为“1”，指定移位寄存器的最低位为 M0. 0，移位寄存器的长度为 4。因为在第 4 个产品的位置有一个气缸 Q0. 0，若 I0. 1 为“1”时，到达第 4 个产品位置时，那么就用 M0. 3 驱动气缸动作，推出产品，同时用 T37 定时 1s，1s 后使 M0. 0 复位，气缸退回。

2）I/O 地址分配表见表 4-12。

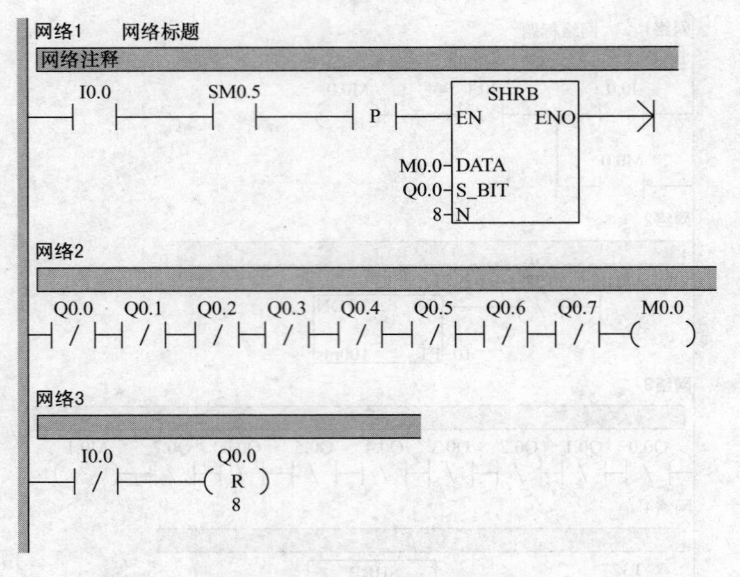

图 4-24　例 4-3 参考程序

表 4-12　I/O 地址分配表

输入(I)		输出(O)	
检测产品信号	I0. 0	气缸	Q0. 0
产品好坏	I0. 1		

3）参考程序如图 4-25 所示。

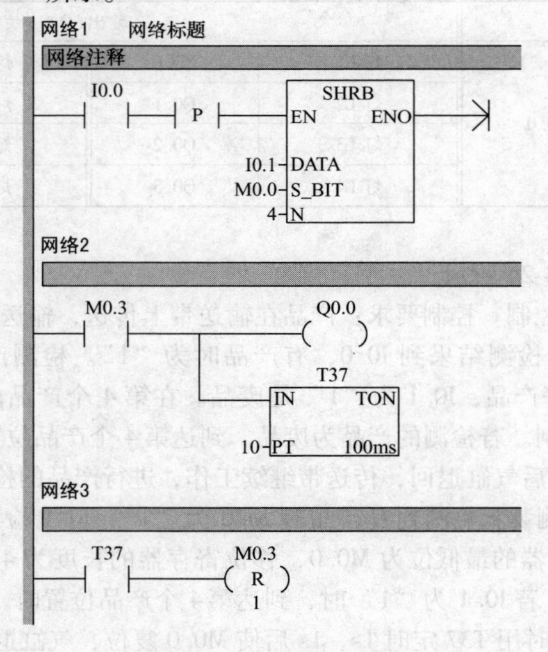

图 4-25　例 4-4 参考程序

4.2.2 数据传送指令

数据传送指令的格式及功能见表4-13。

表4-13 数据传送指令的格式及功能

指令名称	梯形图(LAD)	语句表(STL)		功能说明
		操作码	操作数	
字节传送	MOV_B（EN ENO IN OUT）	MOV_B	IN,OUT	当使能端EN为1时,把IN所指的字节原值传送到OUT所指字节存储单元
字传送	MOV_W（EN ENO IN OUT）	MOV_W	IN,OUT	当使能端EN为1时,把IN所指的字原值传送到OUT所指字存储单元
双字传送	MOV_DW（EN ENO IN OUT）	MOV_DW	IN,OUT	当使能端EN为1时,把IN所指的双字原值传送到OUT所指双字存储单元
实数传送	MOV_R（EN ENO IN OUT）	MOV_R	IN,OUT	当使能端EN为1时,把IN所指的实数原值传送到OUT所指实数存储单元

指令说明：

1）EN为允许输入端，ENO为允许输出端，IN为操作数据输入端，OUT为结果输出端。

2）操作数的寻址范围与指令操作码要一致。其中字节传送时不能寻址专用的字及双字存储器，如T、C、HC等，OUT寻址不能寻址常数。

3）传送指令可用操作数见表4-14。

表4-14 传送指令可用操作数

指令	IN/OUT	操作数
MOV_B	IN	VB、IB、QB、MB、SB、SMB、LB、AC、常数、*VD、*AC、*LD
	OUT	VB、IB、QB、MB、SB、SMB、LB、AC、*VD、*AC、*LD
MOV_W	IN	VW、IW、QW、MW、SW、SMW、LW、T、C、AIW、常数、AC、*VD、*AC、*LD
	OUT	VW、IW、QW、MW、SW、SMW、LW、AQW、AC、*VD、*AC、*LD
MOV_DW	IN	VD、ID、QD、MD、SD、SMD、LD、HC、&VB、&IB、&QB、&MB、&SB、&T、&C、AC、常数、*VD、*AC、*LD
	OUT	VD、ID、QD、MD、SD、SMD、LD、AC、*VD、*AC、*LD
MOV_R	IN	VD、ID、QD、MD、SD、SMD、LD、AC、常数、*VD、*AC、*LD
	OUT	VD、ID、QD、MD、SD、SMD、LD、AC、*VD、*AC、*LD

例4-5 利用传送指令实现三台电动机M1、M2、M3的控制。要求：（1）按下SB1按钮时三台电动机同时起动；（2）按下SB2按钮时三台电动机同时停止。

解：1）分析：

①输入：起动按钮 SB1 与 I0.0 连接，停止按钮 SB2 与 I0.1 连接。

②输出：电动机 M1 控制与 Q0.0 连接，电动机 M2 控制与 Q0.1 连接，电动机 M3 控制与 Q0.2 连接。

③采用传送指令来实现。

2）I/O 地址分配表（见表 4-15）

表 4-15　I/O 地址分配表

输入(I)		输出(O)	
起动按钮 SB1	I0.0	电动机 M1	Q0.0
		电动机 M2	Q0.1
停止按钮 SB2	I0.1	电动机 M3	Q0.2

3）参考程序如图 4-26 所示。

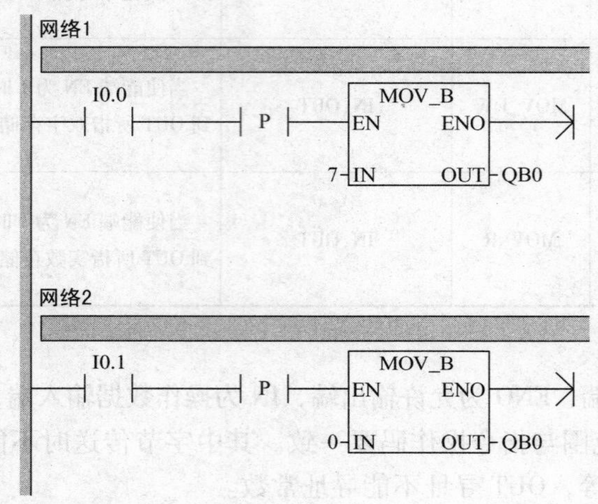

图 4-26　例 4-5 参考程序

例 4-6　某工厂生产的两种型号工件所需加热的时间为 30s、60s。使用两个开关来控制定时器的设定值，一个开关对应于一个设定值；用起动按钮和接触器控制加热炉的通断。设计 PLC 控制电路并编写程序。

解：1）分析：

①输入：选择 30s 开关与 I0.0 连接，选择 60s 开关与 I0.1 连接，起动按钮 SB1 与 I0.2 连接；停止按钮 SB2 与 I0.3 连接。

②输出：控制加热的接触器 KM 与 Q0.0 连接。

2）I/O 地址分配表见表 4-16。

表 4-16　I/O 地址分配表

输入(I)		输出(O)	
选择 30s 开关	I0.0	接触器 KM	Q0.0
选择 60s 开关	I0.1		
起动按钮 SB1	I0.2		
停止按钮 SB2	I0.3		

3）参考程序如图4-27所示。

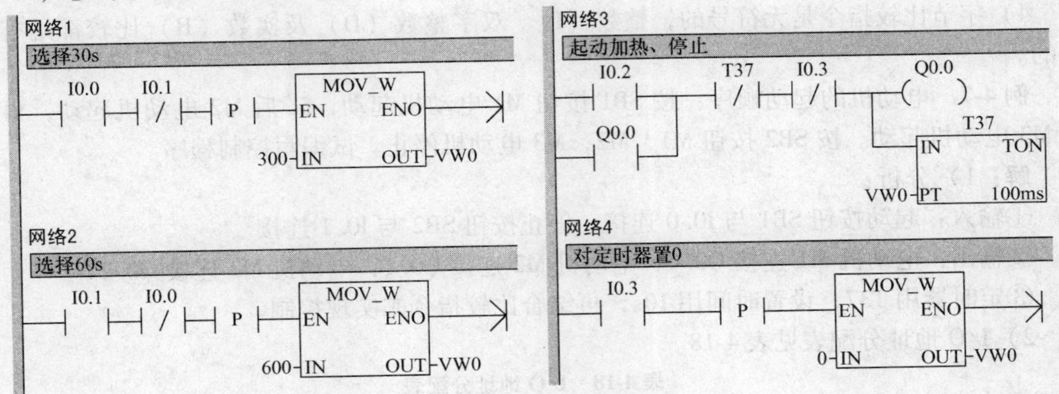

图4-27　例4-6参考程序

4.2.3　数据比较指令

比较指令用于将两个操作数按指定条件进行比较，当条件成立时，触点闭合。所以比较指令也是一种位控制指令，对其可以进行LD、A和O编程。

比较指令可以应用于字节、整数、双字整数和实数比较。其中，字节比较是无符号的，整数、双字整数和实数比较是有符号的。数据比较指令的格式及功能见表4-17。

表4-17　数据比较指令的格式及功能

指令名称	梯形图（LAD）以==为例	语句表（STL）		功能说明
		操作码	操作数	
字节比较	IN1 ─┤==B├─ IN2	LDB = AB = OB =	IN1，IN2 IN1，IN2 IN1，IN2	比较两个数IN1和IN2的大小，若比较式为真，则改触点闭合
整数比较	IN1 ─┤==I├─ IN2	LDW = AW = OW =	IN1，IN2 IN1，IN2 IN1，IN2	比较两个数IN1和IN2的大小，若比较式为真，则改触点闭合
双字整数比较	IN1 ─┤==D├─ IN2	LDD = AD = OD =	IN1，IN2 IN1，IN2 IN1，IN2	比较两个数IN1和IN2的大小，若比较式为真，则改触点闭合
实数比较	IN1 ─┤==R├─ IN2	LDR = AR = OR =	IN1，IN2 IN1，IN2 IN1，IN2	比较两个数IN1和IN2的大小，若比较式为真，则改触点闭合

指令说明：

1）比较的关系运算符有6种：“==”、“>”、“>=”、“<”、“<=”和“<>”，表4-17是以“=”为例进行说明的。

2）数据类型分为：字节（B）、整数（I）、双字整数（D）和实数（R）四种。

3）字节比较、实数比较指令不能寻址专用的整数及双字整数存储器，如T、C、HC等；整数（I）比较时不能寻址双字存储器HC；双字整数比较时不能寻址专用的字存储器

T、C 等。

4）字节比较指令是无符号的，整数（I）、双字整数（D）及实数（R）比较都是有符号的。

例 4-7　电动机的起动顺序：按 SB1 按钮 M1 电动机起动，5s 后 M2 电动机起动，再过 5s M3 电动机起动。按 SB2 按钮 M1，M2，M3 电动机停止。试编写控制程序。

解：1）分析：

①输入：起动按钮 SB1 与 I0.0 连接，停止按钮 SB2 与 I0.1 连接。

②输出：电动机 M1 连接 Q0.0，电动机 M2 连接 Q0.1；电动机 M3 连接 Q0.2。

③定时器用 T37，设置时间用 10s，再结合比较指令来实现控制。

2）I/O 地址分配表见表 4-18。

表 4-18　I/O 地址分配表

输入(I)		输出(O)	
起动按钮 SB1	I0.0	电动机 M1	Q0.0
		电动机 M2	Q0.1
停止按钮 SB2	I0.1	电动机 M3	Q0.2

3）参考程序如图 4-28 所示。

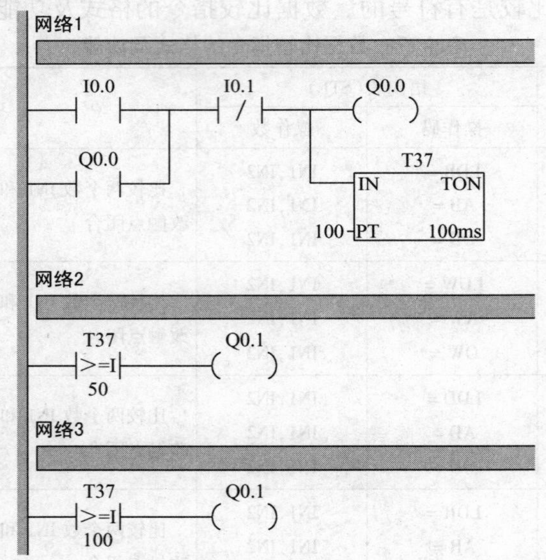

图 4-28　例 4-7 参考程序

例 4-8　某料斗方向控制。料斗运动方向是左、右移动。料斗有 4 个工作位置，分别通过限位开关 SQ1、SQ2、SQ3、SQ4 来检测；每个工作位置设置一个呼叫按钮，分别是 SB1、SB2、SB3、SB4。工作时，首先起动设备，然后在任意工作位置按下呼叫按钮，料斗会自动向这一位置运动，直到到达这个位置后，料斗自动停止。试编写控制程序实现控制。

解：1）分析：

①输入：1#位置 SQ1 连接 I0.0，2#位置 SQ2 连接 I0.1，3#位置 SQ3 连接 I0.02，4#位置

SQ4 连接 I0.3，1#呼叫连接 I0.4，2#呼叫连接 I0.5，3#呼叫连接 I0.6，4#呼叫连接 I0.7，起动按钮 SB1 与 I1.0 连接，停止按钮 SB2 与 I1.1 连接。

②输出：向左运动接触器 KM1 连接 Q0.0，向右运动接触器 KM2 连接 Q0.1，把位置信号送 VB0，呼叫信号送 VB1，然后 VB0 与 VB1 进行比较，这样来控制料斗的左、右运动。

2）I/O 地址分配表见表 4-19。

表 4-19　I/O 地址分配表

输入(I)				输出(O)	
1#位置 SQ1	I0.0	1#呼叫	I0.4	向左运动接触器 KM1	Q0.0
2#位置 SQ2	I0.1	2#呼叫	I0.5		
3#位置 SQ3	I0.2	3#呼叫	I0.6	向右运动接触器 KM2	Q0.1
4#位置 SQ4	I0.3	4#呼叫	I0.7		
起动按钮 SB1	I1.0	停止按钮 SB2	I1.1		

3）参考程序如图 4-29 所示。

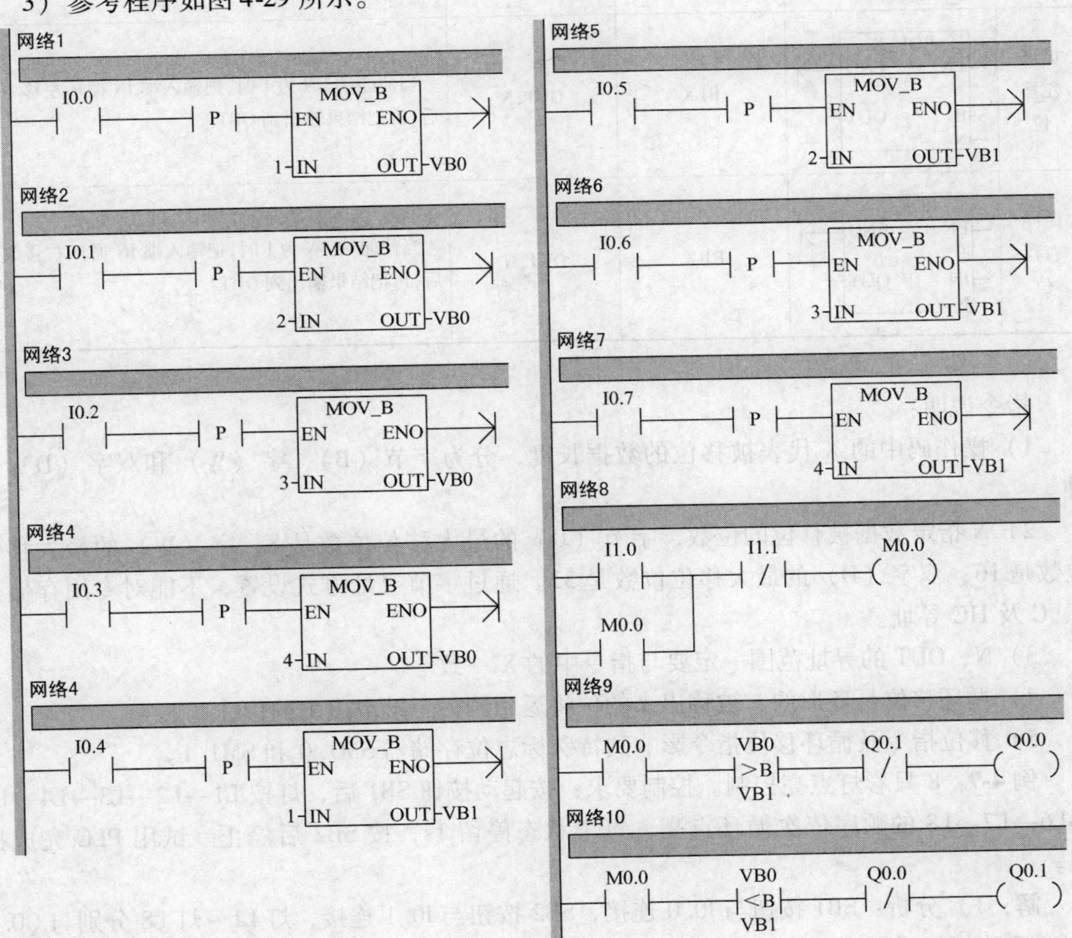

图 4-29　例 4-8 参考程序

4.2.4 数据移位指令

数据移位指令格式及功能见表 4-20。

表 4-20 数据移位指令格式及功能

指令名称	梯形图(LAD)	语句表(STL)		功能说明
		操作码	操作数	
左移位	SHL_X EN ENO IN OUT N	SLX	OUT,N	当使能端 EN 为 1 时,把输入端 IN 左移 N 位后,再把结果输出到 OUT
右移位	SHR_X EN ENO IN OUT N	SRX	OUT,N	当使能端 EN 为 1 时,把输入端 IN 右移 N 位后,再把结果输出到 OUT
循环左移位	ROL_X EN ENO IN OUT N	RLX	OUT,N	当使能端 EN 为 1 时,把输入端 IN 循环左移 N 位后,再把结果输出到 OUT
循环右移位	ROR_X EN ENO IN OUT N	RRX	OUT,N	当使能端 EN 为 1 时,把输入端 IN 循环右移 N 位后,再把结果输出到 OUT

指令说明:

1) 操作码中的 X 代表被移位的数据长度,分为字节(B)、字(W)和双字(D)三种。

2) N 指定数据被移位的位数,字节(B)的最大移位位数是 8;字(W)的最大移位位数是 16;双字(D)的最大移位位数是 32。通过字节寻址方式设置,不能对专用存储器 T、C 及 HC 寻址。

3) N、OUT 的寻址范围一定要与指令中的 X 一致。

4) 循环移位是环形的,被移出来的位将返回到另一端空出来的位。

5) 移位指令及循环移位指令影响到特殊标志位存储器 SM1.0 和 SM1.1。

例 4-9 8 只彩灯点亮控制。控制要求:按起动按钮 SB1 后,灯按 L1→L2→L3→L4→L5→L6→L7→L8 的顺序依次循环点亮,每个状态停留 1s,按 SB2 后停止。试用 PLC 完成控制。

解: 1) 分析:SB1 按钮与 I0.0 连接,SB2 按钮与 I0.1 连接,灯 L1 ~ 灯 L8 分别与 Q0.0 ~ Q0.7 连接,采用右循环移位寄存器指令来实现。

2) I/O 地址分配表见表 4-21。

表 4-21　I/O 地址分配表

输入(I)		输出(O)			
起动按钮 SB1	I0. 0	灯 L1	Q0. 0	灯 L5	Q0. 4
		灯 L2	Q0. 1	灯 L6	Q0. 5
停止按钮 SB2	I0. 1	灯 L3	Q0. 2	灯 L7	Q0. 6
		灯 L4	Q0. 3	灯 L8	Q0. 7

3）参考程序如图 4-30 所示。

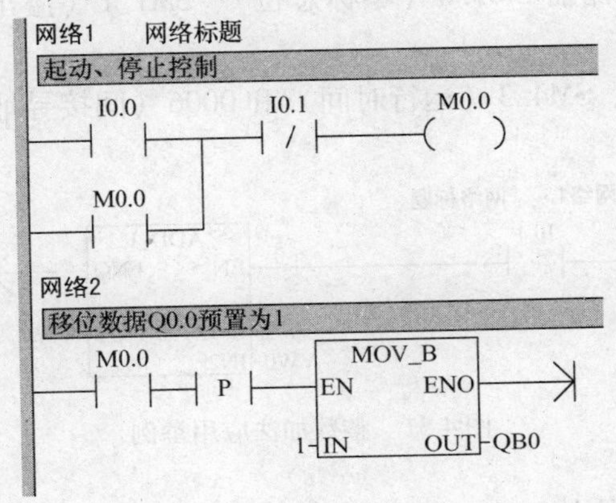

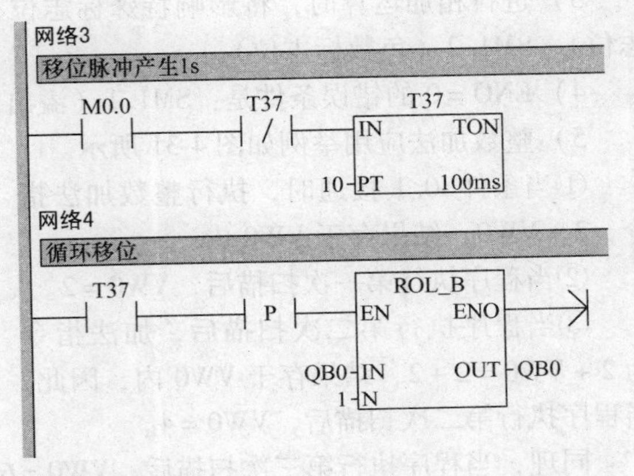

图 4-30　例 4-9 参考程序

4.2.5　算术运算指令

算术运算指令包括加法、减法、乘法、除法、增 1/减 1 和一些常用的数学函数指令。本节主要介绍加法、减法、乘法、除法、增 1/减 1 指令。

1. 加法指令（ADD）

加法指令（ADD）是对两个有符号数 IN1 和 IN2 进行相加操作，产生的结果输出到 OUT。它包括整数加法（+I）、双整数加法（+DI）和实数加法（+R），其指令格式见表 4-22。

表 4-22　加法指令格式

指令名称	梯形图(LAD)	语句表(STL)	
		操作码	操作数
整数加法	ADD_I EN　ENO IN1　OUT IN2	MOVW +I	IN1, OUT IN2, OUT
双整数加法	ADD_DI EN　ENO IN1　OUT IN2	MOVW +DI	IN1, OUT IN2, OUT
实数加法	ADD_R EN　ENO IN1　OUT IN2	MOVW +R	IN1, OUT IN2, OUT

指令说明：

1）在语句表（STL）中，若 IN1、IN2 和 OUT 操作数的地址不同，首先用数据传送指令将 IN1 中数据送入 OUT，然后再执行相加运算 IN2 + OUT = OUT。若 IN2 和 OUT 操作数地址相同，则是 IN1 + OUT = OUT。在梯形图（LAD）中执行 IN1 + IN2，将结果存入 OUT。

2）执行加法指令时，+I 表示两个 16 位的有符号数 IN1 和 IN2 相加，产生一个 16 位的整数和 OUT；+D 表示两个 32 位的有符号数 IN1 和 IN2 相加，产生一个 32 位的整数和 OUT；+R 表示两个 32 位的实数 IN1 和 IN2 相加，产生一个 32 位的实数和 OUT。

3）进行相加运算时，将影响特殊标志位存储器 SM1.0（零标志位）、SM1.1（溢出标志位）、SM1.2（负数标志位）。

4）ENO = 0 的错误条件是：SM1.1（溢出）、SM4.3（运行时间）和 0006（间接寻址）。

5）整数加法应用举例如图 4-31 所示。

①当条件 I0.1 接通时，执行整数加法指令，2 + VW0，结果存于 VW0 内。

②当程序执行第一次扫描后，VW0 = 2。

③当程序执行第二次扫描后，加法指令为 2 + VW0 = 2 + 2，结果存于 VW0 内，因此，当程序执行第二次扫描后，VW0 = 4。

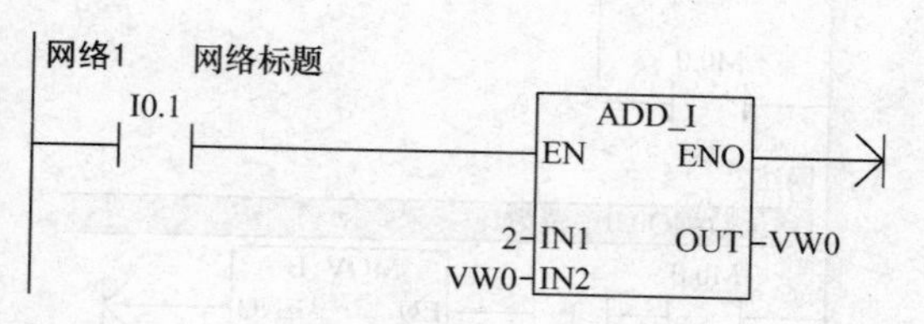

图 4-31　整数加法应用举例

同理，当程序执行第三次扫描后，VW0 = 6……

说明： 整数加法指令即两个整数类型的数据进行相加，结果传到目标处（目标也为整数）。

2. 减法指令（SUB）

减法指令（SUB）是对两个带符号数 IN1 和 IN2 进行相减操作，产生的结果输出到 OUT。它包括整数减法（-I）、双整数减法（-DI）和实数减法（-R），指令见表 4-23。

表 4-23　减法指令格式

指令名称	梯形图(LAD)	语句表(STL)	
		操作码	操作数
整数减法	SUB_I EN　ENO IN1　OUT IN2	MOVW -I	IN1,OUT IN2,OUT
双整数减法	SUB_DI EN　ENO IN1　OUT IN2	MOVW -DI	IN1,OUT IN2,OUT
实数减法	SUB_R EN　ENO IN1　OUT IN2	MOVW -R	IN1,OUT IN2,OUT

指令说明：

1）在语句表（STL）中：若IN1、IN2和OUT操作数的地址不同，首先用数据传送指令将IN1中数据送入OUT，然后再执行相加运算IN2 - OUT = OUT。若IN2和OUT操作数地址相同，则是IN1 - OUT = OUT。在梯形图（LAD）中执行IN1 - IN2，将结果存入OUT。

2）执行加法指令时，-I表示两个16位的有符号数IN1和IN2相加，产生一个16位的整数和OUT；-D表示两个32位的有符号数IN1和IN2相加，产生一个32位的整数和OUT；-R表示两个32位的实数IN1和IN2相加，产生一个32位的实数和OUT。

3）进行相减运算时，将影响特殊标志位存储器SM1.0（零标志位）、SM1.1（溢出标志位）、SM1.2（负数标志位）。

4）ENO = 0的错误条件是：SM1.1（溢出）、SM4.3（运行时间）和0006（间接寻址）。

5）整数减法应用举例如图4-32所示。

当条件I0.1接通时，执行整数减法指令，执行时，VW0的数据 - VW2的数据，其运算结果存到VW4里面。

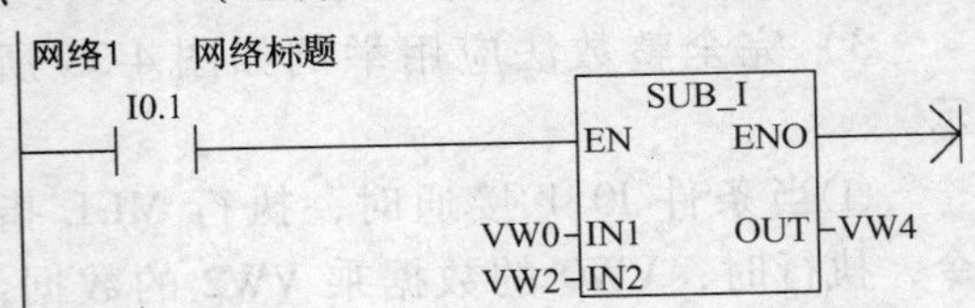

图4-32　整数减法应用举例

整数减法指令注意点：

1）进行整数减法运算的三个数据都是整数。

2）当目标结果与减数或被减数一样时，结果也会一直变化。

3）指令是IN1（VW0）-IN2（VW2），顺序不能搞反。

3. 乘法指令（MUL）

乘法指令（MUL）是对两个带符号数IN1和IN2进行相乘操作，产生的结果输出到OUT。它包括整数乘法（＊I）、双整数乘法（＊DI）、实数乘法（＊R）完全和整数乘法（MUL），乘法指令格式见表4-24。

表4-24　乘法指令格式

指令名称	梯形图（LAD）	语句表（STL）	
		操作码	操作数
整数乘法	MUL_I EN　ENO IN1　OUT IN2	MOVW ＊I	IN1，OUT IN2，OUT
双整数乘法	MUL_DI EN　ENO IN1　OUT IN2	MOVW ＊DI	IN1，OUT IN2，OUT
实数乘法	MUL_R EN　ENO IN1　OUT IN2	MOVW ＊R	IN1，OUT IN2，OUT
完全整数乘法	MUL EN　ENO IN1　OUT IN2	MOVW MUL	IN1，OUT IN2，OUT

指令说明：

1）执行乘法指令时，完全整数乘法指令（MUL）表示两个 16 位的有符号整数 IN1 和 IN2 相乘，产生一个 32 位的双整数结果 OUT，其中操作数 IN2 和 OUT 的低 16 位共用一个存储地址单元；整数乘法（＊I）表示两个 16 位的有符号数 IN1 和 IN2 相乘，产生一个 16 位的整数结果 OUT，如果运算结果大于 32767，则产生溢出；双整数乘法（＊DI）表示两个 32 位的有符号数 IN1 和 IN2 相乘，产生一个 32 位的整数结果 OUT，如果运算结果超出 32 位二进制数范围，则产生溢出；实数乘法（＊R）表示两个 32 位的实数 IN1 和 IN2 相乘，产生一个 32 位的实数结果 OUT，如果运算结果超出 32 位二进制数范围，则产生溢出。

2）进行乘法运算时，若产生溢出，则 SM1.1 置“1”，结果不写到输出 OUT，其他状态位都清零。

3）完全整数法应用举例如图 4-33 所示。

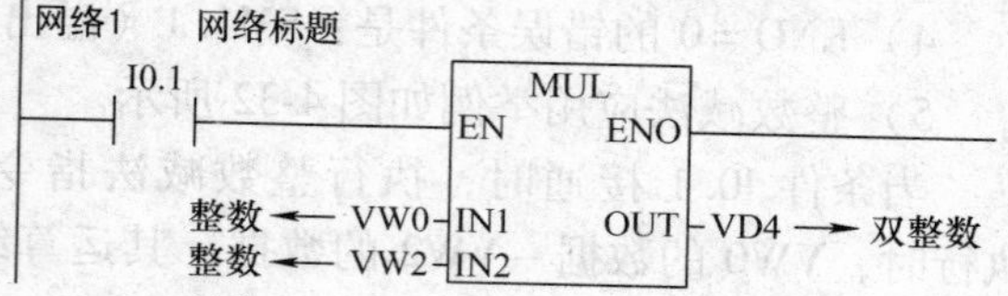

图 4-33　完全整数法应用举例

①当条件 I0.1 接通时，执行 MUL 指令，执行时，VW0 的数据乘 VW2 的数据，其运算结果存到 VD4 里面。MUL 指令须特别注意的是：整数＊整数＝双整数。

②当相乘的两个数较大时，用此指令比较合适。如：VW0＝600；VW2＝500，这两个数据都在整数范围内；但是两数相乘的结果为 300000，远远超出了一个整数的范围，因此当运算结果存于一个 32 位的双整数时，完全可以满足数据的大小要求。

4. 除法指令（DIV）

除法指令（DIV）是对两个带符号数 IN1 和 IN2 进行相除操作，产生的结果输出到 OUT。它包括整数除法（/I）、双整数除法（/DI）、实数除法（/R）和完全整数除法（DIV），除法指令格式见表 4-25。

表 4-25　除法指令格式

指令名称	梯形图(LAD)	语句表(STL)	
		操作码	操作数
整数除法	DIV_I EN　ENO IN1　OUT IN2	MOVW /I	IN1,OUT IN2,OUT
双整数除法	DIV_DI EN　ENO IN1　OUT IN2	MOVW /DI	IN1,OUT IN2,OUT
实数除法	DIV_R EN　ENO IN1　OUT IN2	MOVW /R	IN1,OUT IN2,OUT

（续）

指令名称	梯形图(LAD)	语句表(STL)	
		操作码	操作数
完全整数除法	DIV: EN, ENO, IN1, IN2, OUT	MOVW DIV	IN1, OUT IN2, OUT

指令说明：

1）执行除法指令时，完全整数除法指令（DIV）表示两个16位的有符号整数IN1和IN2相除，产生一个32位的双整数结果OUT，其中OUT的低16位为商，高16位为余数；整数除法指令（/I）表示两个16位的有符号数IN1和IN2相除，产生一个16位的整数商结果OUT，不保留余数；双整数除法指令（/DI）表示两个32位的有符号数IN1和IN2相除，产生一个32位的整数商结果OUT，同样不保留余数；实数除法（/R）表示两个32位的实数IN1和IN2相除，产生一个32位的实数商结果OUT，不保留余数。

2）进行除法运算时，除数为0，SM1.3置“1”，其他算术状态位不变，原始输入操作数也不变。

3）完全整数除法应用举例如图4-34所示。

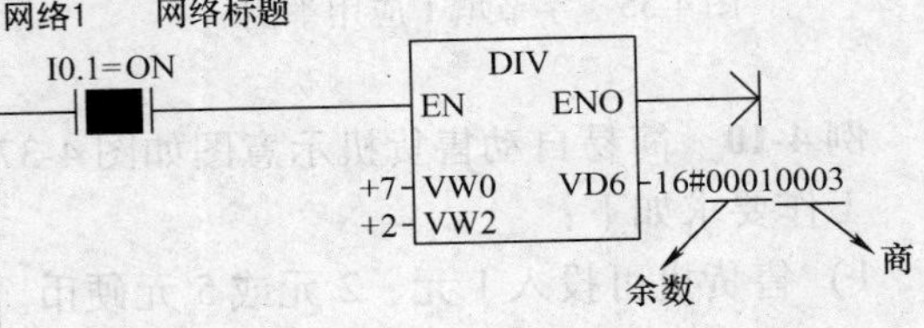

图4-34 完全整数除法应用举例

当条件I0.1接通时，执行指令，执行时，VW0的数据除以VW2的数据，其运算结果存到VD6里面。其中VW6存放余数，VW8存放商程序中，若把VW0设为7，把VW2设为2，则VW6 = 1（余数），VW8 = 3（商）。

5. 增1/减1指令

增1/减1指令是对字节（B）、字（W）或双字（DW）进行增1或减1操作，其指令见表4-26。

表4-26 增1/减1指令格式

指令名称	梯形图(LAD)	语句表(STL)		功能
		操作码	操作数	
增1	INC_X: EN, ENO, IN, OUT	INCX	OUT	当使能端为1时，INC_X对输入IN执行加1操作
减1	DEC_X: EN, ENO, IN, OUT	DECX	OUT	当使能端为1时，DEC_X对输入IN执行减1操作

指令说明：

1）指令码（梯形图）、操作码中的X指输入数据的长度，分别有字节（B）、字（D）

和双字（DW）三种形式。

2）操作数的寻址范围要与指令码中的 X 一致。

3）字、双字增减指令是有符号的，影响特殊标志位存储器位 SM1.0 和 SM1.1 的状态。字节增减是无符号的，影响特殊标志位存储器位 SM1.0、SM1.1 和 SM1.2 的状态。

4）字节增 1 应用举例（如图 4-35 所示）。

I0.0 接通，程序扫描一次，则 VB0 内的值就加 1，因此上述程序中只要 I0.0 接通，则 VB0 内的值会随着扫描周期一直累加，当累加到 255 时，下一次就会溢出，变为 0，然后重新由 0 累加。

若想让 I0.0 接通时，VB0 内的值只加 1，那么可以加一个上升沿脉冲来解决（如图 4-36 所示）

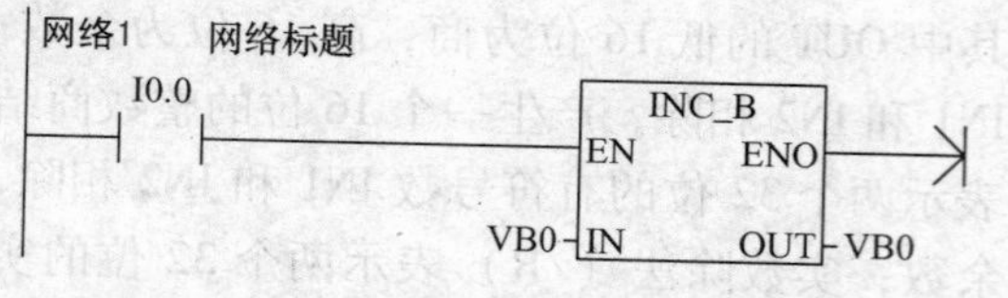

图 4-35　字节增 1 应用举例

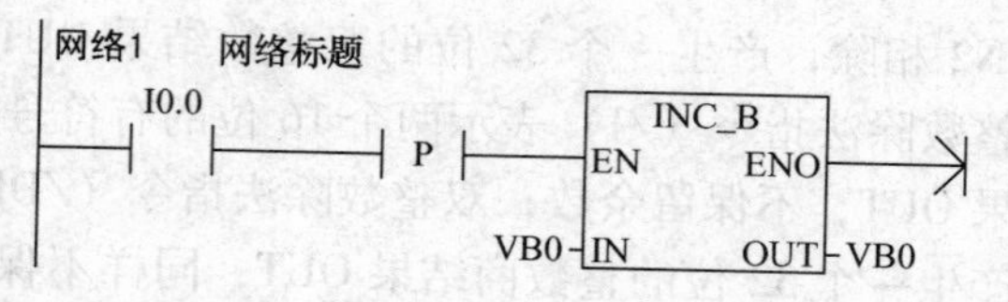

图 4-36　I0.0 接通时，VB0 内的值只加 1 程序

例 4-10　简易自动售货机示意图如图 4-37 所示。

工作要求如下：

1）售货机可投入 1 元、2 元或 5 元硬币。

2）当投入的硬币总值超过 12 元时，汽水指示灯亮；当投入的硬币总值超过 15 元时，汽水及咖啡按钮指示灯都亮。

3）当汽水灯亮时，按汽水按钮，则汽水排出 10s 后自动停止，这段时间内，汽水指示灯闪动。

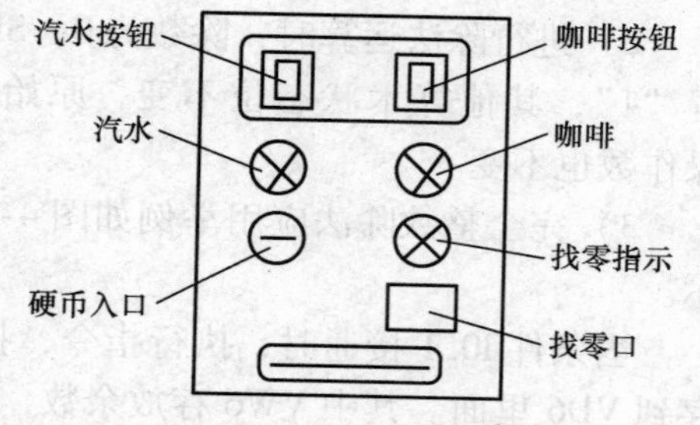

图 4-37　简易自动售货机示意图

4）当咖啡灯亮时，按咖啡按钮，则咖啡排出 10s 后自动停止，这段时间内，咖啡指示灯闪动。

5）若汽水或咖啡出后，还有一部分余额，则找钱指示灯亮，按下找钱按钮，自动退出多余的钱，找钱指示灯灭掉。

解：1）I/O 地址分配表见表 4-27。

表 4-27　自动售货机 I/O 地址分配表

输入(I)		输出(O)	
1 元硬币感应器	I0.0	汽水指示灯	Q0.0
2 元硬币感应器	I0.1	咖啡指示灯	Q0.1
5 元硬币感应器	I0.2	找钱指示灯	Q0.2
汽水按钮 1	I0.3	汽水阀门	Q0.3
咖啡按钮 1	I0.4	咖啡阀门	Q0.4
找钱按钮 1	I0.5		

2）参考程序如图 4-38、图 4-39、图 4-40、图 4-41 所示。

①计算投入的钱的总额程序如图 4-38 所示。

②指示灯控制程序如图 4-39 所示。

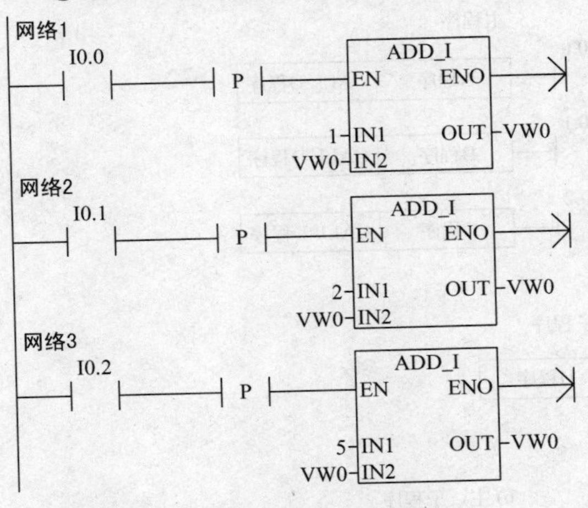

图 4-38 计算投入的钱的总额程序

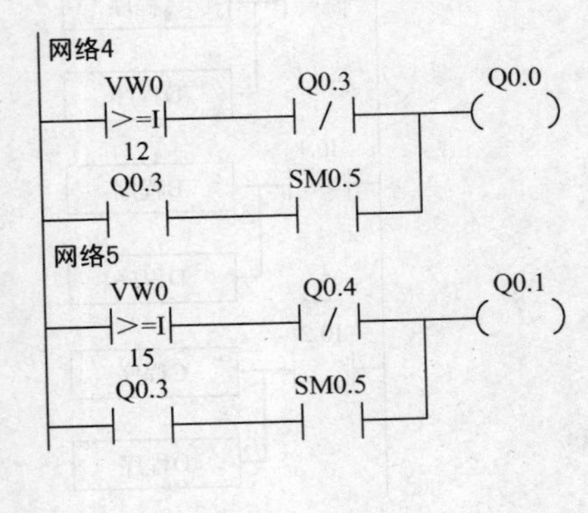

图 4-39 指示灯控制程序

③阀门开启程序如图 4-40 所示。

④余额的计算如图 4-41 所示。

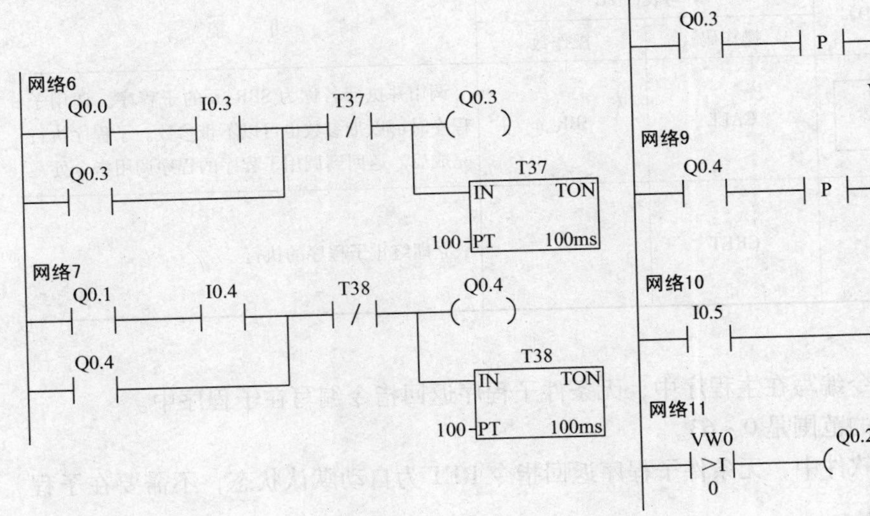

图 4-40 阀门开启程序

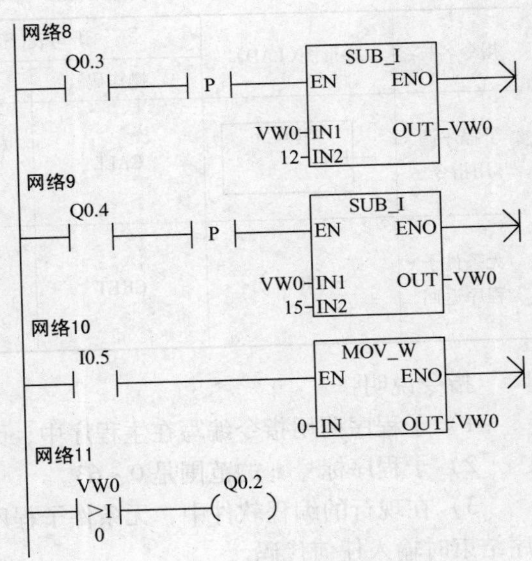

图 4-41 余额的计算

4.2.6 子程序指令

在编程时经常会遇到相同的程序段需要多次执行的情况，如图 4-42a 所示的单结构主程序。单结构主程序中，I0.0、I0.1、I0.2 触点闭合都运行了 D 程序。编程时要重复写相同的程序段，这样比较麻烦。解决这个问题的方法是将需要多次执行的程序段从主程序中分离出来，单独写成一个程序，这个程序称为子程序，然后在主程序相应的位置进行子程序调用即可，如图 4-42b 所示。

在编写复杂的 PLC 程序时。可以将全部的控制功能划分为几个功能块。每个功能块的控制功能可用子程序来实现，这样会使整个程序结构清晰简单，易于调试、查找错误和维护。

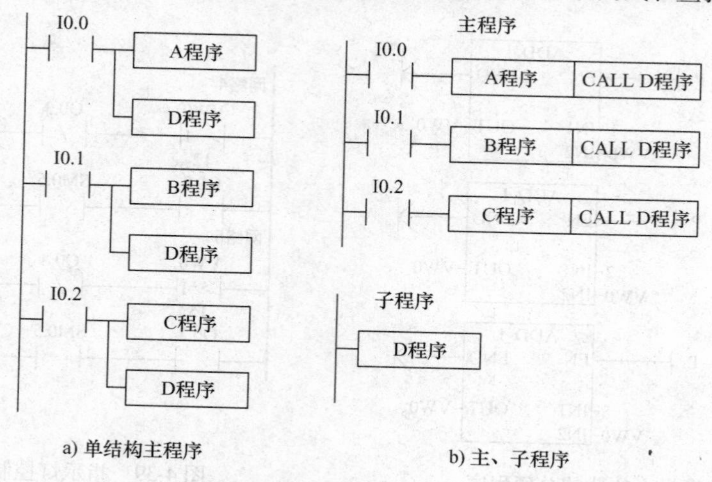

图 4-42　单结构主程序和主、子程序结构

1. 子程序指令格式及功能（见表 4-28）

表 4-28　子程序指令格式及功能

指令名称	梯形图(LAD)	语句表(STL) 操作码	语句表(STL) 操作数	功　能
子程序调用指令	SBR_n EN	CALL	SBR_n	调用并执行名称为 SBR_n 的子程序。调用子程序时可以带参数也可以不带参数。子程序执行完成后。返回到调用子程序的程序调用指令处
无条件子程序返回	—(RET)	CRET		立即终止子程序的执行

指令说明：

1）子程序调用指令编写在主程序中，无条件子程序返回指令编写在子程序中。

2）子程序标号 n 的范围是 0～63。

3）在现行的编程软件中，无条件子程序返回指令 RET 为自动默认状态，不需要在子程序结束时输入任何代码。

4）子程序允许嵌套使用，即一个子程序内部可以调用另一个子程序，但子程序的嵌套深度最多为 8 层。

5）子程序在一个扫描周期内被多次调用时。在子程序中不能使用上升沿、下降沿、定时器和计数器指令。

2. 子程序的建立

编写子程序要在编程软件中进行。打开 STHP7-Micro/WIN 编程软件，在程序编辑区下方有“主程序”“SBR_0”“INT_0”标签。单击“SBR_0”标签即可切换到子程序编写界面，如图 4-43 所示。在该页面可以编写名称为“SBR_0”的子程序。

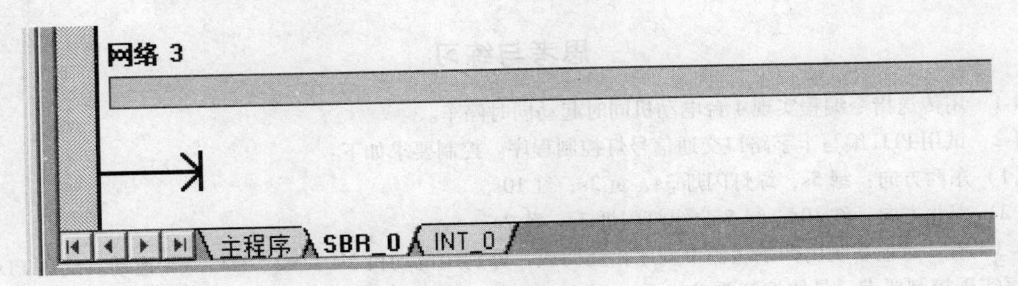

图 4-43　切换子程序

如果需要编写第二个或更多的子程序，可执行菜单命令“编辑/插入/子程序”，即在程序编辑区下方增加个子程序名为“SBR_1”的标签，同时在指令树的“调用子程序”下方也多出个“SBR_1”指令，如图 4-44 所示。此外，在程序编辑区下方“SBR_0”标签上单击鼠标右键，在弹出的菜单中选择插入子程序，也可在程序编辑区下方增加个子程序名为“SBR_1”的标签。

图 4-44　建立子程序

3. 子程序调用举例

例 4-11　电动机的点动/连续运转控制，开关 S 合上，按 SB1 电动机连续运行，按 SB2 电动机停止。开关 S 断开，按 SB3，电动机点动运行。用子程序来实现控制。

解：1）I/O 地址分配表见表 4-29。

表 4-29　电动机的点动/连续运转 I/O 地址分配表

输入(I)		输出(O)	
开关 S	I0. 0	接触器 KM	Q0. 0
起动按钮 SB1	I0. 1		
停止按钮 SB2	I0. 2		
点动按钮 SB3	I0. 3		

2）参考程序如图 4-45 所示。

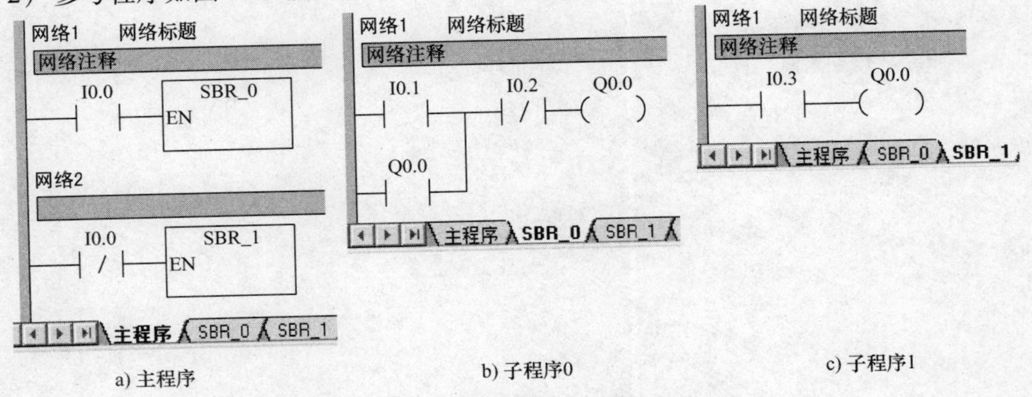

a) 主程序　　b) 子程序0　　c) 子程序1

图 4-45　子程序调用指令举例程序

思考与练习

4-1　用传送指令编程实现 4 台电动机同时起动同时停车。

4-2　试用 PLC 编写十字路口交通信号灯控制程序。控制要求如下：

（1）东西方向：绿 5s，绿灯闪烁 3s，黄 2s；红 10s。

（2）南北方向：红 10s，绿 5s，绿灯闪烁 3s，黄 2s。

4-3　有一运输系统由四条运输带顺序相连而成，分别用电动机 M1、M2、M3、M4 拖动。试用 PLC 编写程序实现控制要求，具体控制要求如下：

（1）按下起动按钮后，电动机 M4 先起动，经过 5s，电动机 M3 起动，再过 5s，电动机 M2 起动，再过 5s，电动机 M1 起动。

（2）按下停止按钮，电动机 M1 先停，经过 5s，电动机 M2 停，再经过 5s，电动机 M3 停，再经过 5s，电动机 M4 停。

项目5 PLC、变频器对电动机的控制

5.1 项目训练

5.1.1 任务1 电动机的起停、正反转控制

1. 考核能力目标

（1）会分析该电路的控制功能。

（2）会按控制要求完成I/O地址分配表。

（3）会绘制PLC控制系统接线图。

（4）会PLC控制系统接线。

（5）会编写控制程序、输入程序及调试程序。

2. 工作任务

本任务利用变频器实现电动机的控制，控制要求：

（1）通过外部端子控制电动机起动/停止、正转/反转，按下按钮“SB1”电动机正转起动，松开按钮“SB1”电动机停止；按下按钮“SB2”电动机反转，松开按钮“SB2”电动机停止。运用操作面板改变电动机起动、点动运行频率和加减速时间。

（2）正确设置变频器输出的额定频率、额定电压、额定电流、额定功率及额定转速。

3. 工作任务实施

（1）工作任务分析

根据本任务要求，查阅MM420变频器参数手册可知，参数P0700用来设定选择命令源，设为2时，定义为外部端子排输入，符合本任务设计要求。利用数字输入1（DIN1端子）接通正转，数字输入2（DIN2端子）接通反转。

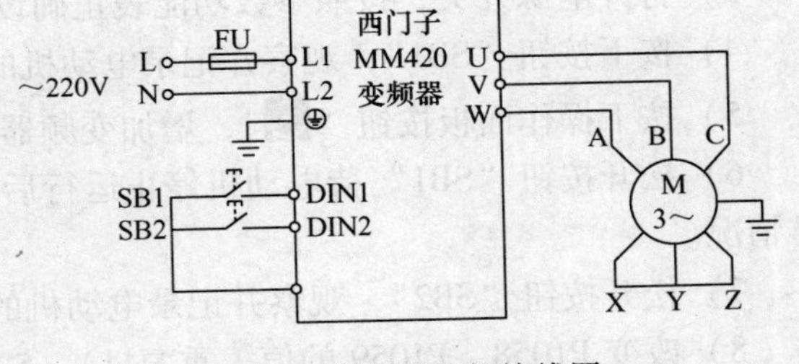

图5-1 变频器外部接线图

（2）变频器外部接线图（如图5-1所示）

（3）参数设置（见表5-1）

表5-1 变频器参数设置

序号	变频器参数	出厂值	设定值	功能说明
1	P0304	230	380	电动机的额定电压(380V)
2	P0305	3.25	0.35	电动机的额定电流(0.35A)
3	P0307	0.75	0.06	电动机的额定功率(60W)
4	P0310	50.00	50.00	电动机的额定频率(50Hz)

（续）

序号	变频器参数	出厂值	设定值	功 能 说 明
5	P0311	0	1430	电动机的额定转速(1430r/min)
6	P1000	2	1	用操作面板(BOP)控制频率的升降
7	P1080	0	0	电动机的最小频率(0Hz)
8	P1082	50	50.00	电动机的最大频率(50Hz)
9	P1120	10	10	斜坡上升时间(10s)
10	P1121	10	10	斜坡下降时间(10s)
11	P0700	2	2	选择命令源(由端子排输入)
12	P0701	1	10	正向点动
13	P0702	12	11	反向点动
14	P1058	5.00	30	正向点动频率(30Hz)
15	P1059	5.00	20	反向点动频率(20Hz)
16	P1060	10.00	10	点动斜坡上升时间(10s)
17	P1061	10.00	5	点动斜坡下降时间(5s)

注：1. 设置参数前先将变频器参数复位为工厂的默认设定值。

2. 设定 P0003 = 2 允许访问扩展参数。

3. 设定电动机参数时先设定 P0010 = 1（快速调试），电动机参数设置完成后设定 P0010 = 0（准备）。

（4）操作步骤

1）检查实训设备中器材是否齐全。

2）按照变频器外部接线图完成变频器的接线，认真检查，确保正确无误。

3）打开电源开关，按照参数功能表正确设置变频器参数。

4）按下按钮“SB1”，观察并记录电动机的运转情况。

5）按下操作面板按钮“▲”，增加变频器输出频率。

6）松开按钮“SB1”待电动机停止运行后，按下按钮“SB2”，观察并记录电动机的运转情况。

7）松开按钮“SB2”，观察并记录电动机的运转情况。

8）改变 P1058、P1059 的值，重复 4）、5）、6）、7），观察电动机运转状态有什么变化。

9）改变 P1060、P1061 的值，重复 4）、5）、6）、7），观察电动机运转状态有什么变化。

5.1.2 任务 2 基于 PLC 数字量方式的变频器多段速控制

1. 考核能力目标

（1）会分析该电路的控制功能。

（2）会按控制要求完成 I/O 地址分配表。

（3）会绘制 PLC 控制系统接线图。

（4）会 PLC 控制系统接线。

（5）会编写控制程序、输入程序及调试程序。

2. 工作任务

某企业承担了一个工厂生产线PLC控制系统的设计任务，其中一个环节要求用PLC配合变频器控制三相异步电动机进行调速控制，具体控制功能如下：通过3个开关Q1～Q3实现对电动机的多段速控制，开关“Q1”“Q2”“Q3”按不同方式组合，可选择8种不同的输出频率，变频器的开关状态与运行频率对照表见表5-2。试用PLC设计其控制系统并调试。

表5-2　变频器开关状态与运行频率对照表

序号	开关状态			变频器运行频率/Hz
	Q3	Q2	Q1	
1	OFF	OFF	OFF	0
2	OFF	OFF	ON	5
3	OFF	ON	OFF	10
4	OFF	ON	ON	20
5	ON	OFF	OFF	25
6	ON	OFF	ON	30
7	ON	ON	OFF	40
8	ON	ON	ON	50

3. 工作任务实施

（1）工作任务分析

根据参数手册可知，当MM420变频器选择命令源为端子排子输入（P0700＝3），频率设定值选择为固定频率（P1000＝2）时，三个端子排的信号与参数P1001～P1007的关系见表5-3。参数P1001～P1007是用来设置固定输出频率的，只需找到三个开关状态与端子排对应的关系，对参数P1001～P1007设置固定频率即可。

表5-3　三个端子排的信号与参数P1001～P1007的关系

参数 \ 状态 \ 端子		DIN3	DIN2	DIN1
	OFF	不激活	不激活	不激活
P1001	FF1	不激活	不激活	激活
P1002	FF2	不激活	激活	不激活
P1003	FF3	不激活	激活	激活
P1004	FF4	激活	不激活	不激活
P1005	FF5	激活	不激活	激活
P1006	FF6	激活	激活	不激活
P1007	FF7	激活	激活	激活

（2）I/O地址分配表（见表5-4）

表 5-4 电动机起停、正反转控制 I/O 地址分配表

输入（I）		输出（O）	
拨动开关 S1	I0.0	数字输入 1 DIN1	Q0.0
拨动开关 S2	I0.1	数字输入 2 DIN2	Q0.1
拨动开关 S3	I0.2	数字输入 3 DIN3	Q0.2

（3）PLC、变频器外部接线图（如图 5-2 所示）

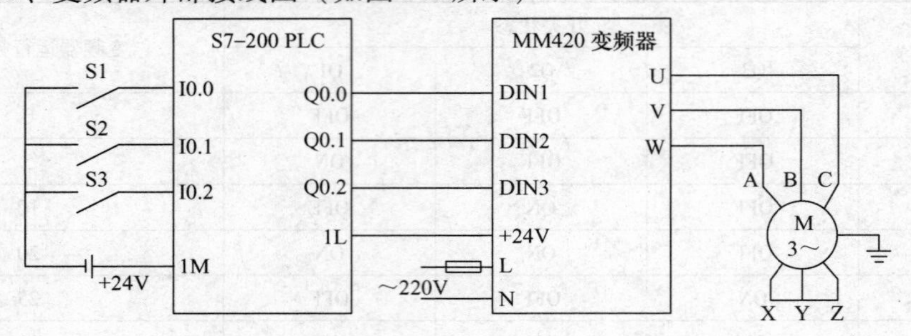

图 5-2 PLC、变频器外部接线图

（4）参数设置（见表 5-5）

表 5-5 PLC 数字量方式的变频器多段速控制变频器参数设置

序号	变频器参数	出厂值	设定值	功 能 说 明
1	P0304	230	380	电动机的额定电压(380V)
2	P0305	3.25	0.35	电动机的额定电流(0.35A)
3	P0307	0.75	0.06	电动机的额定功率(60W)
4	P0310	50.00	50.00	电动机的额定频率(50Hz)
5	P0311	0	1430	电动机的额定转速(1430r/min)
6	P1000	2	3	固定频率设定
7	P1080	0	0	电动机的最小频率(0Hz)
8	P1082	50	50.00	电动机的最大频率(50Hz)
9	P1120	10	10	斜坡上升时间(10s)
10	P1121	10	10	斜坡下降时间(10s)
11	P0700	2	2	选择命令源(由端子排输入)
12	P0701	1	17	固定频率设值(二进制编码选择 + ON 命令)
13	P0702	12	17	固定频率设值(二进制编码选择 + ON 命令)
14	P0703	9	17	固定频率设值(二进制编码选择 + ON 命令)
15	P1001	0.00	5.00	固定频率 1
16	P1002	5.00	10.00	固定频率 2
17	P1003	10.00	20.00	固定频率 3
18	P1004	15.00	25.00	固定频率 4

（续）

序号	变频器参数	出厂值	设定值	功 能 说 明
19	P1005	20.00	30.00	固定频率5
20	P1006	25.00	40.00	固定频率6
21	P1007	30.00	50.00	固定频率7

注：1. 设置参数前先将变频器参数复位为工厂的缺省设定值。
2. 设定 P0003 = 2 允许访问扩展参数。
3. 设定电动机参数时先设定 P0010 = 1（快速调试），电动机参数设置完成后设定 P0010 = 0（准备）。

（5）参考程序（如图5-3所示）

5.1.3 任务3 变频器无级调速的PLC控制

1. 考核能力目标

（1）会分析该电路的控制功能。

（2）会按控制要求完成I/O地址分配表。

（3）会绘制PLC控制系统接线图。

（4）会PLC控制系统接线。

（5）会编写控制程序、输入程序及调试程序。

2. 工作任务

用PLC的模拟量模块A-D通道采集一个0～10V的直流可调电压信号，并通过D-A通道转换成4～20mA的电流信号输出，此信号控制变频器的运行频率。变频器控制一个三相异步交流电动机（采用星形联结），当给定电压在0～10V变化时，变频器运行频率对应为0～50Hz。

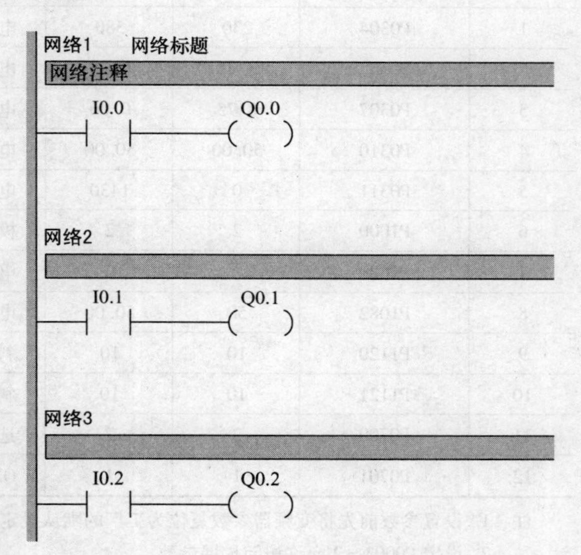

图5-3 基于PLC数字量方式的变频器多段速控制参考程序

3. 工作任务实施

（1）工作任务分析

根据MM420变频器参数手册可知，选择命令源为端子排子输入，则设置参数 P0700 = 2；频率设定值选择为模拟量，则设置参数 P1000 = 2。

（2）I/O地址分配表（见表5-6）

表5-6 PLC控制变频器无级调速I/O分配表

输入（I）		输出（O）	
起动开关S1	I0.0	数字输入1 DIN1	Q0.0

（3）PLC控制变频器无级调速外部接线图（如图5-4所示）

（4）参数设置（见表5-7）

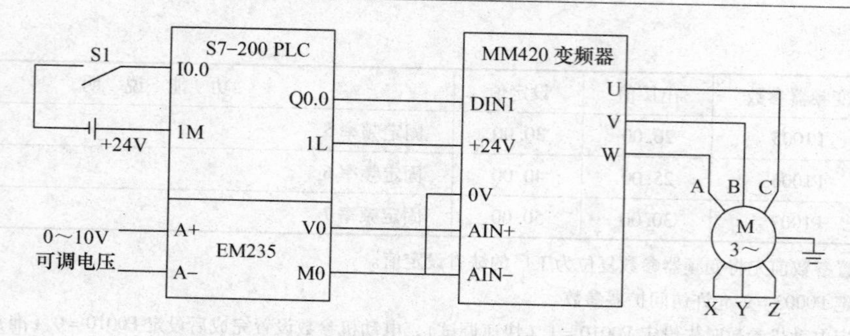

图 5-4 PLC 控制变频器无级调速外部接线图

表 5-7 PLC 控制变频器无级调速变频器参数设定

序号	变频器参数	出厂值	设定值	功 能 说 明
1	P0304	230	380	电动机的额定电压(380V)
2	P0305	3. 25	0. 35	电动机的额定电流(0. 35A)
3	P0307	0. 75	0. 06	电动机的额定功率(60W)
4	P0310	50. 00	50. 00	电动机的额定频率(50Hz)
5	P0311	0	1430	电动机的额定转速(1430r/min)
6	P1000	2	2	模拟量设定
7	P1080	0	0	电动机的最小频率(0Hz)
8	P1082	50	50. 00	电动机的最大频率(50Hz)
9	P1120	10	10	斜坡上升时间(10s)
10	P1121	10	10	斜坡下降时间(10s)
11	P0700	2	2	选择命令源(由端子排输入)
12	P0701	1	1	ON/OFF 接通正转/停车

注：1. 设置参数前先将变频器参数复位为工厂的默认设定值。
2. 设定 P0003 = 2 允许访问扩展参数。
3. 设定电动机参数时先设定 P0010 = 1（快速调试），电动机参数设置完成后设定 P0010 = 0（准备）。

（5） 参考程序（如图 5-5 所示）

5. 1. 4 任务 4 电动机转速测量的 PLC 控制

1. 考核能力目标

（1） 会分析该电路的控制功能。

（2） 会按控制要求完成 I/O 地址分配表。

（3） 会绘制 PLC 控制系统接线图。

（4） 会 PLC 控制系统接线。

（5） 会编写控制程序、输入程序及调试程序。

2. 工作任务

一台电动机上配有一台光电编码器（光电编码器与电动机同轴），试测量电动机的转速。设电动机的转速已经由编码器转化成了脉冲信号。

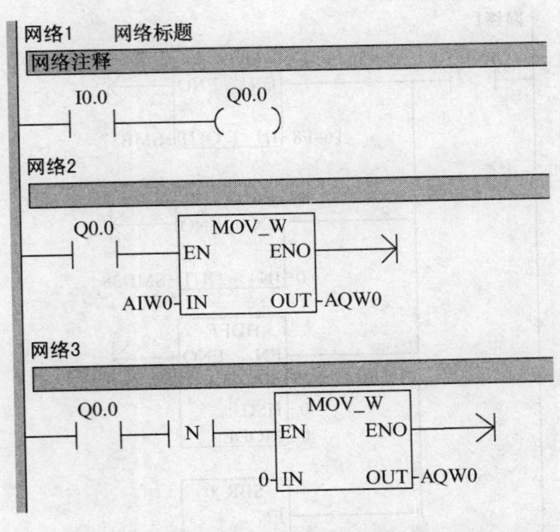

图5-5 PLC控制变频器无级调速参考程序

3. 工作任务实施

（1）工作任务分析

本任务选用高速计数器对转速脉冲信号进行计数，同时用时基来完成定时。具体步骤如下。

1）选用高速计数器HSC0，并确定工作方式0。采用初始化脉冲信号SM0.1调用子程序。

2）令SMB37＝16#F8＝2#11111000，功能为：计数方向为增；允许更新计数方向；允许写入新的当前值；允许写入新的设定值；允许执行HSC指令。

3）装入当前值，令SMD38＝0。

4）执行HDEF指令，输入端HSC为0，MODE为0。

5）装入时基定时设定值，令SMB34＝200。

6）执行中断连接指令ATCH指令，中断程序为INT0，EVNT为10。执行中断允许指令ENI，重新起动时基定时器，清除高速计数器的当前值。

7）执行HSC指令对高速计数器编程并投入运行，输入值IN为0。

（2）编码器与PLC连接表（见表5-8）

表5-8 电动机转速测量编码器与PLC连接表

编码器引脚	地址	功能	编码器引脚	地址	功能
+24V	I0.4	复位	A+	I0.0	时钟

（3）PLC、电动机转速测量编码器接线图（如图5-6所示）

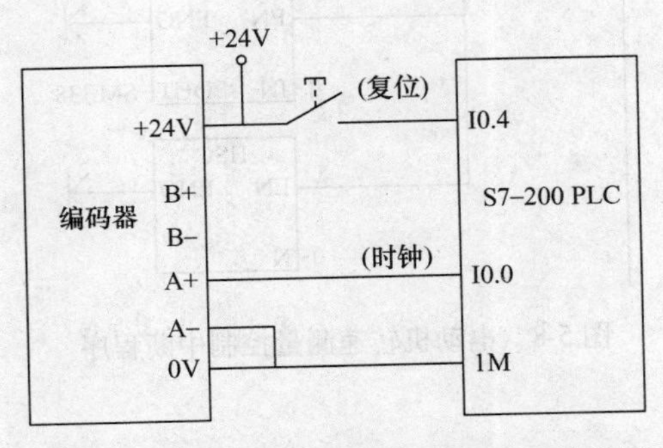

图5-6 PLC、电动机转速测量编码器接线图

（4）参考程序（主程序、初始化子程序如图5-7所示，中断程序如图5-8所示）

网络1
SM0.1
MOV_B
EN ENO
16#F8 IN OUT SMB37
MOV_DW
EN ENO
0 IN OUT SMD38
HDEF
EN ENO
0 HSC
0 MODE
SBR_0
EN
网络1
SM0.0
MOV_B
EN ENO
200 IN OUT SMB34
ATCH
EN ENO
INT_0 INT
10 EVNT
ENI
HSC
EN ENO
0 N

a) 主程序　　b) 初始化子程序

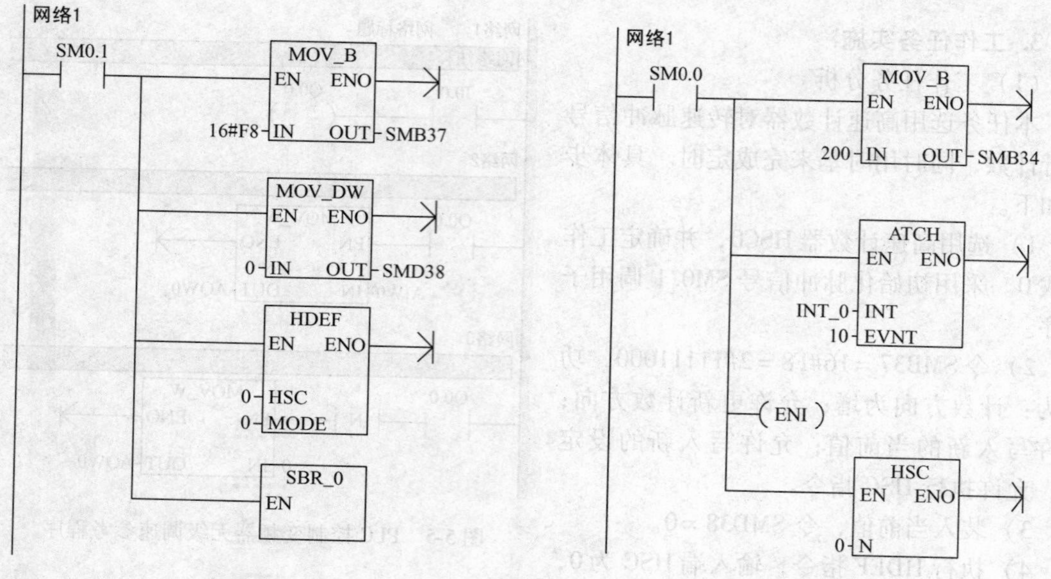

图 5-7　电动机转速的测量主程序和子程序

网络1
SM0.0
MOV_DW
EN ENO
HC0 IN OUT VD100
MOV_DW
EN ENO
VD100 IN OUT VD200
MOV_B
EN ENO
16#C8 IN OUT SMB37
MOV_B
EN ENO
0 IN OUT SMB38
HSC
EN ENO
0 N

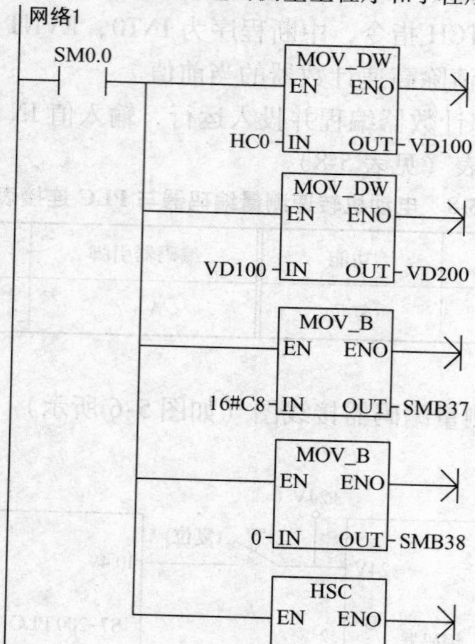

图 5-8　电动机转速测量控制中断程序

5.2　知识链接

5.2.1　西门子 MM420 系列变频器

变频器（Variable-Frequency Drive，VFD）是应用变频技术与微电子技术，通过改变电动机工作电源频率方式来控制交流电动机的电力控制设备。变频器主要由整流（交流变直流）、滤波、逆变（直流变交流）、制动单元、驱动单元、检测单元及微处理单元等组成。变频器靠内部绝缘栅双极晶体管（IGBT）的开断来调整输出电源的电压和频率，根据电动机的实际需要来提供其所需要的电源电压，进而达到节能、调速的目的。另外，变频器还有很多的保护功能，如过电流、过电压、过载保护等等。随着工业自动化程度的不断提高，变频器也得到了非常广泛的应用。

德国西门子 MM420 系列变频器，用于控制三相交流电动机速度，具有很高的运行可靠性和功能的多样性，且具有默认的工厂设置参数，它是给数量众多的简单的电动机控制系统供电的理想变频驱动装置。MM420 变频器的操作面板如图 5-9 所示。

图 5-9 MM420 变频器操作面板

1. 基本操作面板（BOP）功能（见表 5-9）

表 5-9 基本操作面板功能

显示/按钮	功能	功能说明
r0000	状态显示	LCD 显示变频器当前的设定值
I	起动变频器	按此键起动变频器。默认值运行时此键是被封锁的。为了使此键的操作有效，应设定 P0700 = 1
0	停止变频器	OFF1：按此键，变频器将按选定的斜坡下降速率减速停车。默认值运行时此键被封锁；为了允许此键操作，应设定 P0700 = 1 OFF2：按此键两次（或一次，但时间较长）电动机将在惯性作用下自由停车。此功能总是“使能”的
	改变电动机的转动方向	按此键可以改变电动机的转动方向。电动机的反向用负号（－）表示或用闪烁的小数点表示。默认值运行时此键是被封锁的，为了使此键的操作有效，应设定 P0700 = 1
jog	电动机点动控制	在变频器无输出的情况下按此键，将使电动机起动，并按预设定的点动频率运行。释放此键时，变频器停车。如果电动机正在运行，按此键将不起作用

（续）

显示/按钮	功能	功 能 说 明
Fn	浏览辅助信息	此键用于浏览辅助信息 变频器运行过程中，在显示任何一个参数时按下此键并保持 2s 不动，将显示以下参数值（在变频器运行中，从任何一个参数开始）： 1. 直流回路电压（用 d 表示，单位：V）。2. 输出电流（A）。3. 输出电压（用 o 表示，单位：V）。4. 输出频率（Hz）。5. 由 P0005 选定的数值 连续多次按下此键，将轮流显示以上参数 跳转功能：在显示任何一个参数（rXXXX 或 PXXXX）时短时间按下此键，将立即跳转到 r0000，如果需要的话，可以接着修改其他的参数。跳转到 r0000 后，按此键将返回原来的显示点 故障确认：在出现故障或报警的情况下，按下此键可以对故障或报警进行确认
P	访问参数	按此键即可访问参数
▲	增加数值	按此键即可增加面板上显示的参数数值
▼	减少数值	按此键即可减少面板上显示的参数数值

2. 基本操作面板更改参数的数值

（1）改变参数 P0004（见表 5-10）

表 5-10　改变参数 P0004 操作步骤

	操 作 步 骤	显示的结果
1	按 P 访问参数	r0000
2	按 ▲ 直到显示出 P0004	P0004
3	按 P 进入参数数值访问级	0
4	按 ▲ 或 ▼ 达到所需要的数值	3
5	按 P 确认并存储参数的数值	P0004
6	按 ▼ 直到显示出 r0000	P0004
7	按 P 返回标准的变频器显示（有用户定义）	

（2）改变下标参数P0719（见表5-11）

表5-11　改变下标参数P0719操作步骤

	操　作　步　骤	显示的结果
1	按Ⓟ访问参数	r0000
2	按▲直到显示出P0719	P0719
3	按Ⓟ进入参数数值访问级	in000
4	按Ⓟ显示当前的设定值	0
5	按▲或▼选择运行所需要的最大频率	3
6	按Ⓟ确认并存储P0719的设定值	P0719
7	按▼直到显示出r0000	r0000
8	按Ⓟ返回标准的变频器显示（有用户定义）	

注意：修改参数的数值时，BOP有时会显示：P----，表明变频器正忙于处理优先级更高的任务。

（3）改变参数数值的一个数

为了快速修改参数的数值，可以一个个地单独修改显示出的每个数字，操作步骤如下：

1）按Fn（功能键），最右边的一个数字闪烁。

2）按▲/▼，修改这位数字的数值。

3）再按Fn（功能键），相邻的下一个数字闪烁。

4）重复执行2）至3）步，直到显示出所要求的数值。

5）按Ⓟ，退出参数数值的访问级。

3. 变频器快速调试

参数P0010（具有参数过滤功能）和参数P0003（具有选择用户访问级别的功能）在调试时十分重要。由此可以选定一组允许进行快速调试的参数。电动机的设定参数和斜坡函数的设定参数都包括在内。在快速调试的各个步骤都完成以后，应选定P3900，如果它置为“1”，将执行必要的电动机计算，并使其他所有的参数（P0010＝1不包括在内）恢复为默认设置值。快速调试方式的选择可以按照快速调试的流程进行，快速调试的流程如图5-10所示。

4. 变频器复位为工厂的默认设定值

为了把变频器的全部参数复位为工厂的默认设定值，应该按照下面的数值设定参数：

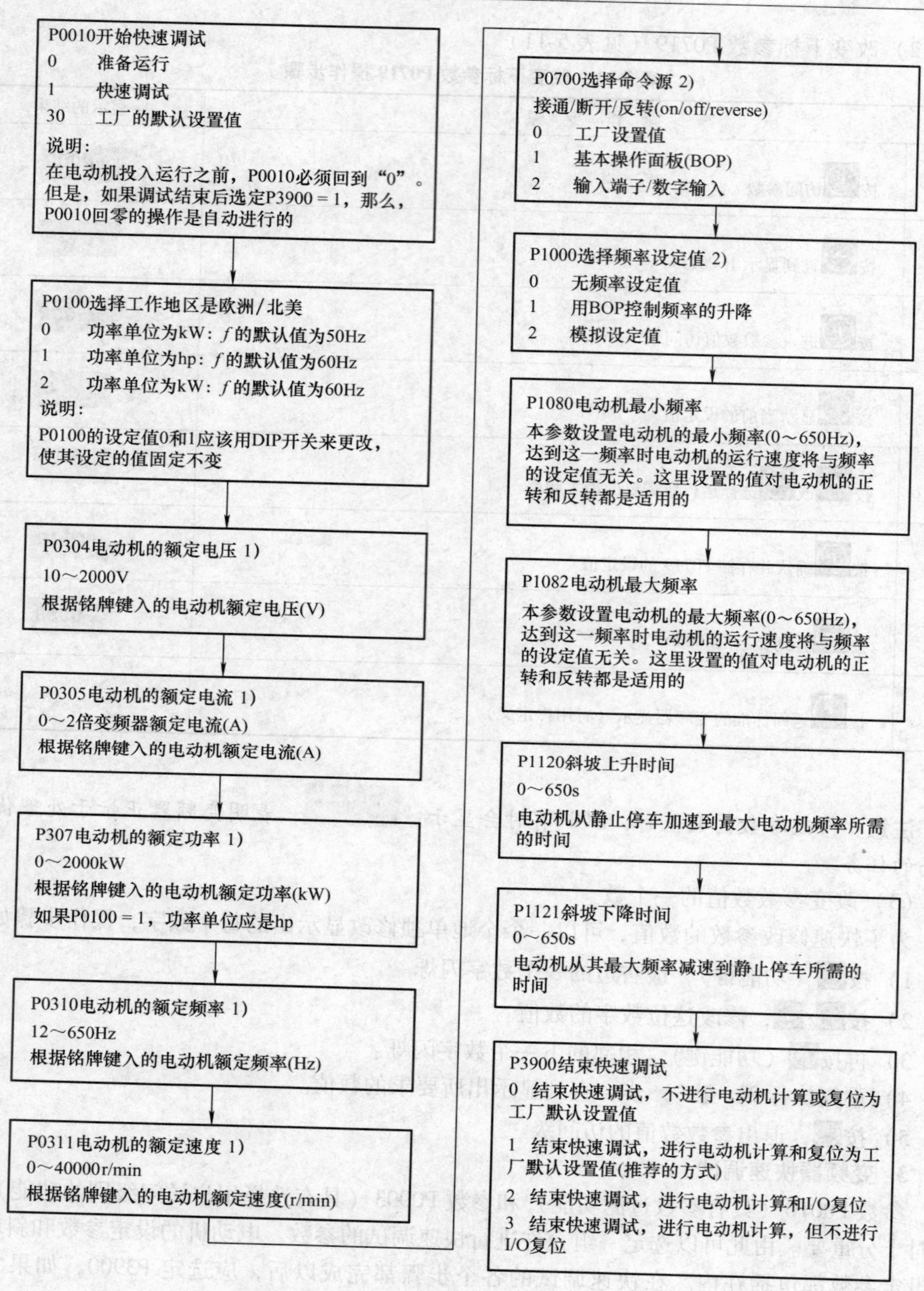

图 5-10 快速调试的流程

注：hp = 745.7W。

1）设定 P0010 = 30。

2）设定 P0970 = 1。

完成复位过程至少要 3min。

例5-1　通过操作变频器面板实现对电动机的控制，控制要求如下：

1）通过外部端子控制电动机起动/停止、正转/反转，按下按钮“SB1”电动机正转起动，松开按钮“SB1”电动机停止；按下按钮“SB2”电动机反转，松开按钮“SB2”电动机停止。

2）按下按钮“SB1”，观察并记录电动机的运转情况。

3）按下操作面板按钮“⊙”，增加变频器输出频率。

4）松开按钮“SB1”待电动机停止运行后，按下按钮“SB2”，观察并记录电动机的运转情况。

5）松开按钮“SB2”，观察并记录电动机的运转情况。

6）改变P1058、P1059的值，重复2）~5），观察电动机运转状态有什么变化。

7）改变P1060、P1061的值，重复2）~5），观察电动机运转状态有什么变化。

解：1）变频器参数功能表见表5-12。

表5-12　变频器参数功能表

序号	变频器参数	出厂值	设定值	功能说明
1	P0304	230	380	电动机的额定电压(380V)
2	P0305	3.25	0.35	电动机的额定电流(0.35A)
3	P0307	0.75	0.06	电动机的额定功率(60W)
4	P0310	50.00	50.00	电动机的额定频率(50Hz)
5	P0311	0	1430	电动机的额定转速(1430r/min)
6	P1000	2	1	用操作面板(BOP)控制频率的升降
7	P1080	0	0	电动机的最小频率(0Hz)
8	P1082	50	50.00	电动机的最大频率(50Hz)
9	P1120	10	10	斜坡上升时间(10s)
10	P1121	10	10	斜坡下降时间(10s)
11	P0700	2	2	选择命令源(由端子排输入)
12	P0701	1	10	正向点动
13	P0702	12	11	反向点动
14	P1058	5.00	30	正向点动频率(30Hz)
15	P1059	5.00	20	反向点动频率(20Hz)
16	P1060	10.00	10	点动斜坡上升时间(10s)
17	P1061	10.00	5	点动斜坡下降时间(5s)

注：1. 设置参数前先将变频器参数复位为工厂的默认设定值。
2. 设定P0003=2允许访问扩展参数。
3. 设定电动机参数时先设定P0010=1（快速调试），电动机参数设置完成后设定P0010=0（准备）。

2）变频器外部接线图如图5-11所示。

例5-2　变频器控制电动机正反转。控制要求：

1）正确设置变频器输出的额定频率、额定电压、额定电流、额定功率、额定转速。

2）通过外部端子控制电动机起动/停止、正转/反转，打开“SQ1”、“SQ3”电动机正转，打开“ST2”电动机反转，关闭“SQ2”电动机正转；在正转/反转的同时，关闭“SQ3”，电动机停止。

3）运用操作面板改变电动机起动、点动运行频率和加减速时间。

4）打开开关“SQ1”、“SQ3”，观察并记录电动机的运转情况。

5）按下操作面板按钮“◉”，增加变频器输出频率。

6）打开开关“SQ1”“SQ2”“SQ3”，观察并记录电动机的运转情况。

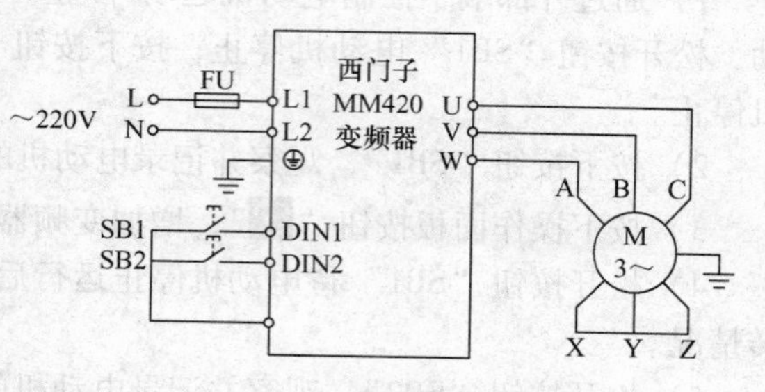

图 5-11　变频器外部接线图

7）关闭开关“SQ3”，观察并记录电动机的运转情况。

8）改变P1120、P1121的值，重复4、5、6、7，观察电动机运转状态有什么变化。

解： 1）变频器参数设置见表5-13。

表 5-13　变频器参数设置表

序号	变频器参数	出厂值	设定值	功能说明
1	P0304	230	380	电动机的额定电压(380V)
2	P0305	3.25	0.35	电动机的额定电流(0.35A)
3	P0307	0.75	0.06	电动机的额定功率(60W)
4	P0310	50.00	50.00	电动机的额定频率(50Hz)
5	P0311	0	1430	电动机的额定转速(1430r/min)
6	P0700	2	2	选择命令源(由端子排输入)
7	P1000	2	1	用操作面板(BOP)控制频率的升降
8	P1080	0	0	电动机的最小频率(0Hz)
9	P1082	50	50.00	电动机的最大频率(50Hz)
10	P1120	10	10	斜坡上升时间(10s)
11	P1121	10	10	斜坡下降时间(10s)
12	P0701	1	1	ON/OFF(接通正转/停车命令1)
13	P0702	12	12	反转
14	P0703	9	4	OFF3(停车命令3)斜坡函数曲线快速降速停车

注：1. 设置参数前先将变频器参数复位为工厂的默认设定值。
2. 设定P0003=2 允许访问扩展参数。
3. 设定电动机参数时先设定P0010=1（快速调试），电动机参数设置完成后设定P0010=0（准备）。

2）变频器外部接线图如图5-12所示。

5.2.2　模拟量数据处理

在工业控制中，某些输入量（如压力、温度。流量、转速等）是模拟量，某些执行机构（如电动调节阀、变频器等）要求PLC输出模拟信号。

模拟量首先被传感器和变送器转换为标准量程的电流或电压，例如直流4~20mA、1~

5V、0~10V 等。PLC 用 A-D 转换器将它们转换成数字量。带正负号的电流或电压在 A-D 转换后用二进制补码表示。D-A 转换器将 PLC 的数字输出量转换为模拟电压或电流，再去控制执行机构。模拟量 I/O 模块的主要任务就是实现 A-D 转换（模拟量输入）和 D-A 转换（模拟量输出）。

1. S7-200 系列 PLC 模拟量 I/O 模块

S7-200 系列 PLC 模拟量 I/O 模块主要有 EM231 模拟量 4 路输入、EM232 模拟量 2 路输出和 EM235 模拟量 4 输入/1 输出混合模块三种，另还有专门用于温度控制的 EM231 模拟量输入热电偶模块和 EM231 模拟量输入热电阻模块。

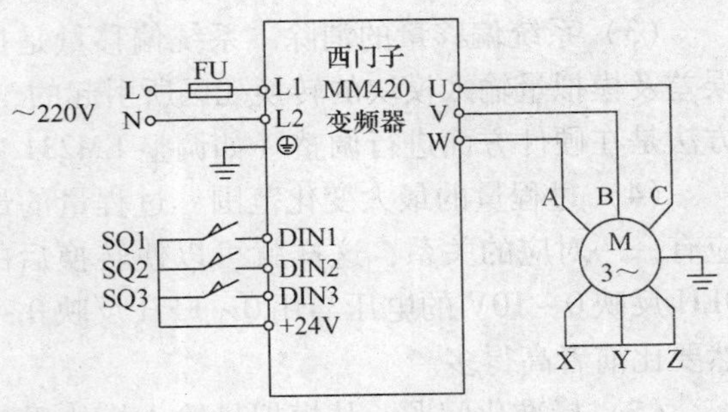

图 5-12　变频器外部接线图

（1）模拟量输入模块 EM231　通过 A/D 模块，S7-200 系列 CPU 可以将外部的模拟量（电流或电压）转换成一个字长（16 位）的数字量（0~32 000）。可以用区域标识符（AI）、数据长度（W）和模拟通道的起始地址读取这些量，其格式为：AIM［起始字节地址］。

因为模拟输入量为一个字长，且从偶数字节开始存放，所以必须从偶数字节地址读取这些值，如 AIW0、AIW2、AIW4 等。模拟量输入值为只读数据。

输入模拟量的读取：每个模拟量占用一个字长（16 位），其中数据占 12 位。依据输入模拟量的极性，数据格式有所不同。在读取模拟量时，利用数据传送指令 MOV-W，可以从指定的模拟量输入通道将其读取到内存中，然后根据极性，利用移位指令或整数除法指令将其规格化，以便于处理数据值部分。

（2）模拟量输出模块 EM232　通过 D-A 模块，S7-200 系列 CPU 把一个字长（16 位）的数字量（0~32000）按比例转换成电流或电压。用区域标识符（AQ）、数据长度（W）和模拟通道的起始地址存储这些量。其格式为；AQW［起始字节地址］。

因为模拟输出量为一个字长，且从偶数字节开始，所以必须从偶数字节地址存储这些值，如 AQW0、AQW2、AQW4 等。模拟量输出值是只写数据，故用户不能读取。

模拟量的输出范围为 -10 ~ +10V 和 0 ~ 20mA（由接线方式决定），对应的数字量分别为 -32000 ~ +32000。在输出模拟量时，首先根据电流输出方式或电压输出方式，利用移位指令或整数乘法指令对数据值部分进行处理，然后利用数据传送指令 MOV-W，其从指定的模拟量输出通道输出。

2. 模拟量输入信号的整定

通过模拟量输入模块转换后的数字信号直接存储在 S7-200 系列 PLC 的模拟量数据输出值存储器 AIW 中。这种数字信号与被转换的结果之间有一定的函数对应关系，但在数值上并不相等，必须经过某种转换才能使用。这种将模拟量输入模块转换后的数字信号在 PLC 内部按一定函数关系进行转换的过程称为模拟量输入信号的整定。

（1）模拟量输入值的数字量表示方法　模拟量输入值的数字表示方法即模拟量输入模块的位数是多少？是否从数据字的第 0 位开始？若不是，应进行的移位操作是数据的最低位排列在数据字的第 0 位上，以保证数据的准确性。如 EM231 模拟量输入模块，在单极性信号输入时，模拟量的数据值是从第 3 位开始的，因此数据字正定的任务是把该数据字右移 3 位。

（2）模拟量输入值的数字量表示范围　该范围是由模拟量输入模块的转换精度决定的。如果输入范围大于模块可能表示的范围，则可以使输入量的范围限定在模块表示的范围内。

（3）系统偏移量的消除　系统偏移量是指在无模拟信号输入情况下由测量元件的测量误差及模拟量输入模块的转换死区所引起的，具有一定数值的转换结果。消除这一偏移量的方法是在硬件方面进行调整（如调整 EM231 中偏置电位器）或使用 PLC 的运算指令。

（4）过程量的最大变化范围　过程量的最大变化范围与转换后的数字量最大变化范围应有一一对应的关系，这样就可以使转换后的数字量精确地反映过程量的变化。如用 0 ~ 0FH 反映 0 ~ 10V 的电压与用 0 ~ FFH 反映 0 ~ 10V 的电压相比较，后者的灵敏度或精确度显然要比前者高得多。

（5）标准化问题　从模拟量输入模块采集到的过程量都是实际的工程量，其幅度、范围和测量单位都不同，在 PLC 内部进行数据运算之前，必须将这些值转换为无量纲的标准格式。

（6）数字量滤波问题　电压、电流等模拟量常常会因为现场干扰而产生较大波动。这种波动经 A-D 转换后亦反映在 PLC 的数字量输入端。若仅用瞬时采样值进行控制计算，将会产生较大误差，因此有必要进行滤波。

工程上的数字滤波方式有平均值滤波、去极值平均滤波以及惯性滤波法等。算术平均值滤波的效果与采样次数有关，采样次数越多则效果越好。但这种滤波方法对于强干扰的抑制作用不大，而去极值平均滤波方法则可有效地消除明显的干扰信号。消除的方法是对多次采样值进行累加后，然后从累加和中减去最大值和最小值，再进行平均值滤波。惯性滤波的方法就是逐次修正，它类似于较大惯性的低通滤波功能。这些方法可同时使用，同时使用效果会更好。

3. 模拟量输出信号的整定

在 PLC 内部进行模拟量输入信号处理时，通常把模拟量输入模块转换后的数字量转换为标准工程量，经过工程实际需要的运算处理后，可得出上下限报警信号及控制信息。报警信息经过逻辑控制程序可直接通过 PLC 的数字量输出点输出，而控制信息需要暂存到模拟量存储器 AQWx 中，经模拟量输出模块转换为连续的电压或电流信号输出到控制系统的执行部件，以便进行调节。模拟量输出信号的整定就是要将 PLC 的运算结果按照一定的函数关系转换为模拟量输出寄存器中的数字值，以备模拟量输出模块转换为现场需要的输出电压或电流。

已知在某温度控制系统中由 PLC 控制温度的升降。当 PLC 的模拟量输出模块输出 10V 电压时，要求系统温度达到 500℃，现 PLC 的运算结果为 200℃，则应向模拟量输出存储器 AQWx 写入的数字量为多少？这就是一个模拟量输出信号的整定问题。

显然，解决这一问题的关键是要了解模拟量输出模块中的数字量与模拟量之间的对应关系，这一关系通常为线性关系。如 EM232 模拟量输出模块输出的 0 ~ 10V 电压信号对应的内部数字量为 0 ~ 32000。上段中的 200℃ 所对应的数字量可用简单的算术运算程序得出。

例 5-3　如图 5-13 所示，某 D-A 转换通过 EM232 进行，输出信号驱动变频器工作，信号是（4 ~ 20mA）时对应的频率范围是（10 ~ 50Hz），求数字量为 20000 时的频率。

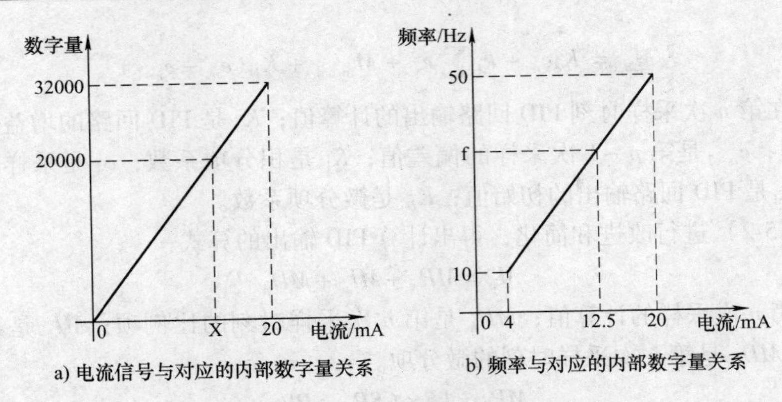

图5-13　模拟量、数字量与频率的对应关系

解： D-A 转换器 EM232 数字量为（0～32000）时对应的模拟电流是（0～20mA），如图5-13a 所示，设数字量为 20000 时对应的电流为 X，则有

$$32000/20\text{mA}=20000/X$$

$$X=12.5\text{mA}$$

由图5-13b 可得：

$$(20-4)\text{mA}/(12.5-4)\text{mA}=(50-10)\text{Hz}/(f-10\text{Hz})$$

$$f=31.25\text{Hz}$$

5.2.3　模拟量 PID 调节

1. PID 控制

在工业生产中，常需要用闭环控制方式实现温度、压力、流量等连续变化的模拟量的控制。无论使用模拟控制器的模拟控制系统，还是使用计算机（包括 PLC）的数字控制系统，PID 控制都得到了广泛的应用。

过程控制系统在对模拟量进行采样的基础上，一般还对采样值进行 PID（比例+积分+微分）运算，并根据运算结果，形成对模拟量的控制作用。PID 控制系统结构图如图 5-14 所示。

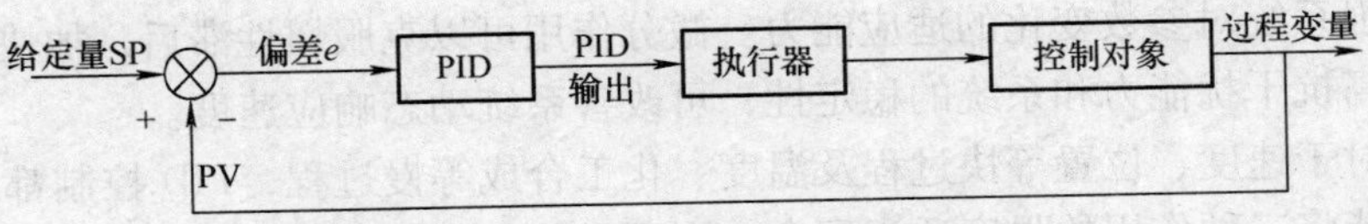

图5-14　PID 控制系统结构图

PID 回路的输出变量 $M(t)$ 是时间 t 的函数，如式（5-1）所示。

$$M(t)=K_c e+K_c\int_0^t e\mathrm{d}t+M_{\text{initial}}+K_c\mathrm{d}e/\mathrm{d}t \tag{5-1}$$

式中，$M(t)$ 是 PID 回路的输出，是时间函数；K_c 是 PID 回路的增益；e 是 PID 回路的偏差（给定值过程变量的差值）；M_{initial} 是 PID 回路输出的初始值。

由于式（5-1）中的变量是连续的，若要在计算机中运算，必须将连续的变量离散化，离散处理后的公式如下：

$$M_n = K_c e_n + k_I \sum_{1}^{n} e_x + M_{initial} + K_D (e_n - e_{n-1}) \tag{5-2}$$

式中，M_n 是在第 n 次采样时刻 PID 回路输出的计算值；K_c 是 PID 回路的增益；e_n 是第 n 次采样的偏差值；e_{n-1} 是第 $n-1$ 次采样的偏差值；K_I 是积分项系数；e_x 是采样时刻 x 的回路的偏差；$M_{initial}$ 是 PID 回路输出的初始值；K_D 是微分项系数。

再对式（5-2）进行改进和简化，得出计算 PID 输出的算式：

$$M_n = MP_n + MI_n + MD_n \tag{5-3}$$

式中，M_n 是第 n 次采样的计算值；MP_n 是第 n 次采样时刻的比例项；MI_n 是第 n 次采样时刻的积分项；MD_n 是第 n 次采样时刻的微分项。

$$MP_n = k_c \times (SP_n - PV_n) \tag{5-4}$$

式中，MP_n 是第 n 次采样时刻的比例项；k_c 是 PID 回路的增益；SP_n 是第 n 次采样时刻的给定值；PV_n 是第 n 次采样时刻的过程变量值。

由式（5-4）可看出，比例项 MP_n 数值的大小和增益 k_c 成正比，增益 k_c 的增加可以直接导致比例项 MP_n 的快速增加，从而导致 M_n 的增加。

$$MI_n = k_c \times T_s / T_I \times (SP_n - PV_n) + MX \tag{5-5}$$

式中，MI_n 是第 n 次采样时刻的积分项；k_c 是 PID 回路的增益；T_s 是回路的采样时间；T_I 是积分时间；SP_n 是第 n 次采样时刻的给定值；PV_n 是第 n 次采样时刻的过程变量值；MX 是第 $n-1$ 次采样时刻的积分项（也称积分前项）。

由式（5-5）可看出，积分项 MI_n 数值的大小随着积分时间 T_I 的减少而增加，T_I 的减少可以直接导致积分项 MI_n 的增加，从而直接导致 M_n 的增加。

$$MD_n = k_c \times (PV_{n-1} - PV_n) \times T_D / T_s \tag{5-6}$$

式中，MD_n 是第 n 次采样时刻的微分项；k_c 是 PID 回路的增益；T_s 是回路的采样时间；T_I 是积分时间；PV_n 是第 n 次采样时刻的过程变量值；PV_{n-1} 是第 $n-1$ 次采样时刻的过程变量值。

由式（5-6）可以看出，微分项 MD_n 数值的大小变化随着微分时间 T_D 的增加而增加，T_D 的增加可以直接导致微分项 MD_n 数值的增加，从而导致 M_n 的增加。

PID 运算中的比例作用可对偏差做出及时响应。积分作用可以消除系统的静态误差，提高精度，加强系统对参数变化的适应能力。微分作用可以克服惯性滞后，加快动作时间，克服振荡，提高抗干扰能力和系统的稳定性，可改善系统动态响应速度。

因此，对于速度、位置等快过程及温度、化工合成等慢过程，PID 控制都具有良好的实际效果。若能将三种作用的强度适当配合，则可以使 PID 回路快速、平稳、准确地运行，从而获得满意的控制效果。

PID 的三种作用是相互独立、互不影响的。改变一个参数，仅影响一种调节作用，而不影响其他调节作用。

S7-200 系统 CPU 提供了 8 个回路的 PID 功能，用于实现需要按照 PID 控制规律进行自动调节的控制任务，如温度、压力和流量控制等。PID 功能一般需要模拟量输入，以反映被控制物理量的实际数值，称为反馈，而用户设定的调节目标值，即为给定。PID 运算的任务就是根据反馈值与给定值的差值，按照 PID 运算规律计算出结果，输出到固态开关元件（控制加热棒）或者变频器（驱动水泵）等执行机构进行调节，以达到自动维持被控制的量跟随给定变化的目的。

S7-200系列PID功能的核心是PID指令，PID指令需要指定一个以V为变量存储区地址开始的PID回路表以及PID回路号。PID回路表提供了给定和反馈以及PID参数等数据入口，PID运算的结果也在回路表中输出。

2. PID调节指令格式及功能（见表5-14）

表5-14　PID调节指令格式及功能

指令名称	梯形图（LAD）	语句表（STL）		功　能
		操作码	操作数	
PID调节指令	PID（EN ENO；TBL；LOOP）	PID	TBL，LOOP	使能端IN为“1”时，PID调节指令对以TBL为起始地址的PID参数表中的数据进行PID运算

使用说明：

1）LOOP为PID调节回路号，可在0~7范围选取。为保证控制系统的每一条控制回路都能得到正常调节，必须为调节回路号LOOP赋不同的值，否则系统将不能正常工作。

2）TBL为与LOOP相对应的PID参数表的起始地址。它由36个字节组成，存储着9个参数。其格式及含义见表5-15所示。

3. PID参数表（回路表）

PLC在执行PID调节指令时，须对算法中的9个参数进行运算，为此，需要建立一个PID参数表，PID参数表的格式及含义见表5-15。

表5-15　PID参数表（回路表）的格式及含义

偏移地址(VB)	变量名	数据类型	变量类型	取值范围
T+0	过程变量当前值(PV_n)	实数	输入	过程变量，0.0~1.0
T+4	给定值(SP_n)	实数	输入	给定量，0.0~1.0
T+8	输出值(M_n)	实数	输入/输出	输出量，0.0~1.0
T+12	增益(K_c)	实数	输入	比例常数，有正、负
T+16	采样时间(T_s)	实数	输入	单位为s，正数
T+20	积分时间(T_I)	实数	输入	单位为分钟，正数
T+24	微分时间(T_D)	实数	输入	单位为分钟，正数
T+28	积分项前值(MX)	实数	输入/输出	积分项前值，0.0~1.0
T+32	过程变量值(PV_{n-1})	实数	输入/输出	最近一次PID变量值

4. 输入/输出量的处理

（1）输入回路归一化处理　PID运算时，需要对模拟信号进行处理，根据输入模拟量通道（AIWx）接收的外部模拟信号进行数据处理。在程序中可以按照下面的流程来完成。

AIWx→16位整数→32位整数→32位实数→标准化（0.0~1.0）

将实数转换成0.0~1.0间的标准化数值，送回路表地址偏移量为0的存储区，用下式计算：

实际数值的标准化数值 = 实际数值的非标准化实数/取值范围 + 偏移量

式中　取值范围——单极性为 32000，双极性为 64000；

偏移量——单极性为 0，双极性为 0.5。

（2）输出回路处理　PID 运算，需要将处理好的信号输出，在这个过程中需要将标准信号通过数据处理后输出到输出模拟量通道（AQWx）。在程序中可以按照下面的流程来完成。

标准化（0.0～1.0）→32 位整数→16 位整数→AQWx

PID 的运算结果是一个在 0.0～1.0 内的标准化实数格式的数据，必须转换为 16 位的按工程标定的值才能用于驱动实际机械如变频器等，用下式计算：

输出实数数值 =（PID 回路输出标准化实数值 − 偏移量）× 取值范围

式中　取值范围——单极性为 32000，双极性为 64000。

偏移量——单极性为 0，双极性为 0.5。

（3）PID 的运算框图　由上述可知，PID 运算前要对输入回路进行归一化处理，运算后再对输出回路进行逆处理。为便于理清编程思路，特给出了 PID 运算框图，如图 5-15 所示。

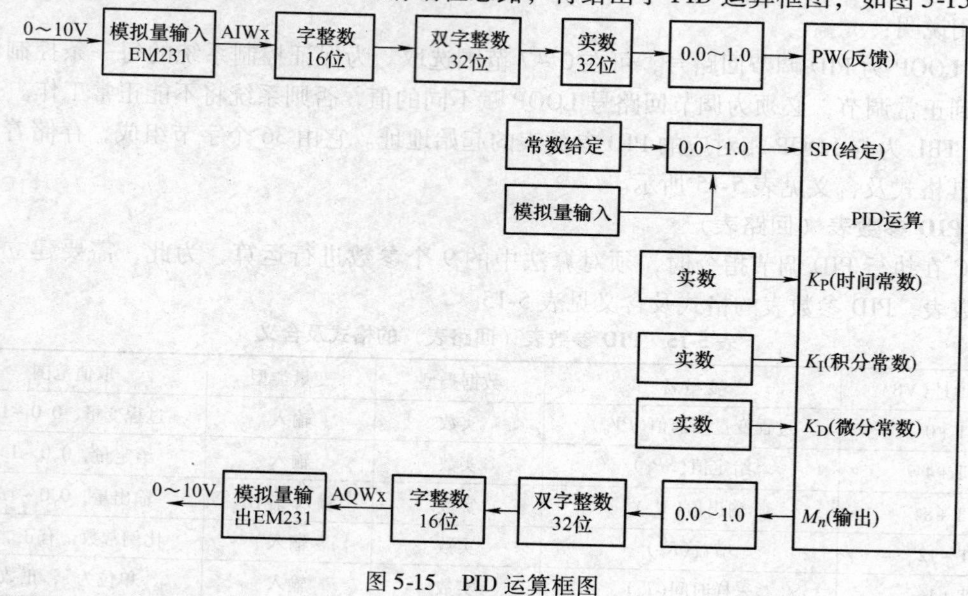

图 5-15　PID 运算框图

5.2.4　高速处理功能

1. 高速计数器指令格式及功能

高速计数器指令有高速计数器定义指令（HDEF）和高速计数器指令（HSC）两条，指令格式及功能见表 5-16。

指令说明：

1）在高速计数器定义指令 HDEF 中，操作数 HSC 指定高速计数器号（0～5），MODE 指定高速计数器的工作模式（0～11）。每个高速计数器只能用一条 HDEF 指令。

2）在高速计数器指令 HSC 中，操作数 N 指定高速计数器号（0～5）。

3）高数计数器的使用。

表 5-16　高速计数器定义指令和高速计数器指令格式及功能

指令	LAD	STL	功　能
HDEF	HDEF: EN, ENO, HSC, MODE	HDEF HSC，MODE	当使能端输入有效时，为高数计数器分配一种工作模式
HSC	HSC: EN, ENO, N	HSC N	当使能端输入有效时，根据高速计数器控制位的状态及 HDEF 指令指定的工作模式，设置高速计数器并控制工作

①根据选定的计数器工作模式，设置相应的控制字节。例如，让 HSC0 的控制字节 SMB37 = 16#F8，则将高速计数器 HSC0 设为：允许计数、允许写入计数初始值、允许写入计数预置值、更新计数方向为加计数、正交计数为 4X 模式、高电平复位、高电平起动。

②使用 HDEF 指令定义计数器号。将某编号的高速计数器设为某种工作模式。

③设置初始值。将计数初始值写入当前值存储器。当前值存储器是指 SMD38、SMD48、SMD58、SMD138、SMD148、SMD158。

④设置预置值。将计数预置值写入预置值存储器。预置值存储器是指 SMD42、SMD52、SMD62、SMD142、SMD152、SMD16。如将计数预置值设为 16#00，则高速计时器不工作。

⑤指定并使能中断服务程序。若为了捕捉当前值（CV）等于预置值（PV），可用中断连接 ATCH 指令将条件为 CV = PV 的中断事件（中断事件 13）与某中断程序连接起来。若为了捕捉计数方向改变，可用中断连接指令 ATCH 指令将外部复位中断事件（中断事件 15）与某中断程序连接起来。

⑥执行中断允许 ENI 指令，允许系统接收高速计数器（HSC）产生的中断请求。

⑦执行 HSC 指令，激活高速计数器。

⑧编写相关的中断程序。

2. 高速计数器的工作模式

西门子 S7-200 系列 PLC 有 6 个高速计数器：HSC0 ~ HSC5，12 种工作模式。高速计数器与增量编码器一起使用，编码器每圈发生一定数量脉冲和一个复位脉冲。高速计数器有一个预置值，开始运行时装入一个预置值，当前计数值小于预置值时，设置输出有效；当前计数值等于预置值时，中断，装入新的预置值。

（1）高速计数器的计数模式　高速计数器一共有 4 种计数模式：内部控制方向的单相加/减计数、外部控制方向的单相加/减计数、双相脉冲输入的加/减计数和双相脉冲输入的正交加/减计数。

以内部控制方向的单相加/减计数为例，在该计数模式下，只有一路脉冲输入，计数器的计数方向（即加计数或减计数）由特殊标志位存储器某位的值来决定，该位值为“1”为加计数，该位值为“0”为减计数。内部控制方向的单相加/减计数说明如图 5-16 所示。以高速计数器 HSC0 为例，它采用 I0.0 端子为计数脉冲输入端，SM37.3 的位值决定计数方向，SMD42 用于写入计数预置值（PV）。当高速计数器的计数值（CV）达到预置值时会产生中断请求，触发中断程序的执行。

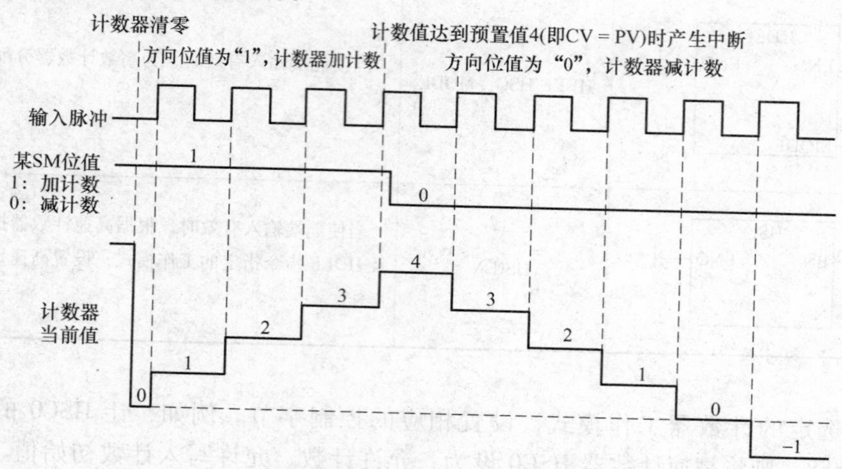

图 5-16　内部控制方向的单相加/减计数说明

（2）高速计数器工作模式　高速计数器有 0～11 共 12 种工作模式。0～2 模式采用内部控制方向的单相加/减计数；3～5 模式采用外部控制方向的单相加/减计数；6～8 模式采用单相脉冲输入的加/减计数；9～11 模式采用双相脉冲输入的正交加/减计数；模式 12 只有 HSC0 和 HSC3 支持，HSC0 用于 Q0.0 输出脉冲的计数，HSC3 用于 Q0.1 输出脉冲的计数。

西门子 S7-200 系列 PLC 有 HSC0～HSC5 共 6 个高速计数器，每个高速计数器可以选择不同的工作模式。高速计数器的工作模式和输入端的关系见表 5-17。表中列出了与高速计数器相关的脉冲输入、方向控制、复位和起动输入端。同一个输入端不能用于两种不同的功能，但是在某些模式下，没有用到的输入端还可以用作开关量输入端。

表 5-17　高速计数器的工作模式和输入端的关系

HSC 编号及其对应的输入端 / HSC 模式	功能及说明	占用的输入端及其功能			
	HSC0	I0.0	I0.1	I0.2	
	HSC4	I0.3	I0.4	I0.5	
	HSC1	I0.6	I0.7	I1.0	I1.1
	HSC2	I1.2	I1.3	I1.4	I1.5
	HSC3	I0.1			
	HSC5	I0.4			
0	单路脉冲输入的内部方向控制加/减计数 控制字 SM37.3 = 0，减计数； SM37.3 = 1，加计数	脉冲输入端			
1				复位端	
2				复位端	起动
3	单路脉冲输入的外部方向控制加/减计数 方向控制端 = 0，减计数； 方向控制端 = 1，加计数	脉冲输入端	方向控制端		
4				复位端	
5				复位端	起动

（续）

HSC编号及其对应的输入端 / HSC模式	功能及说明	占用的输入端及其功能			
	HSC0	I0.0	I0.1	I0.2	
	HSC4	I0.3	I0.4	I0.5	
	HSC1	I0.6	I0.7	I1.0	I1.1
	HSC2	I1.2	I1.3	I1.4	I1.5
	HSC3	I0.1			
	HSC5	I0.4			
6	两路脉冲输入的单相加/减计数	加计数脉冲输入端	减计数脉冲输入端		
7	加计数有脉冲输入，加计数			复位端	
8	减计数端脉冲输入，减计数			复位端	起动
9	两路脉冲输入的双相正交计数	A相脉冲输入端	B相脉冲输入端		
10	A相脉冲超前B相脉冲，加计数			复位端	
11	A相脉冲滞后B相脉冲，减计数			复位端	起动

（3）高速计数器的控制字节、初始值和预置值　所有的高速计数器在S7-200系列CPU的特殊标志位存储区中都有各自的控制字节。控制字节用来定义计数器的计数方式和其他一些设置，以及在用户程序中对计数器的运行进行控制，如计数器的方向、复位、起动和有效电平等。各高速计数器的控制字节含义见表5-18。例如，高速计数器HSC0的控制字节是SMB37，其中SM37.0位用来设置复位有效电平，当该位为“0”时，高电平复位有效，该位为“1”时，低电平复位有效。

表5-18　各高速计数器的控制字节含义

HSC0	HSC1	HSC2	HSC3	HSC4	HSC5	说　明
SM37.0	SM47.0	SM57.0	SM137.0	SM147.0	SM157.0	复位信号有效电平： 0=复位信号高电平有效； 1=复位信号低电平有效
SM37.1	SM47.1	SM57.1	SM137.1	SM147.1	SM157.1	起动信号有效电平： 0=起动信号高电平有效； 1=起动信号低电平有效
SM37.2	SM47.2	SM57.2	SM137.2	SM147.2	SM157.2	正交计数器计数速率选择： 0=4×计数速率； 1=1×计数速率
SM37.3	SM47.3	SM57.3	SM137.3	SM147.3	SM157.3	计数方向控制位： 0=减计数； 1=加计数
SM37.4	SM47.4	SM57.4	SM137.4	SM147.4	SM157.4	向HSC写入计数方向： 0=无更新； 1=更新计数方向

（续）

HSC0	HSC1	HSC2	HSC3	HSC4	HSC5	说　明
SM37.5	SM47.5	SM57.5	SM137.5	SM147.5	SM157.5	向 HSC 写入新预置值： 0＝无更新； 1＝更新预置值
SM37.6	SM47.6	SM57.6	SM137.6	SM147.6	SM157.6	向 HSC 写入新当前值： 0＝无更新； 1＝更新当前值
SM37.7	SM47.7	SM57.7	SM137.7	SM147.7	SM157.7	HSC 允许： 0＝禁用 HSC； 1＝启用 HSC

高速计数器都有初始值和预置值，所谓初始值就是高速计数器的起始值，而预置值就是计数器运行的目标，当前值（当前计数值）等于预置值时，会引发一个内部中断事件，初始值、预置值和当前值都是32位有符号整数，必须先设置控制字以允许装入初始值和预置值，并且将初始值和预置值存入特殊标志位存储器中，然后执行HSC指令使新的初始值和预置值有效。装载高速计数器的当前值和预置值的寄存器与内部寄存器对应的关系见表5-19。

表5-19　HSC0～HSC5 当前值和预置值寄存器与内部寄存器对应关系

寄存器名称	HSC0	HSC1	HSC2	HSC3	HSC4	HSC5
当前值寄存器	SMD38	SMD48	SMD58	SMD138	SMD148	SMD158
预置值寄存器	SMD42	SMD52	SMD62	SMD142	SMD152	SMD162

每个高速计数器都有一个状态字节，该字节用来指示当前计数值（CV）与预置值（PV）的关系和当前计数方向。高速计数器的状态字节见表5-20。其中，每个状态字节的0～4位不用。监视高速计数器状态的目的是产生中断事件，以完成用户希望的重要的操作。

表5-20　高速计数器状态字节的状态位

HSC0	HSC1	HSC2	HSC3	HSC4	HSC5	说　明
SM36.5	SM46.5	SM56.5	SM136.5	SM146.5	SM156.5	当前计数方向状态位： 0＝减计数；1＝加计数
SM36.6	SM46.6	SM56.6	SM136.6	SM146.6	SM156.6	当前等于预设值状态位： 0＝不相等；1＝等于
SM36.7	SM46.7	SM56.7	SM136.7	SM146.7	SM156.7	当前大于预设值状态位： 0＝小于或等于；1＝大于

5.2.5　中断处理功能

1. 中断事件

所谓中断，就是当CPU执行正常程序时，系统中出现了某些急需处理的特殊请求，这时 CPU 暂时中断正在执行的程序，转而去处理随机发生的更紧急事件（称为执行中断服务程序），当该事件处理完毕后，CPU 自动返回原来被中断的程序继续执行。可以用一个生活中的例子来说明什么是中断：当你正在看书时突然手机响了，你会停止看书，转而去接电话，接完电话后又继续看书，这种停止当前工作，转而去做其他事情，做完后又返回来做先前工作的现象称之为中断。

PLC 在执行中断服务程序前后，系统会自动保护被中断程序的运行环境，故不会造成混乱。让 PLC 产生中断的事件称为中断事件。S7-200 系列 PLC 共有 34 个中断事件。为了识别这些中断事件，给每个事件都分配有一个编号（0～33），称为中断事件号。

中断事件主要分为三类：通信口中断、I/O 中断和时基中断。

（1）通信口中断　PLC 在自由通信模式下，通信口的状态可由程序控制。用户可以通过编程设置通信协议、波特率和奇偶校验。S7-200 系列 PLC 有 6 种通信口中断事件。

（2）I/O 中断

I/O 中断包括外部输入上升沿或者下降沿中断、高速计数器（HSC）中断和高速脉冲输出（PTO）中断。外部输入中断是利用 I0.0～I0.3 端口的上升沿或者下降沿产生中断请求，这些输入端口可以用作连接某些一旦发生就必须及时处理的外部事件；高速计数器中断可以响应当前值等于预置值、计数方向改变、计数器外部复位等事件引起的中断；高速脉冲输出中断可以用来响应给定数量的脉冲输出完成后产生的中断，常用作步进电动机的控制。

（3）时基中断

时基中断包括定时中断和定时器中断。

定时中断用来支持一个周期性的活动。周期时间以 1ms 为计量单位，周期时间范围为：1～255ms。对于定时中断 0，必须把周期时间值写入 SMB34；对于定时中断 1，必须把周期时间值写入 SMB35。当达到设定周期时间值时，定时器溢出，执行中断程序。通常定时中断以固定的时间间隔去控制模拟量输入的采样或者执行一个 PID 回路。

定时器中断是利用定时器对一个指定的时间段产生中断。这类中断只能使用分辨率为 1ms 的定时器 T32 和 T96。当所用定时器的当前值等于预置值时，执行中断程序。

2. 中断优先级

PLC 可以接受的中断事件很多，但是若这些事件同时发生，CPU 不可能同时处理这些中断请求，所以要求 CPU 能够将全部中断时间按性质和轻重缓急进行排队，并根据优先级高低逐个处理。

S7-200 系列 PLC 的中断优先级由高到低分别为：通信中断、I/O 中断、时基中断。

所有中断事件及优先级见表 5-21。

表 5-21　中断事件的优先级

中断优先级	中断事件号	中断事件说明	组内优先级
通信中断（最高级）	8	端口 0：接收字符	0
	9	端口 0：发送完成	0
	23	端口 0：接收消息完成	0
	24	端口 1：接收消息完成	1
	25	端口 1：接收字符	1
	26	端口 1：发送完成	1

（续）

中断优先级	中断事件号	中断事件说明	组内优先级
I/O 中断（中级）	19	PTO：0 完成中断	0
	20	PTO：1 完成中断	1
	0	上升沿：I0.0	2
	2	上升沿：I0.1	3
	4	上升沿：I0.2	4
	6	上升沿：I0.3	5
	1	下降沿：I0.0	6
	3	下降沿：I0.1	7
	5	下降沿：I0.2	8
	7	下降沿：I0.3	9
	12	HSC0：CV = PV（当前值 = 预置值）	10
	27	HSC0：输入方向改变	11
	28	HSC0：外部复位	12
	13	HSC1：CV = PV（当前值 = 预置值）	13
	14	HSC1：输入方向改变	14
	15	HSC1：外部复位	15
	16	HSC2：CV = PV（当前值 = 预置值）	16
	17	HSC2：输入方向改变	17
	18	HSC2：外部复位	18
	32	HSC3：CV = PV（当前值 = 预置值）	19
	29	HSC4：CV = PV（当前值 = 预置值）	20
	30	HSC4：输入方向改变	21
	31	HSC4：外部复位	22
	33	HSC5：CV = PV（当前值 = 预置值）	23
定时中断（最低级）	10	定时中断 0：SMB34	0
	11	定时中断 1：SMB35	1
	21	定时器 T32：CT = PT 中断	2
	22	定时器 T96：CT = PT 中断	3

3. 中断指令格式及功能（见表 5-22）

表 5-22　中断指令的格式及功能

梯形图（LAD）	语句表（STL）		功　能
	操作码	操作数	
—（ENI）	ENI	—	中断允许指令 ENI 全局地允许所有被连接的中断事件
—（DISI）	DISI	—	中断禁止指令 DISI 全局地禁止处理所有中断事件

（续）

梯形图（LAD）	语句表（STL）		功　能
	操作码	操作数	
ATCH EN INT EVNT	ATCH	INT，EVNT	中断连接指令 ATCH 把一个中断事件（EVNT）和一个中断服务程序连接起来，并允许该中断事件
DTCH EN EVNT	DTCH	EVNT	中断分离指令 DTCH 截断一个中断事件（EVNT）和所有中断程序的联系，并禁止该中断事件
n INT	INT	n	中断服务程序标号指令 INT 指定中断服务程序（n）的开始
—(RETI)	CRETI	—	中断返回指令 CRETI 在前面的逻辑条件满足时，退出中断服务程序而返回主程序
├—(RETI)	RETI	—	执行 RETI 指令将无条件返回主程序

中断程序是为了处理中断事件而事先写好的程序，当中断事件发生后系统会自动执行中断程序；如果中断事件未发生，中断程序就不会执行。

编写中断程序要在编程软件中进行。打开 STEP7-Micro/WIN 编程软件，在程序编辑区下方的“主程序”“SBR_0”“INT_0”标签处即可切换到中断程序编辑页面，在该页面就可以编写名称为“INT_0”的中断程序。

例 5-4　按 SB 按钮，输出灯 Q0.0 亮。试用中断处理来实现功能。

解： 1）分析：SB 按钮与 I0.0 连接，在 I0.0 的上升沿（中断事件 0）通过中断使 Q0.0 立即置位。

2）参考程序，中断程序如图 5-17 所示，子程序如图 5-18 所示。

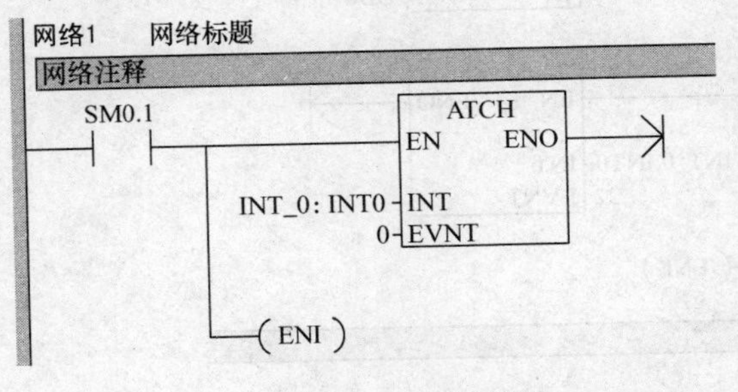

图 5-17　例 5-4 中断程序

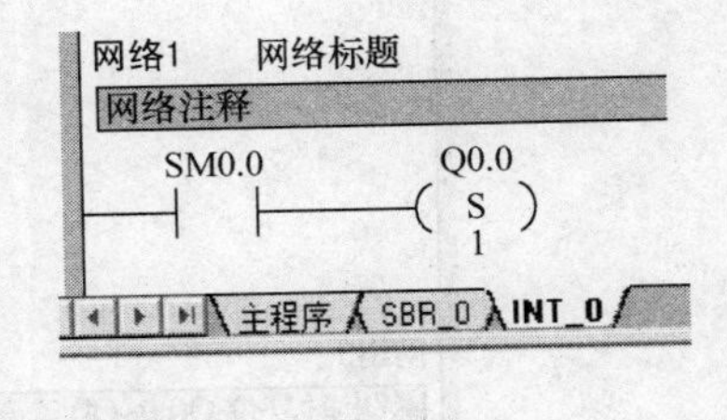

图 5-18　例 5-4 子程序

例 5-5　编写完成模拟量采样工作，要求每 10ms 采样一次。

解： 1）分析：完成每 10ms 采样一次，需用定时中断，查表 5-21 可知，定时中断 0 的中断事件号为 10。因此在主程序中将采用周期（10ms）即定时中断的时间间隔写入定时中断 0 的特殊存储器 SMB34，并将中断事件 10 和 INT_0 连接，全局开中断。中断程序 0 中，将模拟量输入信号读入。

2）参考程序如图 5-19a、图 5-19b 所示。

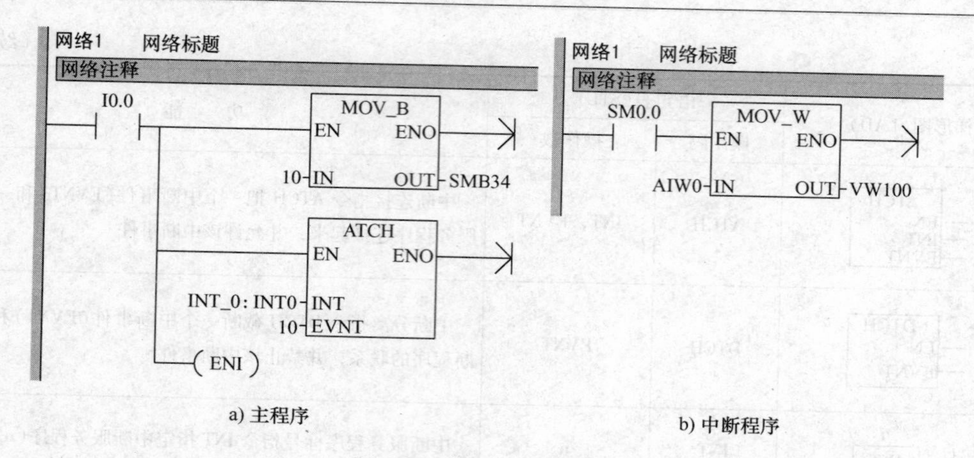

图 5-19　例 5-5 参考程序

例 5-6　用定时器中断的方式实现 Q0.0 ~ Q0.7 输出依次移位（间隔时间是 1s），按起动按钮 I0.0 移位从 Q0.0 开始，按停止按钮 I0.1，停止移位并清零。

解： 参考程序，主程序如图 5-20 所示，中断子程序如图 5-21 所示。

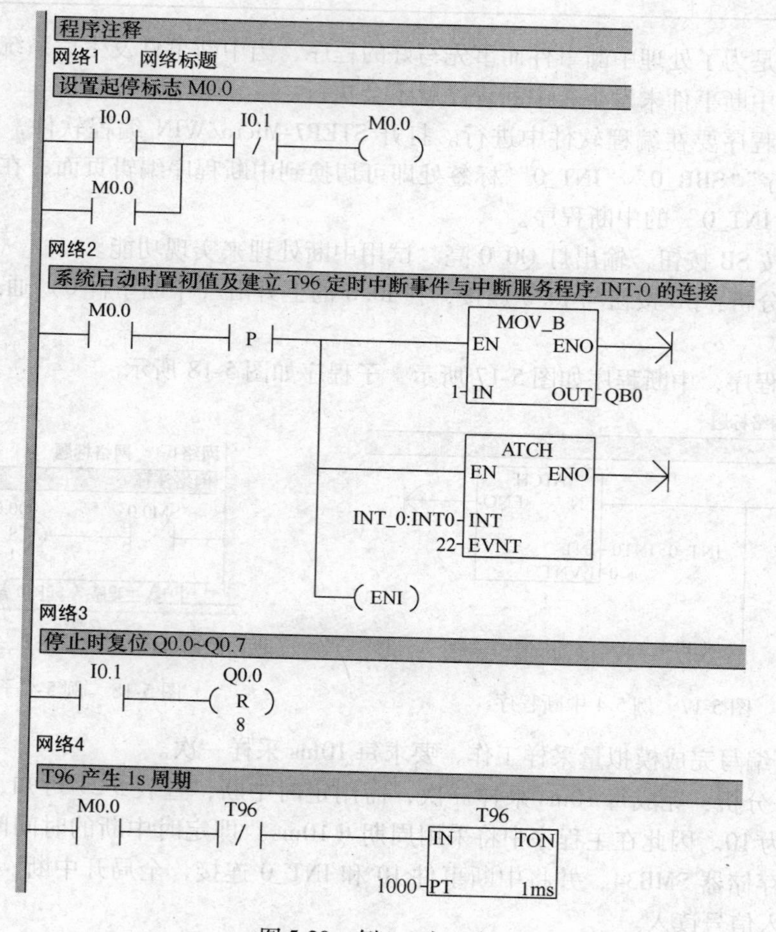

图 5-20　例 5-6 主程序

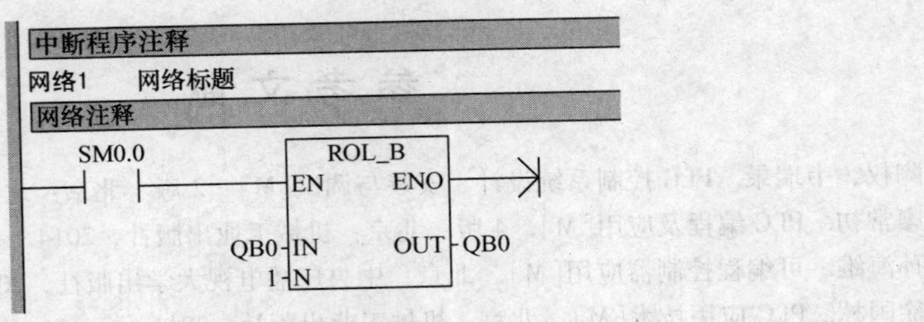

图5-21　例5-6子程序

思考与练习

5-1　编程实现I/O中断。要求：用中断指令控制Q0.0和Q0.1的状态，输入端I0.0接通的上升沿时刻只有Q0.0通电，下降沿时只有Q0.1通电。

5-2　设计一个高精度定时中断程序，每间隔100ms读取输入端IB0数据一次，并传动到QB0。

5-3　写出高速计数器HSC0的预置值及当前值储存单元。

5-4　写出高速计数器HSC0的控制字节中各位的意义。

5-5　采用高速计数器指令设计实验：通过与电动机同轴齿轮条变化来测量电动机转速。其中电动机输出轴与齿轮的传动比为1，齿条数为12，要求测量的单位为：r/min。

5-6　PLC控制变频器多段速运行。控制要求：由变频器控制一个三相异步交流电动机（采用星形联结）。设置三个按钮SB0、SB1、SB2，按下按钮时变频器分别运行在10Hz、20Hz、30Hz。要求变频器的频率设定由PLC的模拟量模块通过D-A通道转换成0~10V的电压信号控制。

参 考 文 献

[1] 陶权，韦瑞录. PLC 控制系统设计、安装与调试[M]. 2 版. 北京：北京理工大学出版社，2011.
[2] 廖常初. PLC 编程及应用[M]. 4 版. 北京：机械工业出版社，2014.
[3] 孙海维. 可编程控制器应用[M]. 北京：中央广播电视大学出版社，2006.
[4] 徐国林. PLC 应用技术[M]. 北京：机械工业出版社，2011.
[5] 吴中俊，黄永红. 可编程序控制器原理及应用[M]. 2 版. 北京：机械工业出版社，2005.
[6] 周劲松，刘峥，李德尧. 机电一体化技术[M]. 长沙：湖南大学出版社，2011.
[7] 陈在平，赵相宾. 可编程序控制器技术与应用系统设计[M]. 北京：机械工业出版社，2003.
[8] 陈忠平，等. 西门子 S7-200 系列 PLC 自学手册[M]. 北京：人民邮电出版社，2008.
[9] 蔡杏山. 零起步轻松学西门子 S7-200PLC 技术[M]. 北京：人民邮电出版社，2010.
[10] 向晓汉. S7-200 SMART PLC 完全精通教程[M]. 北京：机械工业出版社，2013.